地球環境保全論

持続可能な社会をめざして

Global Environmental Issues and Protection:
Towards Sustainable Society

和田武 編著　小堀洋美 著

創元社

まえがき

本書『地球環境保全論――持続可能な社会をめざして』は、1990年に初版を出した『地球環境論』、それを改訂した『新・地球環境論』(1997年出版)、さらに再改定した『現代地球環境論』(2011年出版)を引き継ぎつつ、最新の知見に基づいて修正、加筆して書き上げた書籍である。なお、本書の「生物多様性の損失」の章については、『現代地球環境論』と同様に、保全生物学分野の第一人者である小堀洋美先生に執筆していただいた。

三つの旧著では、地球環境問題全般について、科学的理解を深めるための基礎知識、問題の現状とその歴史的経緯、国際的な取り組みの状況などについて総合的に述べるとともに、各問題の相互連関についても理解ができるように努め、地球環境の保全にむけて従来の社会や人間活動のあり方を見直し、自然と人間の新しい関係、持続可能な社会を構築する必要性を論じた。以前は、このような書籍が少なかったこともあってか、それぞれ6刷、5刷、3刷と版を重ねることができた。いずれも多くの大学でテキストや参考書として採用され、大学の入試問題にも数多く引用されてきた。また、『地球環境論』については朴憲烈氏による韓国語の翻訳版も出版されるなど、地球環境に関心をもつ多数の方々にお読みいただいたことは筆者にとってこの上ない幸せなことであった。

しかし、「いま、人類は歴史上かつて経験したことのない新たな、そして困難な危機に直面している。人類の活動によって、地球環境全体が急速に変化しつつあり、このまま進行すれば、人類のみならず、地球上に住む全ての生物にも重大な危機が訪れる恐れが生じているのである」(『地球環境論』まえがき)という状況は、31年経過したいまでも基本的に変化していないし、むしろ、地球温暖化・気候変動は人類の生存基盤をも脅かしかねない段階にきており、最近は新たにプラスチック海洋汚染が深刻化し、浮遊粒子状物質による大気汚染も、生物多様性の喪失についても、以前より厳しさを増している状況にあり、出版の最終目的である地球環境を保全できる見通しはまだ立ってはいない。そこで、地球環境を保全しうる持続可能な社会の構築に向けて少しでも貢献できればという思いもあり、本書を出版した次第である。

第1章は、基本的には旧版と同様の内容であるが、地球環境問題を理解するうえで基礎となる地球環境の歴史としくみの概略について、新たな知見を踏まえて若干の修正を加えた。第２章から第７章までは現在進行しつつある代表的な地球環境問題について、新たな研究成果を踏まえつつ、第２章「オゾン層破壊と紫外線増加」、第３章「危機に直面する地球温暖化･気候変動」、第４章「大気汚染と酸性雨、深刻化する浮遊粒子状物質被害」、第５章「残留性汚染物質とプラスチックによる海洋汚染」、第６章「原子力利用と放射性物質汚染」、第７章「進行する生物多様性の損失」の順に記述し、最後に第８章として地球環境保全に向けて「地球環境危機を克服しうる持続可能な社会」への展望を示すことにした。

第２章では、オゾン層破壊が依然として継続しているが、破壊物質の規制により地球全体の破壊の拡大に歯止めがかかりつつあることを示した。しかし、極地でのオゾンホールは継続して発生しており、今後、新たな影響が出る可能性は否定できず、破壊防止対策を継続する必要性について論じた。

第３章の地球温暖化・気候変動問題は、すでに影響が多様な形態で広がり、しかも強まっており、21 世紀半ばまでにCO_2排出量の実質的ゼロを実現しなければ、危機的な状況に立ち至る可能性が高くなっており、温室効果ガスを急速に削減し続けなければならない差し迫った状況に直面している。現在の被害状況と今後予測される不可逆的なリスクについて解説し、危機を脱却するためのパリ協定の確実な履行のための方策について論じる。

第４章では、旧著で述べてきた大気汚染とそれによる酸性雨の世界的拡大の状況に加えて、最近、途上国を中心に大きな被害をもたらしつつある浮遊粒子状物質PM2.5 汚染を取り上げる。国際協力の下での各国の対応強化の必要性を論じる。

第５章では、海洋汚染について、旧著で述べてきた残留性有毒物質による広域汚染に加えて、生態系に重大影響をもたらしつつあるプラスチック汚染を新たにとりあげ、それらの被害と対応状況を踏まえて、使い捨て利用の禁止や制限を含む今後の対策のあり方について考察する。

第６章では、放射性物質汚染について、放射線と放射線被曝の影響などを解説したうえで、核実験や原子力発電の運転や過酷事故による汚染実態を紹介し、汚染防止のうえで核兵器の廃絶と原発の削減の必要性について論じる。

第７章は、生物多様性の損失について、小堀洋美先生にご執筆いただき、内容も一新していただいた。生物多様性の損失は、人間の生存基盤をも損ねる重要な問題であり、上記のあらゆる環境破壊によっても進行することから、持続可能な社会への転換の必要性が論じられる。

なお本書では、前著に続き「戦争による環境破壊」の章は設けていない。この問題の重要性は高いが、拙著『環境と平和』（あけび書房）で詳細に論じているので、参照していただければ幸いである。

最終の第８章「地球環境危機を克服しうる持続可能な社会」では、地球環境問題の本質と特徴を踏まえて、持続可能な生産･消費体系を中心に論じる。『地球環境論』以来、主張し続けてきた再生可能エネルギーへの転換や資源循環型化が、最近、世界的に進展しつつある。その状況を紹介するとともに、その方向への変化が市民関与と生産の民主的コントロールにより、持続可能な社会の実現へと導くことも論じる。

環境保全を推進することは、新たな産業や雇用を生み出すとともに、社会の民主化をも推進するはずである。決して暗い窮屈な社会をもたらしたりはしない。青い空、きれいな空気、澄み切った清流、緑の野山、いたるところで育まれている数限りない生命、このようなすばらしい地球環境の保全を可能にする持続可能な社会では、労働の喜びも増すに違いない。地球環境危機の克服と持続可能な社会の実現をめざして、確信を持って歩み続けたいものである。本書が、そういう意味で少しでも役立てば、筆者にとっては望外の喜びである。

和田　武

〈目　次〉

装丁　濱崎実幸
組版　編集工房 ZAPPA

第1章
地球の自然環境の進化と構造

よく晴れた日の夜空を眺めると、たくさんの星が美しく輝いている。137億年前に誕生し、470億光年という広がりをもつ宇宙空間にはもっと多くの無数の星が存在する。そのなかで私たちが住む星、地球はきわめて小さい星の一つであるが、この広大な宇宙のなかでもまれに見るすばらしい自然に恵まれた星なのである。いま、その自然が人類によって変化させられつつあり、破局を迎える危険すら生じている。

いまこそ私たちは、この地球環境が決して一朝一夕に形成されたものではないことを、ほかの星には見られない貴重なものであり、ひとたび変化してしまった地球環境を回復させることはきわめて困難であることを知らねばならない。そこで、まず現在の地球環境がどのように形成されてきたか、地球環境がどの様な構造をもっているかを学ぶことにしよう。

現在の地球を宇宙の他の天体と比較すると、きわめて穏やかな自然条件に恵まれていることに気づく。地球表面の自然は、豊富な水をたたえた海、窒素と酸素が主成分の大気、有害な紫外線が少なく暖かい日光、緑に覆われた大地、無数の生物群からなる生態系などによって特徴づけられる。

これに対して太陽をはじめ、夜空に輝く無数の恒星は、その内部で核融合によるエネルギーを生産し続ける灼熱（しゃくねつ）の星である。最も身近な天体である太陽系の惑星や衛星にも、地球のような自然は存在しない。主として水素やヘリウムからできている巨大ガス惑星である木星、土星などは物質的にもまた自然条件でもまったく地球とは異なるものである。また、主としてケイ酸塩岩石や金属などからできた固い地面をもつ地球型惑星である水星、金星、火星の場合も、地球に比べると自然条件はきわめて厳しい。水星には大気がなく、日光が当たる部分の表面温度は350℃ほどにもなるが、日光が当たらないところは極低温である。金星は二酸化炭素からなる100気圧もの高圧の大気に覆われ、その温室効果により地表付近の表面温度はおよそ400℃にもなる。火星も、大気の主成分は二酸化炭素であるが、気圧は約0.01気圧にすぎず、平均気温は−30℃

である。

しかし、現在の地球の穏やかな自然条件は地球が誕生したときからあったわけではない。46 億年に及ぶ地球の壮大な歴史的発展の結果として形成されてきたのである。生物の存在しなかった地球における物質進化の結果として生命が生み出され、生物と自然環境の間の相互作用が両者の進化をもたらしたのである。その進化の過程を知り、人類のふるさとである地球自然のすばらしさを確認しておこう。

1　地球における物質進化と生命の起源

生命の起源——物質進化の結果としての生命誕生

地球上の生物は人間から微生物にいたるまで、いずれも類似の細胞構造をもち、細胞は共通の物質から構成されている。生物を構成している物質は、核酸（デオキシリボ核酸; DNA とリボ核酸; RNA）、蛋白質（たんぱく）、澱粉、脂質などの生体高分子化合物と各種有機化合物、水や少量の無機物である。生体高分子化合物は、生物が生物としてのさまざまな複雑な働きを行っていくうえで重要な役割を演じている。DNA は遺伝子の本体であり、DNA と RNA は遺伝情報の伝達と発現の機能を担う重要な物質である。また、蛋白質は細胞の構造体であるとともに、種々の機能をもつ酵素やホルモン、免疫物質などにもなる。これらの物質なしには生物はありえない。

しかし、これらの物質は誕生直後の地球に存在していたわけではない。生体高分子化合物は、炭素、水素、酸素、窒素、リン、ときには硫黄などの原子を含むある単位構造をもつ低分子（小さい分子）化合物が多数結合してできた大きい分子である。ところが、誕生直後の地球には生体高分子化合物も、その原料となる低分子化合物もほとんど存在していなかった。したがって、原始地球で生物が誕生するには、これらの化合物が非生物的に自然界で生成されなければならなかった。つまり、自然界に存在する簡単な無機化合物から化学反応による物質（分子）の進化が起き、有機化合物や生体高分子化合物が生成されたはずである。

このような物質進化を基礎にした科学的な生命起源論は、旧ソ連のオパーリンによって 1924 年に最初に提唱された。この物質進化に基づく生命起源論は、その後多くの研究によって、今日では基本的に正しいものとして受け入れられている。

無機化合物から有機化合物の生成

自然界で無機化合物から簡単な有機化合物やアミノ酸などが非生物的に生成することは、1953年にユーリーとミラーによる実験で確認された。彼らは、原始地球の大気成分と考えたメタン、アンモニア、水蒸気、水素からなる還元的な気体混合物中で火花放電実験（雷放電に相当）を行い、簡単な有機化合物と種々のアミノ酸が生成することを発見した。つまり、大気中の雷放電が簡単な有機化合物や生体高分子化合物の原料となる基本物質を創り出すことが証明されたのである。

しかし最近では、地球の初期の大気は水素、ヘリウムを主体とする還元的なものであったが、現在の大きさにまで地球が成長した頃には、それまでくり返し起きた隕石の衝突によって高温の地球内部から噴出した二酸化炭素、一酸化炭素、水蒸気、窒素からなる火山ガスに近い酸化的なものになっていたと考えられている。したがって、ミラーの実験に代わる無機物から有機物が生成される過程が探索されるようになった。

その有力過程として、地球に降りそそいだ大量の隕石や彗星（すいせい）が海洋に衝突する際に有機物が生成されることが古川や竹内らの実験で確かめられた。二酸化炭素と窒素を大気成分とする地球の海洋に模擬的に隕石を衝突させた際に、アミノ酸が自然に生成することを証明したのである。いずれにしても、地球上のさまざまなエネルギー源（雷放電、宇宙線、紫外線、火山爆発、隕石衝突など）の作用で無機物から簡単な有機物が生成したことは間違いない。また、隕石のなかにもアミノ酸、炭化水素、核酸塩基、脂質などが含まれていることは知られており、有機物が地球外からやってきた可能性も指摘されている。

高分子化合物と原始生命の誕生

自然界の無機物から生体物質の原料となる有機物が生成されると、有機物が海洋に蓄積されていったと推測される。生物が存在しない自然界ではこれらの物質が消費される機会も少なく、何億年かの間に海水中の有機化合物の濃度は相当高くなったであろう。

このような海水溶液中で、熱や触媒的に作用する種々の金属イオンの影響も加わってさらに反応が進行し、核酸や蛋白質類似の高分子化合物が生成していったものと思われる。現在では、生体高分子化合物にいたるかなりの過程が実験的に証明されている。こうして、生物の発生以前に海水中で生体高分子化合物が非生物的に生成され、蓄積されたことはほぼまちがいないと思われる。

高分子化合物は水に溶けにくいため、互いに凝集して分子集合体（コアセルベート）をつくる。その結果、原始海洋中に分子集合体が無数に誕生したことだろう。分子集合体はまわりの海水中に溶解している有機化合物を吸収してさらにその内部で反応が進行し、集合体のなかには次第に大きくなっていくものも生まれただろう。そのなかから、代謝を行い、成長、分裂して自己と同じものを複製できるような機能をもった分子集合体、すなわち増殖できる原始生命が誕生したものと考えられる。この生物は、自然がつくりだした有機化合物を栄養源として自らの体を構成する物質をつくり、それを分解してエネルギーを獲得していたと思われる。

このような高度な機能をもつためには、分子集合体中に存在する個々の高分子化合物の分子構造やそれらの高分子化合物の組み合わせが重要な条件となる。分子集合体から原始生命が誕生する過程については、現在まで実験的に証明できていない。したがって、無数の分子集合体のなかで生命体に転化し得たもの

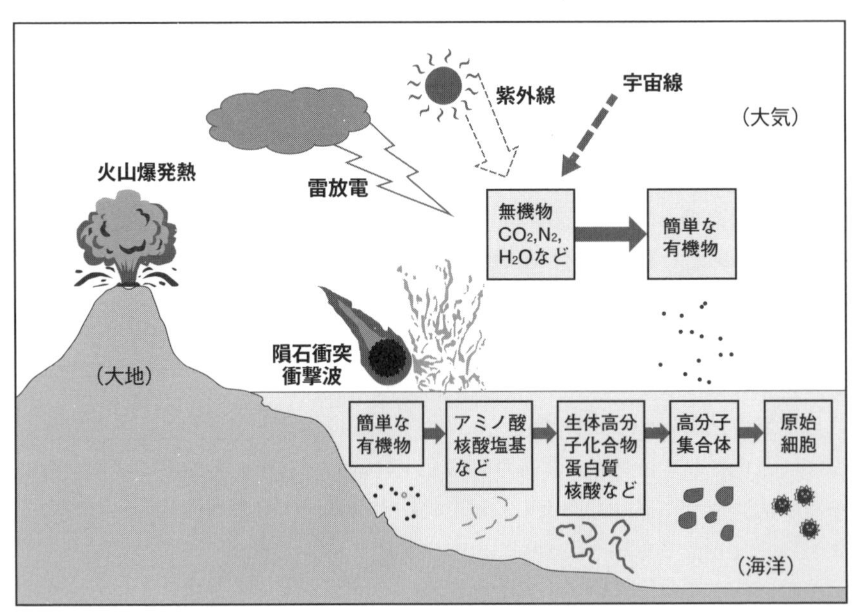

図 1-1　原始地球における物質の分子進化過程

は、偶然ともいえるくらいのごく少数であったと思われる。しかし、ひとたび生命が誕生すれば、自己複製によってそれは増加しはじめる。

始源地球における物質進化による生命誕生のプロセス全体を図1-1に模式的に示した。地球上のさまざまなエネルギーが物質進化の引き金となり、大気中や海洋中で非生物的に簡単な分子からより複雑な分子がしだいに生成し、それが生物の誕生につながったのであろう。

生命発生と物質循環

地球の自然界では、物質は太陽からエネルギーを受けて、つねに物理的、化学的に変化している。そのような変化によって物質の流れが生じる。その流れには一方的なものと、循環的なものとがある。一方的な物質の流れが生じると、ある特定の化合物や物質状態が増加することになる。そうすると、自然は増加した特定の化合物や物質状態が減少するような変化を生み出す。つまり、物質循環をともなった一定のバランスを形成する方向に変化する。これが地球自然の進化の方向である。しかし、ときにはある種のバランスを創り出すための変化が、別のバランスを破壊することもある。そのような場合は、また新たなバランスの形成にむかって自然は進化することになる。こうして太陽からのエネルギーを受け、それを宇宙に放散することによって、地球表層部だけを見ればエントロピー（無秩序さの度合い）が減少する方向に、つまり秩序ある体系をもつ方向に自然は進化を続けてきたのである。

2　生物と自然環境の相互作用と進化

生物の増殖による環境変化

40億年前に誕生した最初の生物は、自然界で非生物的に生成された有機化合物が貯（たま）ってスープ状態になった海のなかにいた。まわりの有機化合物を栄養源として吸収し、成長、増殖をする原核細胞（細胞核のない単純な細胞）の単細胞生物である。このように自らは有機化合物を生成する能力をもたず、環境から有機化合物を摂取して生きている生物を従属栄養生物と呼んでいる。原始従属栄養生物は、それが誕生するまでに海水中に蓄積された有機化合物が豊富であったため、どんどん増殖していった。しかし、それには限界があった。

生物が増殖すればするほど有機化合物の消費速度は大きくなった。生物は体内でエネルギーを生産するために、まわりから吸収した有機化合物を分解消費し、また生物の死骸（有機化合物を原料としてつくられた生体高分子化合物を含む）などの多くは、海底に沈澱して、ふたたび海水に溶解することはなかったからである。その結果、ついに生物による有機化合物の消費速度が非生物的な有機化合物の生成速度よりもはるかに大きくなり、生物が増加するにつれて、有機化合物は海水中から減少していった。これが最初の生物が直面した存亡に関わる危機であった。生物は自ら存在することによってその環境を変え、自らの危機をつくりだしたのである。

こうなると、原始従属栄養生物は激減せざるを得なくなったであろう。しかし生物は滅亡せず、やがて有機化合物が乏しい環境下でも生き抜けるような新しい生物が登場した。二酸化炭素や水などを吸収し、それらを使って自己の内部で光合成によって有機化合物を合成する能力をもつ藍藻（らんそう）のような独立栄養生物である。このような生物進化は、紫外線や熱などの作用による生体高分子化合物の化学変化に基づく突然変異が推進力となったであろう。二酸化炭素と水は当時の自然界に豊富に存在したので、生物はもはや栄養源の枯渇に追い込まれる危惧はなくなった。

光合成による酸素の増加

この独立栄養生物の登場は、太陽エネルギーを利用して無機化合物から有機化合物を生物体内で合成する機構ができたことを意味し、最初の生物の発生以来減少を続けてきた海水中の有機化合物は、ふたたび増加しはじめた。すると、従属栄養生物も独立栄養生物が生み出す有機化合物に依拠できるようになり、あるバランス状態が生まれたであろう。しかし同時に、別の新たな有害な物質が発生した。分子状の酸素である。

酸素は、始源地球では、大気中にも海水中にも分子のかたちでは存在せず、水、二酸化炭素、一酸化炭素などの分子中の構成元素として含まれていた。ところが、独立栄養生物が無機物から光合成により有機物を合成する際に、余剰の酸素が分子として遊離してくるのである。たとえば、光合成により二酸化炭素と水から糖や澱粉を生成する際、用いた二酸化炭素あるいは水と同じ分子数の酸素が生成する。

$$6CO_2 + 6H_2O \rightarrow C_6H_{12}O_6\text{（糖や澱粉）} + 6O_2$$

地球の初期には、環境中に還元的な物質が多かったので、酸素はそれらの分子と反応して消費され、蓄積することはなかった。しかし地球表層部の物質が酸化されてしまうと、独立栄養生物の増加は必然的に大気や海水中に酸素分子を増加させることになった。

酸素の増加と生物進化

現存する多くの生物にとって酸素は生存に欠かせない物質であるが、酸素には有機化合物を酸化分解する性質があるため、有機高分子化合物でできている生物にとっては本来きわめて有害な物質である。したがって環境中の酸素の増加は、生物にとって存亡に関わる第二の環境危機をもたらすことになった。しかし、この危機も生物は自らを変えることによって乗り越えた。それまでの生物は激減することになったが、酸素毒から身を守る手段を身につけた生物が新たに登場したのである。

現在の地球上の大部分の生物は、酸素毒を無害化する酵素、スーパーオキサイド・ディスミュテース（SOD）やグルタチオンを備えて身を守っている。このような生物を好気性生物と言い、酸素毒から身を守る手段をもたない生物を嫌気性生物と呼んでいる。嫌気性生物は現在の地球上にもいるが、無酸素または低酸素の地中や水中などの環境下でのみ生息している。

また、細胞構造も酸素の出現により著しく変化した。それまでの生物は原核細胞からなる単細胞もしくは鎖状細胞からできていたが、核膜で包まれた細胞核や細胞小器官をもった真核細胞からなる生物に進化し、有性生殖が行われるようになった。

こうして地球上に緑藻のような好気性の独立栄養生物、すなわち植物が増えてくると、ますます環境中の酸素も増えた。約7億年前になると、多細胞生物が登場し、動物が現れる。以降、生物は多種多様な進化をはじめることになる。

動物は酸素を体内に吸収して積極的に利用し、二酸化炭素を放出する生物である。動物はまた、自らは無機化合物から有機化合物をつくる能力をもたず、植物がつくり出す有機化合物を栄養源とする従属栄養生物である。こうして植物と動物が共存することにより、酸素や二酸化炭素、有機化合物などの生物系を通じた循環が形成されるようになったのである。

さらに大気中の酸素の増加によって、地球上空にオゾン層が形成される。その結果、生物に有害な紫外線部分がオゾン層によって吸収され、地上に降りそそぐ紫外線が減少していった。この地球環境変化は、それまで紫外線から身を

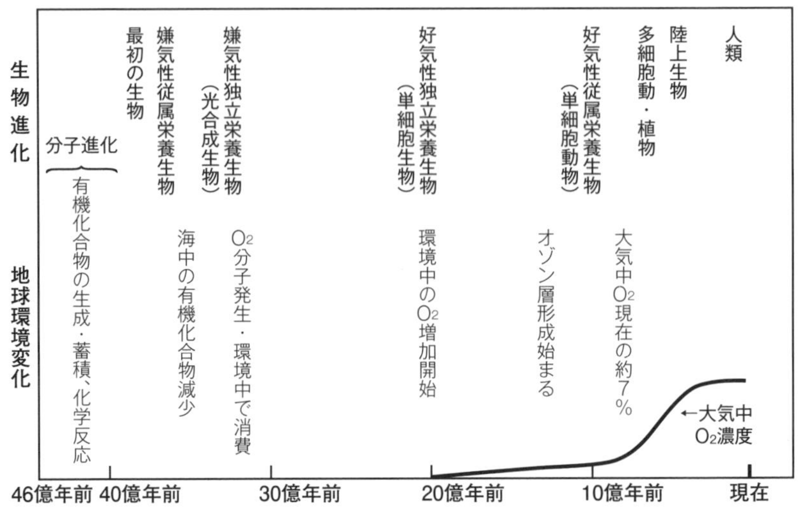

図 1-2　地球上における環境変化と生物進化の相互関係

守るために水中で生息してきた生物が地上に進出しうる条件をもたらした。こうして数億年前に陸上生物が誕生し、多彩な進化を遂げていった。

生物と環境の相互作用による進化

これまで見てきたように、地球に生物が登場して以来、生物の活動によって環境変化がもたらされ、変化した環境に応じて生物の進化が起きた。まさに生物と環境の相互作用により両者が進化を遂げてきたのである（図 1-2）。

その結果、地球上では、無数の生物からなる生態系の形成と、その生態系を通じての物質の循環に基づくバランスがもたらされたのである。ほかの星に見られない現在の地球の穏やかな環境は、このような物質の循環バランスに依存している。それは、46 億年に及ぶ長い地球の歴史の貴重な産物といえる。

3　地球における物質の循環バランス

地球上の物質移動

現在の地球上では、さまざまな元素が循環している。元素の循環過程には、同じ物質（分子）のままで物理的に存在状態を変える場合と、化学反応によって別の分子のかたちになって化学的に存在状態を変える場合とがある。これら

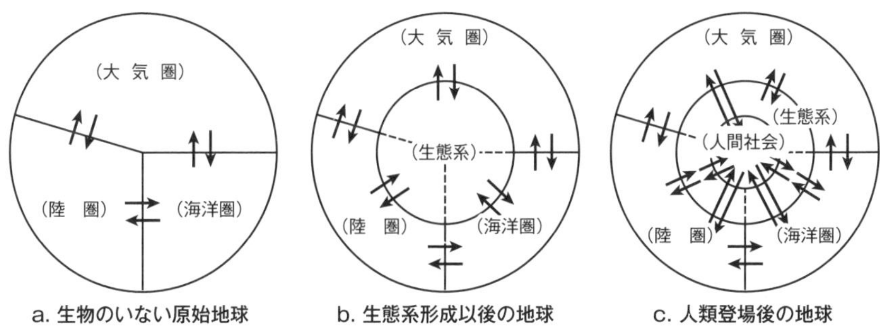

図1-3　地球における物質の流れの変化

の化学的、物理的変化が組み合わさったかたちで物質循環が起きている。

図1-3に地球上の物質移動を模式的に示す。aは生物が存在しない地球での物質の流れ、bは生態系が存在する地球上での物質循環、cは人類が現れてからの物質の流れを示す。物質を構成するさまざまな元素は、大気圏、陸圏、海洋圏のあいだを移動する。生態系が形成されることによって循環が生まれ、さまざまな元素のバランスが成立するようになった。こうして、もし人類の活動がなければ、種々の元素はそれぞれの存在状態としてほぼバランスを保つはずである。ところが、いま人間活動がそのバランスを破壊しはじめている。

生物の体内に多い元素は、炭素、水素、酸素、窒素、硫黄、リンなどで、植物でも動物でも共通している。植物は必要な元素を土壌、水、大気から取り込み、生体分子を体内で合成し、動物は植物を食べることによってそれらの元素を取り入れる。そしてこれらの元素は、排泄物や遺体としてふたたび環境に戻される。こうして、生物に含まれるこれらの元素はすべて循環していることになる。以下に、とくに生物にとって重要な元素の地球上での循環について述べよう。

炭素の循環平衡

炭素の循環についてまず見てみよう（図1-4）。

炭素は、大気中では二酸化炭素（CO_2）として存在する。また、二酸化炭素は水に溶解し、炭酸イオンのかたちで水中にも存在する。二酸化炭素の水に対する溶解度は低温ほど大きいため、海水温が低い地球上の中・高緯度付近では大気中から海洋への溶解が起き、赤道付近の低緯度付近では高温の海洋から大気中へ二酸化炭素が放出される。こうして大気と海洋のあいだで、二酸化炭素

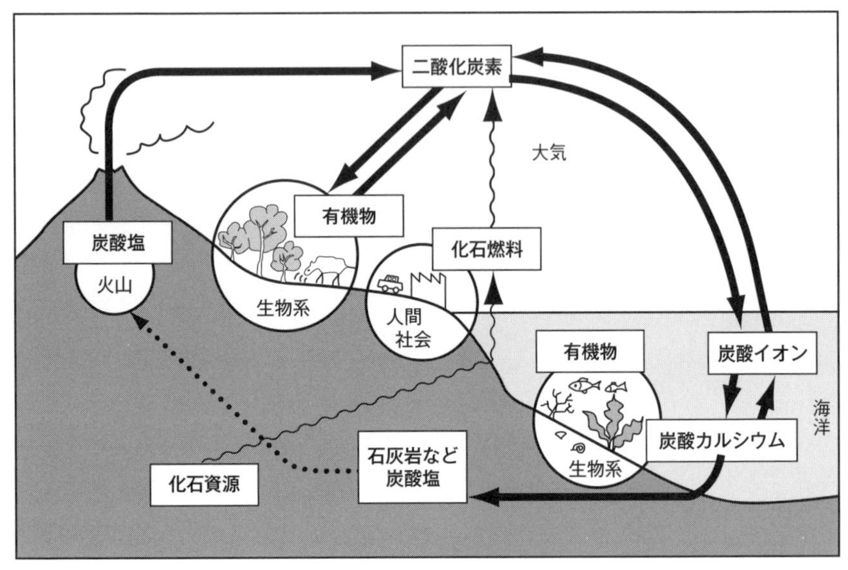

図 1-4　地球上での炭素の循環

の物理的な循環が存在する。

さらに、陸上でも海洋でも、生物を媒介したかたちでの炭素の化学的生物的循環が存在する。大気中や水中の二酸化炭素は、樹木や草、藻などの植物に吸収され、水とともに光合成反応によって自らの体を構成する生体有機化合物（生体高分子化合物と低分子の有機化合物）を合成するための原料となる。こうして環境中では二酸化炭素のかたちで存在した炭素は、生体有機化合物の主要元素として植物体内に含有される。動物は植物を食べ物として摂取し、その有機物を利用して自らの生体有機化合物に作りなおしている。植物の有機物に含まれる炭素は、こうして動物に移動するのである。

植物や動物は、その活動エネルギーを得るために有機化合物の酸化分解を利用するが、その際、有機化合物中の炭素は二酸化炭素としてふたたび大気中や水中に放出される。また、樹木の落葉、動物の排泄物、動植物の死体などに含まれた状態で環境中に放出された有機物は、やがて微生物などによって分解され、その炭素は二酸化炭素として環境中に放出される。このように自然界では、生物を組み込んだかたちで炭素循環が生じている。

別ルートとして、生物を通じての炭素循環もある。主として海洋において水中に溶解している二酸化炭素は、サンゴの骨格、貝殻の主成分として炭酸カルシウムのかたちで固定される。これらは長期間を経て石灰岩として堆積（たいせき）し、固定化されるが、やがてマグマの活動などにより陸地化すると、雨水によりふたたび溶出され、大気中や水中に含まれて循環する。

このように大気中の二酸化炭素濃度は、自然界の炭素循環により、ほぼバランス状態を保つようになっている。ところが、この循環過程に人間活動による一方的な二酸化炭素の放出が加わるとそのバランスが崩れることになる。

種々の元素の循環平衡

⑴　**水素**　環境中では主として水の分子（H_2O）の構成元素として存在する。水分子はそのまま生物が体内に吸収し、そのまま排出されるものが多いが、植物は吸収した水の一部を光合成に用い、炭素と同じように、生体有機化合物分子の構成元素になる。生物中の水素の存在量は、重量ではほぼ10％弱であるが、原子数では炭素の50～100倍も存在している。生物中の水素は、水の状態で蒸発、あるいは排泄物や遺体を通じて生体有機化合物の状態で環境中に放出される。生体有機化合物は分解されて、水素は水の分子の一部として環境中に戻る。

⑵　**酸素**　環境中での存在の仕方は多様である。酸素分子以外に、二酸化炭素や水、金属の酸化物などの構成元素として存在する。生物中では水や生体有機化合物など種々の物質の構成元素として存在し、最も存在量の多い元素である（60～80％）。すでに述べたように、植物は二酸化炭素と水から光合成によって有機化合物を合成する際、二酸化炭素と水の分子中にある酸素の約３分の１を有機化合物分子中に取り込み、約３分の２は酸素分子のかたちで環境中に放出する。また、動物も植物も呼吸作用により、環境中の酸素分子を取り込み、体内の有機物を酸化分解することによって、二酸化炭素と水の分子として酸素を環境に放出する。こうして酸素も循環している。オゾン層も酸素の循環の一部であるが、のちに詳しく説明することにする。

⑶　**窒素**　窒素についても生物を経由する循環が存在する。大気中や海洋中の窒素は植物によって固定化され、生体有機化合物分子の一部となる。動物が植物の有機物を体内に取り込むことによって、窒素の植物から動物への移動が起こる。動植物の排泄物や遺体は分解されて、ふたたび大気中や海洋中の窒素に戻る。

これまでに述べた主要元素ばかりでなく、リン、硫黄、カルシウム、ナトリウムなど、生物に含まれているあらゆる元素は、このように生物系とその環境のあいだを循環し、動的なバランス状態を保持するようになっているのである。

エネルギーの動的平衡

物質循環が起こるにはエネルギーを必要とするが、地球上ではエネルギーについてもバランスが保持されている。地球の表層部が受けるエネルギーの大部分は、太陽光によってもたらされる。太陽光のエネルギーは、大気、陸地、海洋、生物などによって吸収されるが、それとほぼ同量のエネルギーが地球から宇宙空間に放出され、エネルギーのバランスが保たれている。地球の平均気温がほぼ一定に保たれてきたのは、エネルギーのバランスが成り立っていたからである。

このような地球上における物質とエネルギーの動的なバランスを保持するうえで欠かせない地球の生態系もまた、全体として動的なバランスを維持している。生態系を構成する多種多様な生物は、食物連鎖やその他のさまざまな形態で相互に関連しており、それぞれの増減に影響し合ってバランスを保っているのである。

こうして、地球上の物質、エネルギーと生物は相互に作用しながら、それぞれのバランスを維持している（図1-5）。これらの要素のいずれかがそのバランスを崩すと、ほかの要素のバランスも崩れることになる。地球の自然はその長い歴史を通じて、初期の混沌の状態から、各要素がきわめて高度に連関ししながらバランスを維持する、見事な秩序をもったシステムを形成してきたのである。

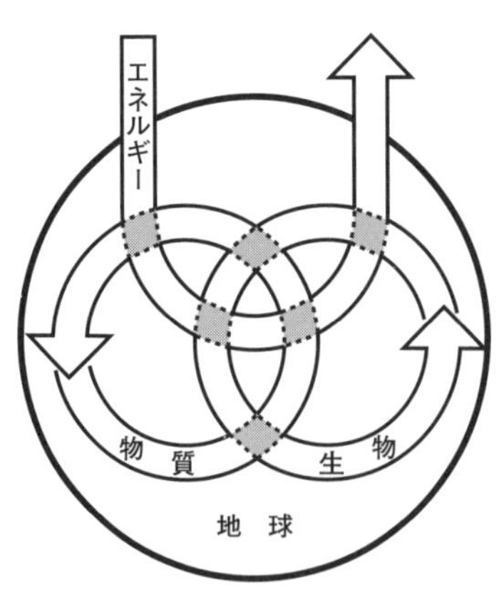

図1-5　地球におけるエネルギー、物質、生物系の相互連関

ところが、近年の人間活動によって、物質やエネルギー、そして生物の大切なバランスが地球規模で崩れつつある。地球環境危機はこれらのバランスの破壊によってもたらされるものである。第2章以降では、地球規模の環境破壊の主要な問題についての理解を深め、そのうえで私たちが今日の地球環境問題についてどう対処すれば良いかを考えてみよう。

［参考文献］

Dyson, F., *Origins of Life*, Cambridge Univ. Press (1985)
Moore, J. W., Moore, E. A.／岩本振武訳『環境理解のための基礎化学』東京化学同人、1980年
Furukawa, Y. *et al.*, "Biomolecule formation by oceanic impacts on early Earth", *Nature Geoscience*, Vol. 2 (2009)
Grossman, L., "Crack a comet to spawn the ingredients of life" (2013); https://www.newscientist.com/article/dn24199-crack-a-comet-to-spawn-the-ingredients-of-life/#ixzz6FElzhpWd
Kasting, J. F., Earth's early atmosphere, *Science*, Vol. 259, No. 5097 (1993)
Takeuchi, Y., Furukawa, Y. *et al.*, "Impact-induced amino acid formation on Hadean Earth and Noachian Mars", *Scientific Reports*, Vol. 10 (2020); https://www.nature.com/articles/s41598-020-66112-8
アンフィンゼン／長野敬訳『進化の分子的基礎』白水社、1960年
池谷仙之、北里洋『地球生物学——地球と生命の進化』東京大学出版会、2004年
P・ウオード、J・カーシュビング／梶山あゆみ訳『生物はなぜ誕生したのか』河出書房新社、2016年
大谷栄治・掛川武『地球・生命——その起源と進化』共立出版、2006年
オパーリン／石本真訳『生命の起原』岩波書店、1969年
小林憲正『アストロバイオロジー、宇宙が語る〈生命の起源〉』岩波科学ライブラリー、2008年
小林憲正、大島泰郎「化学進化研究の最近の話題」『化学と工業』40巻、923頁、1987年
P. クラウド／一国雅巳、佐藤荘郎、鎮西清高訳『宇宙、地球、人間　I, II』岩波書店、1981年
中沢弘基『生命の起源・地球が書いたシナリオ』新日本出版社、2006年
日本化学会編『化学総説30 物質の進化』学会出版センター、1980年
古川善博ほか「隕石の海洋衝突による初期地球の有機物生成」『日本惑星科学会誌』18巻4号、2009年
野田春彦『生命の起源 改訂版』日本放送協会出版、1984年
オーゲル・ミラー／野田春彦訳『生命の起源』培風館、1975年
原田馨ほか『宇宙と生命のタイムスケール』大日本図書、1989年
松井孝典『地球46億年の孤独』徳間書店、1989年
和田武『地球環境論』創元社、1990年
——『新・地球環境論』創元社、1997年
和田武、小堀洋美『現代地球環境論』創元社、2011年

第2章
オゾン層破壊と紫外線増加

オゾン層破壊は、最も代表的な地球環境破壊の一つである。地球上空のオゾンは太陽光中の紫外線の作用で起きる酸素の化学反応によって生成し、ふたたび酸素に戻る変化をくり返している。大気中のオゾン量は、酸素濃度が現在の水準に達してからは、生成と消滅のバランスのもとでほぼ安定した濃度を保持してきたが、いまは人間が放出した物質によって減少している。オゾン層が破壊されれば、地表に降りそそぐ紫外線が増加する。紫外線が強くなると、人間に皮膚がんなどを増加させるだけにとどまらず、地球表層部の多くの生物にさまざまな悪影響を及ぼし、ときには生存の危機をもたらす。

1970年頃から南極上空のオゾン層が減少しはじめ、いまでも毎春、オゾンホールと呼ばれるオゾン量の極端に少ない領域が、広大な南極大陸を覆う規模になる。地球全体のオゾンも減少した状態であり、人間や生物に影響を与えている。ただ、1990年代半ばからはほぼ横ばい状態となり、最近は回復の兆しも見えはじめた。これは、国際社会が合意してオゾン層破壊物質の規制を実施してきたからである。

オゾン層破壊問題の経緯と現状、対応についての理解を深め、ふたたびオゾン層破壊が進行しないように努めるとともに、ほかの地球環境問題への対応の教訓とすることも重要である。

1　地球のオゾン層と紫外線

まず、オゾン層とはどういうものか、それは紫外線とどのように関わっているのかを知るために、地球の大気と太陽光の関係について述べる。

地球の大気

地球の大気の厚さは1,000kmほどあり、上空になるほど大気は希薄になり、大気の全質量（5.21×10^{21}g）の99.999%が高さ80km以内に存在する。現在

表２-１　中緯度地域の地表大気組成

成分		%	ppm
窒素	N_2	78.08	
酸素	O_2	20.95	
アルゴン	Ar	0.93	
二酸化炭素	CO_2	0.41*	410*
ネオン	Ne		18.18
ヘリウム	He		5.24
メタン	CH_4		1.5*
クリプトン	Kr		1.14
水素	H_2		0.5
亜酸化窒素	N_2O		0.25*
キセノン	Xe		0.087
一酸化炭素	CO		0.08
オゾン	O_3		0.025
水蒸気	H_2O		(4％～40ppm)

注：*は現在、増加しつつある
上記の成分以外に、硫化水素H_2S、二酸化硫黄SO_2、フロンガスなどのハロカーボン類など、多数の微量成分が含まれる。

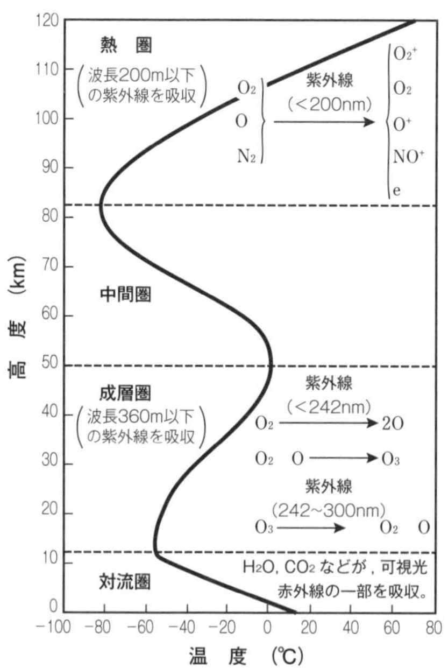

図２-１　大気の領域と温度、および紫外線吸収反応

の地表大気の構成成分は表2-1に示したが、水蒸気を除く気体成分のうち、体積では窒素と酸素で99％以上を占める。オゾンは、その全量が約33億トンあるが、大気中濃度にするとわずか0.025ppm（ppmは100万分の１、つまり1万分の１％）、平均するとオゾンは気体分子4,000万個に１個の割合で含まれているに過ぎない。これはすべてのオゾンを標準状態（０℃、１気圧）で地球表面に集めたとしても３mmの厚さにしかならない少量なのである。

ところで、大気組成は高度によって変化している。大気圏は高度と温度によって図2-1に示すように、地表に近い領域から上空に向かって、対流圏、成層圏、中間圏、熱圏に分類される。これらの領域では、太陽光の吸収とそれによって起きる化学変化の相違によって、温度変化傾向と大気組成が異なり、オゾン濃度も異なる。オゾン濃度は高度10～40km付近で高くなっており、この部分をオゾン層と呼んでいる。

太陽光

太陽光には、広範囲の波長の異なるさまざまな光が含まれている（図2-2）。虹の七色のような人間の目で見える光（可視光線）は波長が400～780nm（ナノメートルは10^{-9}m、つ

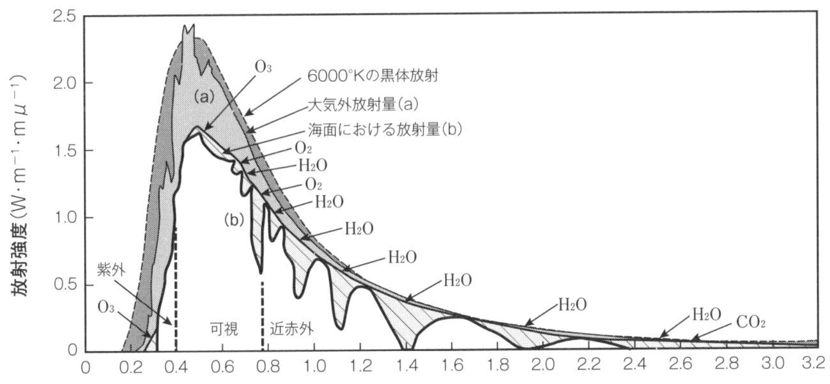

図2-2　地球表面に到達する太陽光の波長分布

注：斜線部分は大気中成分で吸収された分
出典：日本太陽エネルギー学会（1995）

まり10億分の1m、100万分の1mm）の範囲で、それより短い波長の光を紫外線、長い波長の光を赤外線と呼んでいる。

図2-2の細い実線（a）は、大気圏の縁に到達する太陽光の波長分布を示し、太い実線（b）は地球表面に到達する光の波長分布を示す。曲線（a）は点線で示された絶対温度6,000℃の黒体放射（太陽の表面から放射される光）とほぼ同じ分布を示している。ところが、曲線（a）と（b）の間には光強度に大きな差がある。曲線（b）には、300nm付近以下の紫外線はほとんど含まれず、それ以外の波長域でも随所で大きな減少が見られる。これは、大気圏での光の吸収や反射によるものである。そのうち、酸素、オゾン、水蒸気、二酸化炭素などによる光の吸収を斜線で示したが、オゾンは300nm以下の紫外線を吸収している。

オゾン層と紫外線

紫外線は、UV-A（320～400nmの長波長紫外線）、UV-B（280～320nmの中波長紫外線）、UV-C（190～280nmの短波長紫外線）に分けられる。光のエネルギーは波長に反比例するので、波長が短い紫外線ほど大きいエネルギーをもつ。とくに大きいエネルギーをもつUV-BやUV-Cのような紫外線は生体物質に化学変化を起こし、生物に有害な影響をもたらす。また、大気中の気体分子に当たると、紫外線は吸収され、光化学反応が生じて大気成分が変化する。主に熱圏では、波長200nm付近以下の紫外線の作用で窒素や酸素分子から各種のイオン種（O_2^+, O^+, NO^+）や酸素原子（O）、電子（e）などが生じ、200nm以下の紫外線は熱圏で吸収される。

熱圏や中間圏を通過してきた光は成層圏に到達するが、これにもかなりの紫外線が含まれる。そこで起きている化学反応を図式化したものが図2-3(a)である。酸素分子（O_2）は242nm以下の紫外線を吸収して酸素原子（O）に解離する反応①が起こり、生成した酸素原子がまわりの酸素分子と反応②によって結合すると、オゾン分子（O_3）が生成する。また、オゾンは360nm以下の波長の紫外線を吸収して、反応③によって酸素分子と酸素原子に分解される。酸素原子とオゾンが反応④で二つの酸素分子に戻ることも起きる。

反応②と④は発熱反応で成層圏の熱源となっている。反応①と③で紫外線が吸収され、そのエネルギーが反応②と④で熱として放出されているのである。成層圏において、対流圏と異なり、上空ほど気温が上昇するのはこのためである。こうして成層圏では、紫外線の吸収と熱の発生をともないながらオゾンの生成反応と分解反応が起き、高度10～40km付近にオゾン濃度の高いオゾン層が形成されている。このように、オゾン層があることで、生物に有害な紫外線が地表に届きにくくなっている（図2-3 b）。

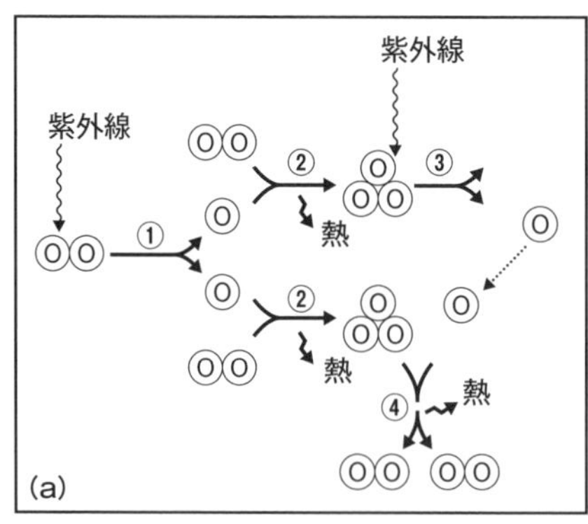

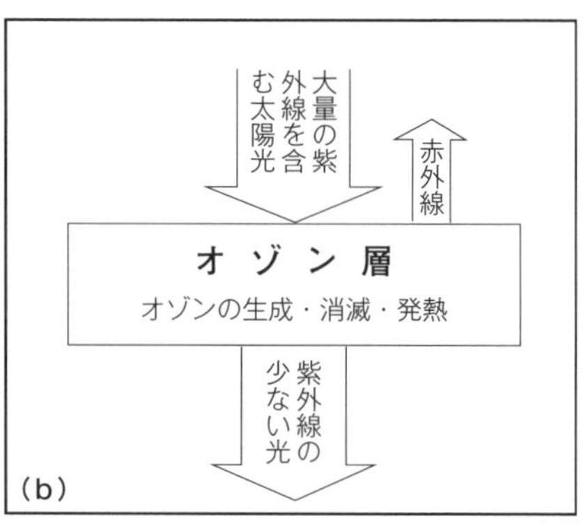

酸素分子(O_2)；OO　酸素原子(O)；O　オゾン(O_3)；

図2-3　オゾン層におけるオゾンのバランス維持機構(a)とエネルギー・バランス(b)の模式図

出典：和田武（1994）

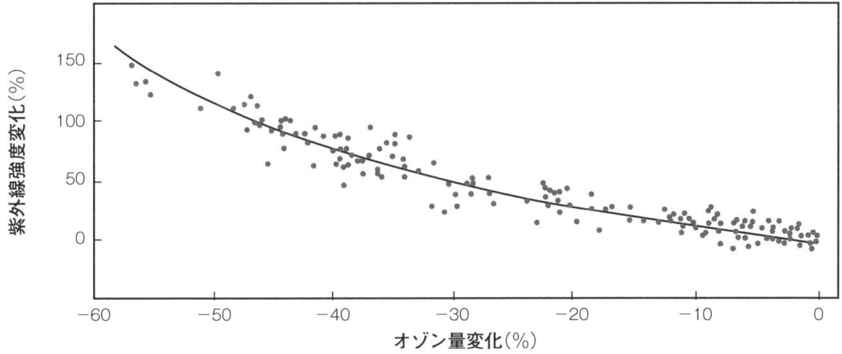

図2-4　オゾン層におけるオゾン量の減少率と紫外線強度の増加率の関係

注：1991年2月1日から1992年12月12日までの南極での観測結果に基づく
出典：Boothand Nadronich (1994)

オゾン層破壊による紫外線増加

こうした役割を果たしているオゾン層が破壊されると、地上に到達するUV-Bが増加し、人間や生物に悪影響を及ぼす。図2-4にオゾン量の減少率と紫外線量の増加率の関係を示した。この図からわかるように、オゾン層が5～10%破壊されると紫外線強度が10～20%増大し、20%破壊されれば50%も増大する。その結果、後述するように、人間や生態系全体にさまざまな影響をもたらし、破壊が進行した場合には生存そのものが脅かされる。

2　オゾン層破壊問題の起源

超音速機によるオゾン層破壊

人間活動によるオゾン層破壊に関心が向けられるようになった契機は、超音速航空機の開発である。1960年代末に英仏共同で超音速航空機コンコルドの開発が始まり、70年代にはアメリカのボーイング社が90年代までに大型超音速航空機800機を製造、就航させる計画を立てた。ところが、超音速機が成層圏を飛行する際、排ガス中に含まれるNOx（窒素酸化物）やHOx（主として水蒸気）によってオゾン層が破壊されるのではないかと危惧された。この問題は、1970年代初頭にマクドナルドやジョンストンらを中心に指摘され、アメリカ国内で大論争に発展し、上院議会が超音速機開発計画を否決するにいたった。のちにオゾン層への影響は当初予想されたほどではないことが明らかになったが、マクドナルドは原因不明の自殺をしている。

大気中のフロン濃度測定

超音速機論争が起こっていた頃、それとは無関係に、イギリスのラブロックによって大気中のフロン濃度の測定が行われた。ラブロックは開発した高感度検出器で大気中の微量のフロンを初めて測定し、「空気の流れの指標としての大気中のフッ素化合物」と題する論文を1971年に発表した。さらに1970～72年には、イギリスから南極に向かう船上観測などで広範囲の大気中フロン濃度を測定した。

ラブロックは、フロンは「有害なものではない」と述べており、これらの研究はフロンの環境影響を意識したものではなかった。ところが、測定結果から推算された大気中のフロン量は、それまでに放出された全フロン量に相当することが判明し、しかもフロンは対流圏中では減少しにくいことが明らかになったのである。

オゾン層破壊のメカニズムの発見――フロン規制の提唱

アメリカのローランドが、ラブロックの研究を知り、モリナーとともにフロンの研究を開始したのは1973年のことである。彼らは、フロンが対流圏で減少しなければ、強い紫外線が降る成層圏まで拡散していくと考えたのである。そこで、フロンに紫外線を照射する実験を行い、フロンが分解して塩素原子を放出することを見出した。当時使用されていたフロンは、炭素、塩素、フッ素から構成されるクロロフルオロカーボン類であるが、その炭素と塩素の結合が紫外線で切断され、塩素原子が放出されるのである。しかし当時、彼らはまだ塩素原子のオゾンに対する作用については知らなかった。

一方、1973年9月に京都で開催された国際測地・地球物理学会（IUGG）で、アメリカのストラルスキーらとマッケルロイらの二グループは、塩素原子が連鎖的にオゾンを分解する可能性を報告した。彼らは、NASA（アメリカ航空宇宙局）のスペースシャトル打ち上げ用ロケットの排ガス中に含まれる塩化水素（HCl）によるオゾン層への影響を研究していたのである。

このことを知ったローランドらは、紫外線により塩素を放出するフロンがオゾン層を破壊する可能性に気づいた。そこで、オゾンに微量のフロンを加えた

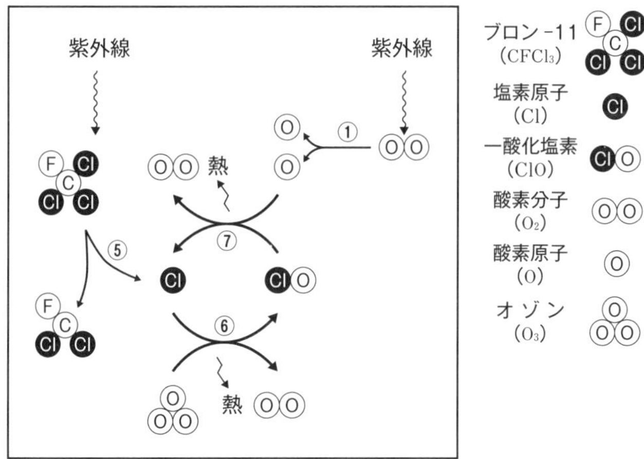

図2-5　フロン-11などのフロンによるオゾン分解のメカニズム

注：太線⑥⑦は連鎖的にくり返し起こる反応

混合物に紫外線を照射する実験を行い、オゾンが消失することを発見し、人類や生物を危機に陥れる可能性に気づいたのである。

フロン-11によるオゾン層破壊のメカニズムを図2-5に例示する。まず紫外線の作用による反応⑤でフロンから塩素原子が遊離する。塩素原子は反応⑥でオゾンを分解して一酸化塩素（ClO）と酸素分子が生成する。この反応だけであれば、一つの塩素原子は一つのオゾン分子を分解するだけであるが、一酸化塩素から反応⑦によって塩素原子が再生される。図2-3（18頁）で示した反応①で生成する酸素原子が一酸化塩素と反応するのである。再生された塩素原子は別のオゾン分子を分解する。こうして⑥⑦の反応がくり返し起こり、1個の塩素原子が連鎖的にオゾンを元の酸素分子に戻すのである。このようにフロンが多数のオゾン分子を分解し、オゾン層を破壊することが判明した。

フロンによるオゾン層破壊を予測した彼らの論文は1974年に『ネイチャー』誌に掲載され、将来、フロンの大気中濃度が当時の10～30倍になったとき、オゾン層の破壊が20～40%に達するという試算結果が示された。フロンによるオゾン層破壊で地上に降りそそぐ紫外線が増大し、人類や生物に重大な影響をもたらす危険性が初めて示唆され、フロン放出に警告が出されたのである。

彼らは地球上の生物の生存を脅かす重要な発見をしたわけであるが、ローランドはもともと放射化学が専門分野であったし、モリナーは博士課程を出たばかりで、二人ともこの研究が環境科学に関する最初のものであった。そして彼らはこの研究によって1995年にノーベル賞を受賞している。ある専門分野の研究者が自分と異なる分野の研究に眼を向けた場合、既成概念にとらわれずに、その分野の研究者にはない知識を生かして、創造的で価値のある優れた研究を生み出せる可能性が高いように思える。総合的、学際的な研究や、異なる分野間の研究交流が重要であることも、この経緯から学びとることができる。

不活性な塩素化合物の発見

ところで、もしフロンなどから発生した塩素原子が連鎖的にオゾンと反応し続けると、オゾン層破壊は止まらず、破滅的な状況を迎えるはずである。しかし幸いにも、塩素はオゾンと反応しない比較的不活性な塩素化合物に変化し、オゾン破壊の連鎖反応から一時的に離れることが知られている（25頁、図2-7）。

塩素原子が大気中に微量存在するメタンなどの有機化合物とたまたま遭遇すると、塩化水素を生成する。塩化水素はオゾンと反応しないが、短波長の紫外線が当たるとふたたび塩素原子が生成するので、まだ安心はできない。1976年には、新たに一酸化塩素が大気中の二酸化窒素（NO_2）と反応して比較的安定でオゾンと反応しない硝酸塩素（$ClONO_2$）が生成することも発見されたが、これも紫外線が当たるとふたたび塩素原子を放出することが確認されている。

したがって、成層圏の塩素の大部分は硝酸塩素や塩化水素として蓄積され、時折、活性な塩素原子に戻って連鎖的にオゾンを破壊していることになる。もし、塩化水素や硝酸塩素がうまく成層圏から雲などの水分が多い対流圏まで逃れ出れば、水溶性のこれらの物質は雨とともに洗い落とされ、大気中から除去されることになる。こうして塩素が成層圏から除去されるまでに平均して約3年かかると推定されている。

各国のフロン規制の開始

1978年頃、自然界ではオゾン層破壊は観測されておらず、フロンのオゾン層破壊説をめぐる論争は続いていたが、アメリカ政府は同年からフロン使用の噴射剤とエアゾール製品の製造禁止に踏み切った。続いてスウェーデン、カナダ、ノルウェーも同様の措置をとった。まさに予防原則に基づく対応である。筆者は1980年代初頭から講義でオゾン層破壊の危険性を指摘していたが、この問題を知る学生はほぼ皆無であった。当時、日本ではこの問題に関するマスコミ報道もほとんどなく、フロン規制は話題にもなっていなかったのである。

3　南極のオゾンホールと地球のオゾン層破壊

南極オゾンホールの発見

フロンによるオゾン層破壊の可能性が示唆されてから約10年後、ついに現実に地球のオゾン層の一部に変化が生じていることが判明した。1985年、イギリスの南極観測隊の大気物理学者J. C. ファーマンらが、ハレー・ベイ基地上空のオゾン量が1977～84年の春に減少していることを発見したのである。観測結果から、1970年前後よりオゾン量が急減し、1983年には従来のオゾン量の３分の２程度の200matm-cm（ミリアトムセンチメートル：大気の全層に存在するオゾンを集めたとして０℃、１気圧での厚さを示す単位。1matm-cmは0.001mm。ドブソンユニット（DU）ともいう）以下の値すら現れるとともに、南半球の大気中フ

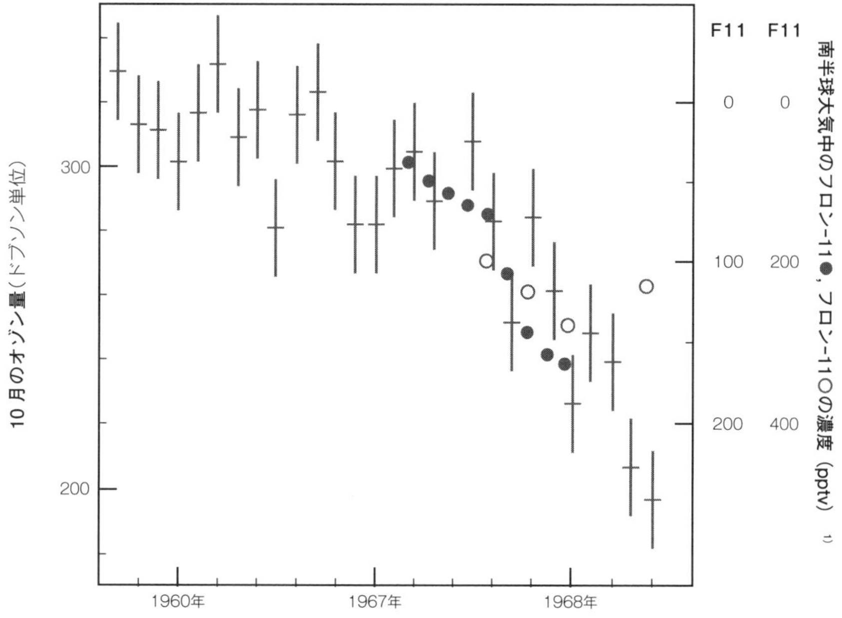

図2-6　南極大陸ハレー・ベイ基地上空の10月のオゾン量変化と南半球大気中のフロンガス濃度変化

注：pptvは体積比で１兆分の１のこと
出典：J. C. Farman (1985)

ロン濃度が増加傾向にあり、二つの現象が関連していることを示唆した（図2-6）。彼らの論文は『ネイチャー』誌に1985年5月に掲載された。

一方、日本の気象研究所の研究員、忠鉢繁氏も1982年春に南極の昭和基地上空でのオゾン量の減少を観測していた。その結果はファーマンらの論文の前年にギリシャでの国際学会で発表されたが、なぜか注目されなかった。

さて、ファーマンらの論文が発表されると、アメリカ航空宇宙局（NASA）が1978年に打ち上げた人工衛星ニンバス7号による観測データからオゾン減少が起きていることを確認した。それまでは、180matm-cm以下の値は異常値として除外されていたが、そのデータを生かせば、南極上空に同心円状のオゾン減少域が存在することが判明した。その後、オゾン量が220matm-cm以下の範囲をオゾンホールと呼ぶようになった。

オゾンホールの観測と原因究明

その後、南極のオゾン層の観測は精力的に行われた。1986年春、NASAなどの観測隊は、オゾン量が通常より最大40%も減少し、同時期に成層圏で塩素が増加していること確認した。この塩素原子の供給源はフロン以外には考えにくかった。

1987年春には、オゾンホールは南極大陸を覆いつくす規模に拡大した。この年、NASAを中心とする国際協力下で「南極オゾン空中調査」が行われた。25回の航空機観測に加え、地上、人工衛星、気球による観測も実施され、オゾン濃度、オゾンホールの広がり、種々の物質の分布調査が行われ、オゾンホール生成過程も考察された。結果の検討は、約150人の科学者と4ヵ国、19機関の代表が集まり、南極に最も近いプンタアレナス（チリ）で行われた。

その結果、南極のオゾン層破壊に関するいくつかの特徴が明らかになった。南極のオゾン量は毎年8月下旬から9月上旬にかけて減少しはじめ、10月中は減少状態を保ち、11月になるとふたたび増加してほぼ平常値に戻る。以前のオゾン量は、冬から春にかけてほぼ300matm-cm以上で、春が終わる11月ごろに約400matm-cmまで増大していた。ところが、冬季は以前と変わらないのに、春になると200matm-cm以下に急減し、春の終盤まで続くように変化していたのである。さらに、オゾンホールは冬から春にかけて南極上空に生じる「極渦（きょくうず）」と呼ばれる巨大な大気の渦の内側で発生し、春の終わりの極渦の崩壊とともに消失することもわかった。高度別調査では、高度15km付近を中心に成層

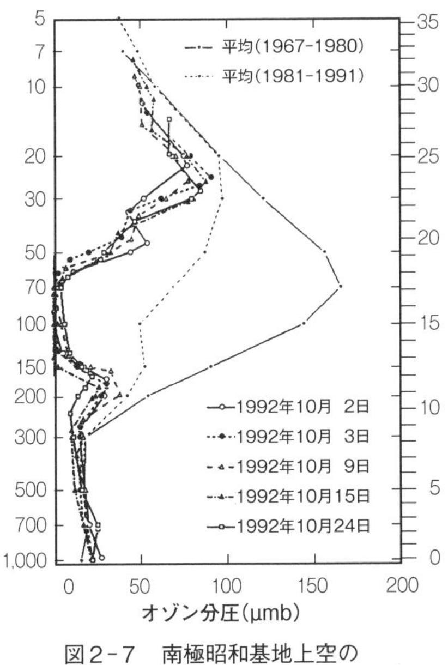

図2-7　南極昭和基地上空のオゾン分圧の高度分布

注：比較的オゾン層が破壊されていなかった1967～1980年の平均、1981～1991年の平均、およびオゾンホールが生成している1992年10月のオゾン分圧を示す
出典：気象庁(1994)

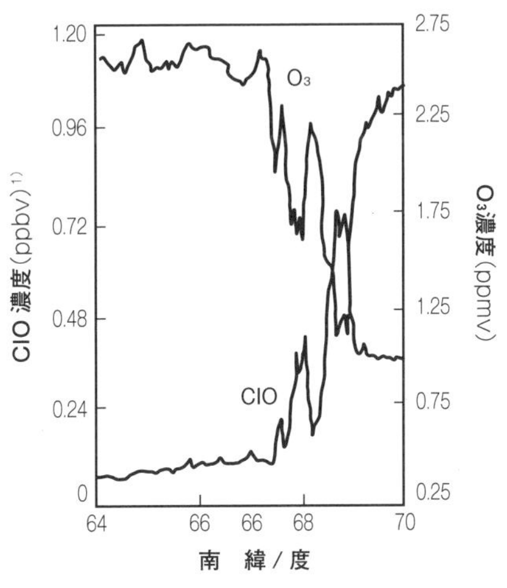

図2-8　春の南極上空、高度 18.5 kmにおけるオゾンと一酸化塩素の濃度

注：観測日1987年9月16日
出典：J.Anderson ら (1989)

圏下部で顕著なオゾン減少が起きていることも判明した(図2-7)。オゾン層破壊が顕著な時期には、高度15km前後にはほとんどオゾンが存在しなくなるほどであった。

また、オゾンホールが発生する頃、成層圏のオゾン減少の著しい高度付近では、塩素がオゾン分子を分解する際に生成する一酸化塩素が高濃度で存在していることも確認された。図2-8は、1987年9月16日の南極上空、高度18.5kmでのオゾンと一酸化塩素の濃度の測定結果である。南極点に近づくにつれ一酸化塩素が増大し、オゾンが減少している。この事実はオゾン分解の主因が塩素であることを示している。塩素の発生源は、フロンなどの塩素含有物質であると推定された。

南極におけるオゾン分解のメカニズム

では、なぜ南極周辺でオゾン層破壊が顕著に現れるのであろうか。オゾンホールは極渦の内部で発生するが、この南極特有の大気の流れや低温がオゾンホールと関係があることが明らかになっている。通常、極域ではオゾンの生成量は少なく、赤道域を中心に低緯度地帯で強い紫外線によって生成したオゾンが移動してくる割合が高いが、極渦があるときはその内外の空気は互いに混合しにくくなり、渦内部でオゾンの減少反応が起きるとオゾンホールが生成する。

南極の成層圏は、夏期は－53℃前後でほぼ定温であるが、冬期に太陽光が届かず、極渦で大気が隔離されると高度20km付近で－83℃前後まで低下する。水蒸気は－88℃程度にならないと氷滴にならないが、硝酸が少量存在すると硝酸三水和物（HNO_3・$3H_2O$）となって－78℃でも氷滴ができ、微細な氷滴からなる成層圏雲が形成されてオゾン減少に関係するのである。

南極周辺で春になって太陽光が降りそそぎはじめると、成層圏雲が存在する下部成層圏で急激に活性種が発生することがわかっている。これは南極特有の現象であり、硝酸塩素や塩化水素が紫外線で分解されて塩素を生成するということだけでは説明できない。また、南極で見られるような下部成層圏でのオゾン分解が起こるには、UV-Bによって塩素原子が生成する機構が存在するはずである。じつは、それが成層圏雲の形成と密接な関係がある。

すでに述べたように、成層圏の塩素の多くは、比較的不活性な塩化水素（HCl）と硝酸塩素（$ClNO_2$）として滞留している。これらの物質の相互反応は気相状態では起こりにくいが、極成層圏雲のような固相表面では起きやすく、塩素分子（Cl_2）と硝酸（HNO_3）を発生させる。また、硝酸塩素は氷と反応して次亜塩素酸（HClO）を硝酸とともに生成する。こうして生成した硝酸（凝固点；－42℃）は固体として雲に取り込まれるが、塩素分子や次亜塩素酸はこの付近の気圧と気温では気体として雲の周辺に放出される。こうして太陽光が届かない南極の冬季に、成層圏下層部に塩素ガスや次亜塩素酸が蓄積される。そこへ春の太陽光が降りそそぎはじめると、紫外線によって塩素分子や次亜塩素酸から活性な塩素原子や一酸化塩素が大量に発生し、オゾン層の急激な破壊が生じるのである。

ただし、これだけでは南極のオゾン層破壊が比較的低い高度15km付近を中心に起きることを説明できない。というのは、この高度付近には遊離の酸素原子は少なく、一酸化塩素が酸素原子と反応して塩素原子が再生される図2-5（21

頁）の⑦の反応が起きにくいからである。この付近では、一酸化塩素の二量体が関与する別の塩素原子再生反応が起きていると考えられている。

さらに、一酸化塩素と酸化臭素の反応によって活性な塩素原子と臭素原子が再生されるメカニズムも知られている。臭素原子は後述するハロンなどの臭素含有物質が大気中に放出され、オゾン層付近で紫外線を受けて発生し、塩素原子と同様の機構で連鎖的にオゾンを分解する。したがって、成層圏大気中に酸化臭素も存在するので、一酸化塩素との反応が生じるのである。

以上が南極特有のオゾン減少のメカニズムである。オゾンホールの生成は、南極特有の気象条件下でフロンなどを発生源とする塩素によるオゾン層破壊が起きているのである。成層圏雲が発生しにくい北極では南極ほどのオゾン層破壊が起きていないことや、南極が温暖な年に大規模なオゾンホールが少ないことは、極端なオゾン層破壊には成層圏雲の形成が重要であることを示している。

南極オゾンホールの推移

今でも毎年、南極の春になると猛烈なオゾン層破壊が発生する。南極大陸上空付近で、以前は300 matm-cm以上あったオゾン量が100 matm-cm以下にまで減少する場合も観測されるほどである。図2-9には、1979～2019年の南極を中心とする上空のオゾンホールを示した。各図の中央部が220 matm-cm以下のオゾンホールである。

また、図2-10に南極上空のオゾンホールの最大面積と最低オゾン量の推移

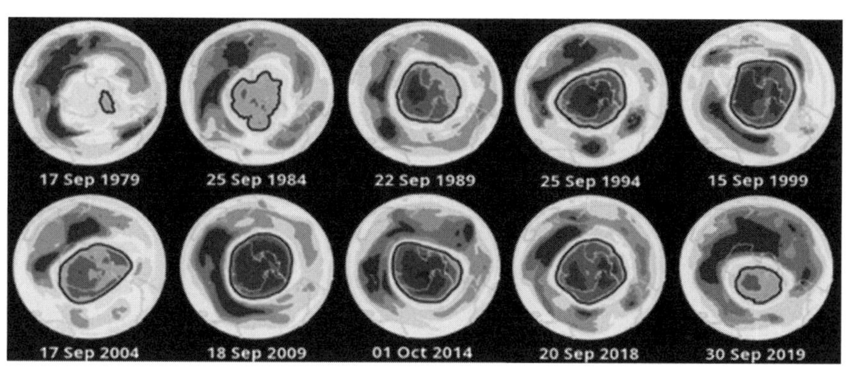

図2-9　南極の年最大オゾンホールの推移（1979～2019年の南極を中心に俯瞰）

出典；European Environment Agency (2020) より抜粋

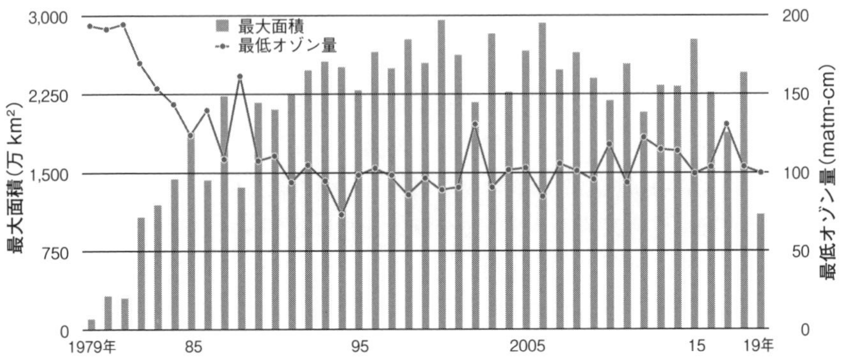

図 2-10　1979〜2019 年の南極オゾンホールの最大面積と最低オゾン量の推移

注：縦棒は 220matm-cm 以下の面積、●は年間最低値
出典：NASA (2020) のデータに基づき作図

を示す。220matm-cm 以下のオゾンホールは、主として春（9〜11 月）に発生し、1980 年頃から急速に拡大して 1985 年にはじめて南極大陸（面積; 1,400 万 km^2）を覆いつくす大きさになった。その後も徐々に拡大し続け、1998 年には北米大陸（2,449 万 km^2）以上、2000 年には史上最大の 2,990 万 km^2 を観測した。21 世紀に入ってからはそれまでの増勢傾向は止まったが、最大面積が北米大陸並で、日本の国土面積の 66 倍程度に相当する 2,500 万 km^2 前後で推移してきた。

2019 年は 1983 年以降、最小のオゾンホールが観測されたが、これは地球温暖化の影響で極渦内部の気温が高く、極成層巻雲が小規模になったためで、オゾン層が急速に回復したものではないと考えられている（NOAA, 2019）。

史上最低オゾン量は 1994 年に最低の 73matm-cm となり、最近は 100matm-cm 前後の値が観測され続けている。しかし、1970 年頃以前と比較すると 2 分の 1 程度であり、異常な状態が続いていることに変わりはない。最近の年間オゾン破壊量は約 8,000 万トン程度である。

北極のオゾン層破壊

南極ほどではないが、北極周辺でも 1990 年頃からオゾン層破壊が起きている。北極の極点周辺は海洋であるために気温が南極より高く、冬期の極渦や極成層圏雲の発生頻度や大きさが南極ほど大きくなりにくいため、大規模なオゾンホールは発生しにくい。しかし、1993、96、2001、05、10、11、20 の各年の春にはオゾンホールが観測された。

1990年以降、北極のオゾンは20％以上減少している。2011年の春には220matm-cmの史上最低を観測していたが（Manney, 2011）、2020年の4月には205matm-cmの新記録を観測した（CAMS, 2020）。2019年に南極のオゾンホールが小規模化したのとは対照的な結果である。

最近の地球温暖化の進行によって、大気圏の気温上昇と同時に成層圏の気温低下が起きており、その結果、極渦や成層圏雲が発生しやすくなったことがオゾン層破壊を促進している。2019～20年の冬は極渦が強く長期に続いたため、成層圏の気温は南極レベルまで低下し、広大な極域成層圏雲が発生してオゾン破壊が進み、オゾンホールの大きさは160万km^2以上に拡大した。地球温暖化はオゾン層破壊に影響するのである。ロシアやスカンジナビア半島などを含む北極圏には多数の人々が居住しているだけに人間や生態系に対する影響が大きく、警戒が必要である。

地球全体のオゾン層破壊状況

オゾン層破壊は極域だけでなく地球全体で起きている。図2-11は1970年から2010年までの北緯70度から南緯70度の間の全地球のオゾン全量偏差の推移を示したものである。

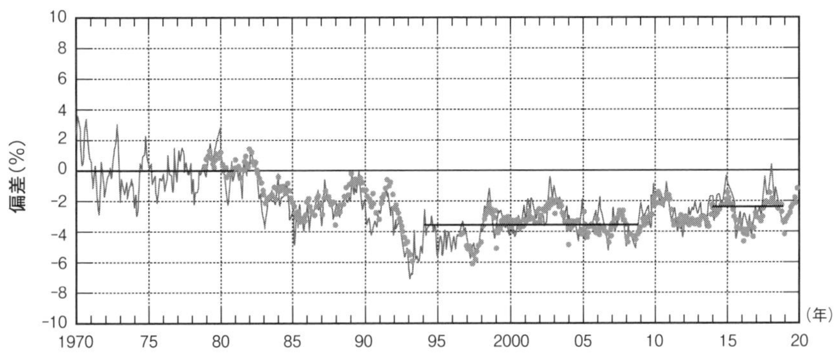

図2-11　世界のオゾン全量偏差（%）の推移

注：世界平均オゾン全量の1970～80年の平均値からの増減量を％で示している。
実線折れ線：地上観測データ、●：北緯70度～南緯70度で平均した衛星観測データ、
実線水平線：地上観測データの累年平均値
出典：気象庁（2020）

1980年頃から急速に減少し、1990年代半ばからは減少傾向が止まった。1994〜2009年の15年間は1970年代より3.5%程度の減少となり、2010年代にはやや回復して2.5%程度の減少となった。現在は回復傾向にあるが、1970年代並みに回復するのは2060年頃になると考えられている。

これまでにも述べてきたように、オゾン層破壊は季節や場所によって異なる。赤道に近い低緯度地域の減少率は小さく、高緯度地域での減少率が大きい。また高緯度地域の減少率は、南半球では春前後（8〜12月）、北半球では冬から春にかけた頃（1〜5月）が大きい。

日本におけるオゾン層破壊

日本上空も例外ではなく、札幌、筑波、那覇、南鳥島での気象庁の定期観測結果によれば、緯度が相対的に高い札幌や筑波では減少傾向が見られる（図2-12）。最も減少率が高い札幌では以前と比べると約6％減少しており、とくに冬は約10％と大きく減少している。国立環境研究所と名古屋大学太陽地球観測研究所の研究グループも、1996年の北海道幌加内町上空の気球観測により、高度約18kmのオゾン濃度が4月23日には通常より30%も減少しているのを観測している。この時期に北極に発生した極渦が日本全域を覆うほど南下した影響が出たものと考えられているが、今後もこのような現象が起きる可能性がある。北日本を中心にオゾン層破壊状態が今後も続くものと思われる。

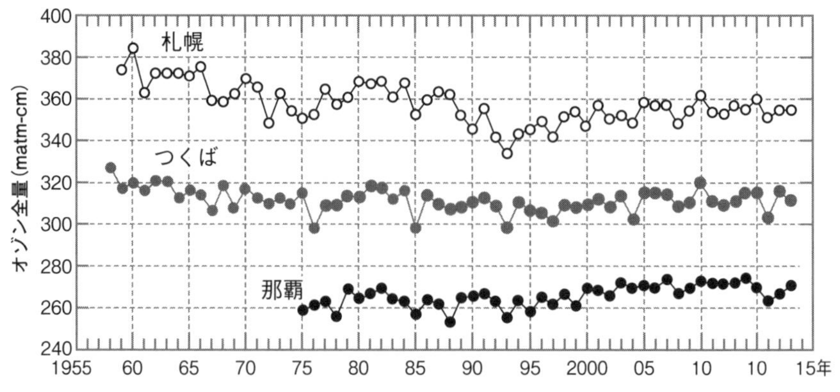

図2-12　札幌、つくば、那覇上空の年平均オゾン量の推移

出典：気象庁（2020）

紫外線強度の増加状況

すでに述べたように、オゾン層破壊は地上に降る紫外線量を増加させる。図2-4（19頁）で示したように、実際に南極上空のオゾンが減少した場合に地上の紫外線強度が大幅に増大しており、時期と場所によっては紫外線量が2倍以上になっている。南極のオゾンホールの影響で、ニュージーランドやオーストラリア、チリ、アルゼンチンの南部地域は、北半球の同緯度地域に比べて紫外線強度が高くなる傾向が出ていた。たとえば、ニュージーランドの紫外線強度はドイツの約2倍になっていることが観測されている（Seckmeyer, 1992）。

日本の継続観測地点での紫外線の人体への影響度を表す紅斑紫外線量の年積算値の推移を図2-13に示す（「紅斑紫外線量」は紫外線のエネルギー量や人体への影響度を表す数値〔単位；W/m^2〕。波長別の紫外線強度に、皮膚に対する波長別の相対影響度を示すCIE作用スペクトル〔McKinlay and Diffey, 1987〕を乗じて、波長積分して得られる。日積算値は1 m^2 あたりのエネルギーで表す）。札幌とつくばでは明らかな増加傾向が見られる。那覇でもわずかに増えている。図2-13からわかるように、3地域ともこの期間のオゾン量は減少していないので、紫外線増加は大気中の浮遊粒子状物質などが増加し、紫外線を散乱しているためと考えられている（気象庁, 2020）。

各国でも紫外線増加が観測されており、米加独豪などの国々では天気予報と

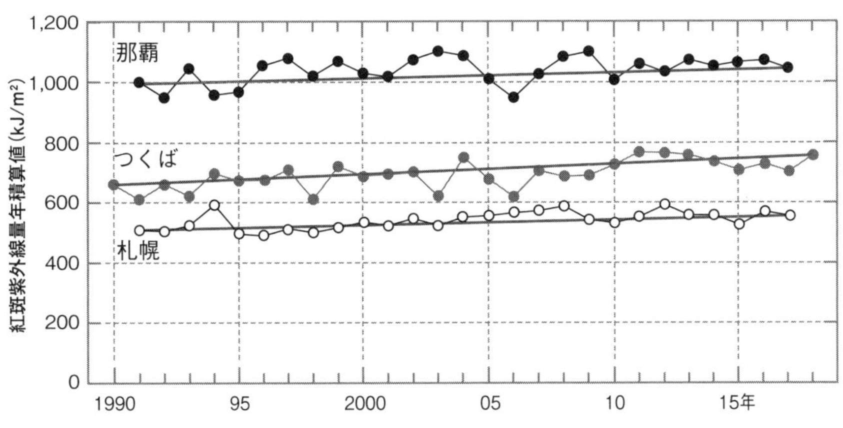

図2-13　日本における紅斑紫外線量の年積算値の推移

注：年積算値は日積算値の月平均値を年平均した値に年間日数をかけた値

出典：気象庁（2020）

同様に紫外線の強さの予報を行っており、国民に直射日光を浴びる時間の上限を示すなど、紫外線による影響を予防するための措置をとっている。

4　オゾン層破壊による人間と生態系への影響

人間に対する直接的影響

紫外線増加は、人間に対して皮膚がん、眼の疾患、免疫能力の低下など、直接、健康を害するさまざまな悪影響をもたらす。

紫外線によって生じる皮膚がんは、基底細胞がん、有棘細胞がん、悪性黒色腫（メラノーマ）などである。このうち非黒色腫型皮膚がんである前二者がUV-Bの増加によって発生しやすくなり、オゾン層が1%破壊されると、基底細胞がんで1.7 ± 0.5%、有棘細胞がんで3.0 ± 0.8%増加すると推定されている（Longstreth *et al.*, 1995）。皮膚がんの発生率は白人の方が有色人種より高いが、最近、日本人でも増加しつつある。

具体的事例として、南極のオゾンホールの影響が及ぶオーストラリアのクイ

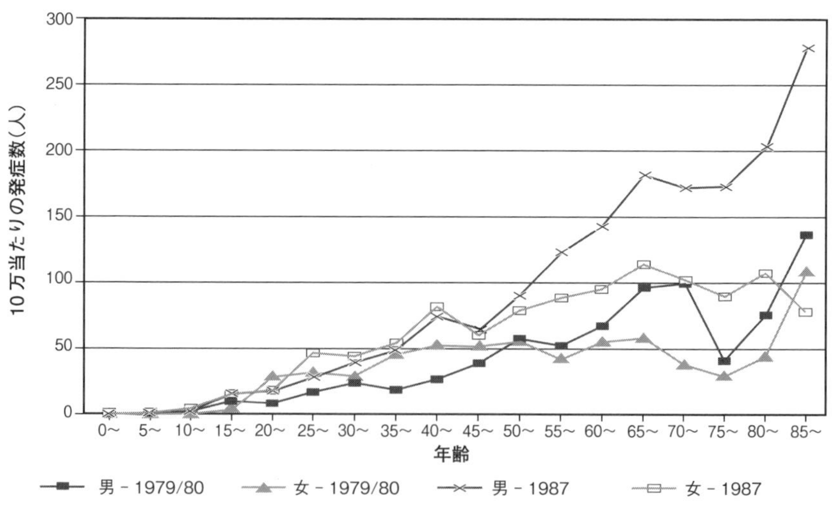

図2-14　1979年7月～80年6月の1年間と1987年1年間におけるクイーンズランド州(オーストラリア)での人口10万人当たりのメラノーマ患者発生数

出典：Mac Lennan, *et al.* (1993)

ーンズランド州では、悪性黒色腫の患者数が1979/80年と比較して1987年には男性で2倍、女性で1.5倍に増加している（図2-14）。とくに50歳以上の男性の発生率が増加しているのが目立つ。一般的に日光に当たる機会の多い農家などの男性が女性よりも皮膚がんになりやすい。

オーストラリアは皮膚がんの発症率がもともと高いが、悪性黒色腫は毎年3～5%ずつ増加していて年間千人が死亡し、年間15万人が皮膚がん治療を受けているが、実際にはそのほぼ2倍の皮膚がん患者がいると推定されている（Australian Inst. of Health, 1993）。子供のころの紫外線曝露により数十年後に皮膚がんが発症すると考えられており、オゾンホールの影響などによる紫外線増加の危険から予防対策の重要性が指摘されている。

1995年11月に名古屋で開催された「ストップフロン・フォーラム中部」において筆者は「クイーンズランドがん基金」のジェフ・ダン氏と対談する機会があった。以下に彼から得られた情報を簡潔にまとめておこう。

オーストラリア人の皮膚がん発症率は世界最高で、3人に2人は一生のうち何かの皮膚がんにかかる。クイーンズランド州の悪性黒色腫の生涯発症率は、男性で14人に1人、女性は17人に1人であるが、発症率が急上昇した。そこで紫外線の危険から身を守るための予防対策や教育、啓発運動を実施している。たとえば、とくに子供たちを紫外線から守るために「スリップ、スロップ、スラップ、ラップ」（長袖衣服を着用し、紫外線防護クリームを塗布し、日除けのための垂れ布付きの帽子をかぶり、サングラスをかける）キャンペーンなどが行われている（写真2-1）。また、学校の体育の授業は昼間の時間帯を避けたり、幼稚園の遊び場に覆いを付けたりしている。

写真2-1
紫外線の危険から身を守るための服装

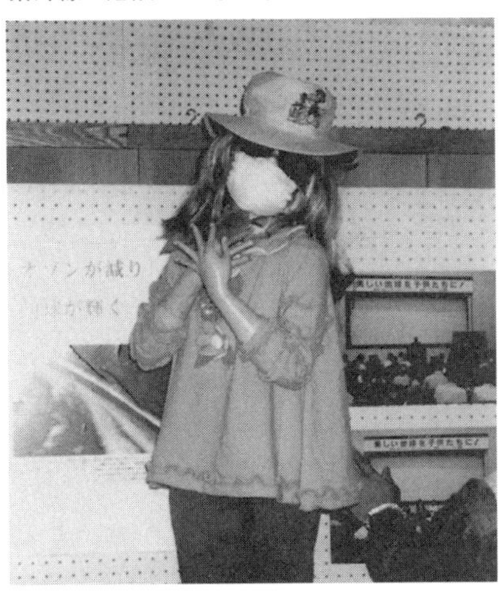

ストップフロン全国協議会主催のストップフロン・フォーラム（大阪、1994）に展示されたマネキンを筆者が撮影。帽子、サングラス、衣類などの製品はオーストラリアで実際に販売されている。

日本人の皮膚がんや日光角化症患者も増加傾向にあることが、埼玉医科大学の池田重雄氏や神戸大学の市橋正光教授によって報告されている。兵庫県川西市の住民検診結果では、人口10万人当たりの発症率は、基底細胞がんが16.5人、日光角化症は86.9人で予想よりもはるかに高く、日光に当たる人のほうが高い傾向が観察されている。

紫外線増加は、目にも悪影響をもたらし、角膜炎や結膜炎を引き起こす。UV-B紫外線が強くなれば、雪眼炎（雪目）や紫外眼炎（電気性眼炎）、白内障が増加し、失明にいたる場合もあることが知られている。さらに、紫外線増加は免疫機能を弱め、その影響で伝染病やエイズの蔓延（まんえん）にも拍車をかける懸念がある。

紫外線増加による生物影響

人間以外の生物に対するオゾン層破壊の影響も現れている。動・植物プランクトン、エビの幼生、稚魚のような水生生物への悪影響が知られており、これが進行すると食物連鎖を通じて生態系全体の衰退が危惧される。

水中の植物プランクトンや動物プランクトンについても生育阻害が起きることが報告されている。海洋生物に対する影響として、南極付近の植物プランクトンの光合成活動が6～12％低下したと報告されている（Smith *et al.*, 1993）。植物プランクトンは海の生態系の食物連鎖の出発点に当たる生物であり、その減少はそれを食糧にしているオキアミや小魚の減少をもたらし、ひいては大型の魚、クジラや海獣、ペンギンなどの動物にまで影響が及び、漁業にも大きな打撃を与えるおそれも十分にある。また、南極の陸上植物であるナンキョクコメススキでも、紫外線による成長阻害が知られている。

1991年にチリの最南端地域で起きたさまざまな出来事も不気味である。イギリスのファイナンシャルタイムズ紙（1991. 11. 6）、『ニューズウィーク』誌（1991. 12. 12）の報道によると、牧場のヒツジ数百頭が一時的に失明、野生のウサギが視力低下のためか簡単に捕捉、失明したサケ、変形した春先の木の新芽といった奇妙な現象が起きたという。人間の悪性黒色腫の発症率が通常の4倍にもなり、農家に皮膚や目の異常を訴える人が増え、サングラスや日焼け止めクリームの使用者が急増したという。当時、日本でも同地域の異変がテレビ放映された。これらはすべて紫外線作用によって起こり得る現象であり、同地域が南緯55度付近と南極に近く、オゾンホールの拡大時期と一致していたため、オゾンホールの影響と推察された。

北半球中緯度地域でも、オゾン層破壊の影響が観測された。アメリカ北西部のカスケード山地に棲息するカエルのうち、2種類のみが激減しているのをオレゴン州立大学の研究者たちが発見した（Blaustein, 1994）。これらのカエルは直射日光が当たる浅い水辺に産卵し、自然界での孵化率は45～65％に過ぎなかったが、UV-Bを遮蔽（しゃへい）するフィルター付き容器に入れると、孵化率が20～25％も向上した。減少していないカエルの場合、自然界での孵化率は100％であったが、これらはすべて紫外線を受けにくい木陰や深い水底に産卵する種であった。

オゾン層破壊による生物への影響は、見えないところで数多く、起きているかもしれない。オゾン層破壊が進行すると、地球上の生態系に重大な被害をもたらしかねないのである。

紫外線が生物に影響をもたらす理由

紫外線の生物への影響は、生体物質に化学変化が起きることでもたらされる。たとえば、遺伝子の本体であるDNA（デオキシリボ核酸）に波長250～280nmの紫外線を照射すると、DNA分子中の4種の核酸塩基のうち、チミンやシトシンはそれぞれの二量体を生成する。いわば、本来のDNAにはない傷が化学変化によってできることになる。通常、このようなDNAの傷は細胞内で修復されるが、紫外線照射を継続して受けると修復機構が機能しなくなり、傷が残ってしまう。DNA分子中の核酸塩基の配列は遺伝情報を表すものなので、傷によってDNAの遺伝情報が本来とは異なったものになってしまう。その結果、細胞は突然変異を起こしたり、死滅したりする。がんはある種の突然変異細胞が増殖したもので、DNAの傷を契機に発生するのである。

5　オゾン層破壊物質

オゾン層破壊能力をもつ物質

今日のオゾン層破壊の主犯としてフロンはよく知られているが、フロンだけがオゾン層破壊物質ではない。前節で述べたように、成層圏に塩素原子や臭素原子が導入されるとオゾン層破壊が起きる。したがって、分子中に塩素や臭素を含み、大気中に放出される物質のうち対流圏で分解しにくい物質は、いずれもオゾン層を破壊する可能性がある。消火剤として使用されてきたハロン、溶剤の四塩化炭素や1,1,1-トリクロロエタン、燻蒸剤の臭化メチルなどがそうで、これらは現在では規制対象物質になっている。

また、人工衛星打ち上げ用ロケットから直接成層圏に放出される塩化水素もオゾン層破壊に関与していることは間違いない。

フロンの種類と名称

以前は、大量で多種類のフロンが日常生活の中で使用されていた。冷蔵庫やクーラーの冷媒、クッションや種々の発泡製品製造用の発泡剤、半導体などの電子部品や精密機械の製造用の洗浄剤、化粧品や塗料などのスプレー用ガスなど、生活のなかでフロンに関係する製品が数多く使用されていた。

フロンという呼称は商品名で、１～２個の炭素原子にいくつかのフッ素原子を必ず含み、さらに０～数個の塩素や水素原子からなる分子でできている化合物群の総称である。フロンはさらに３種類に大別される。その分子が炭素（C）、フッ素（F）、塩素（Cl）から構成されているクロロフルオロカーボン（CFC）類、これらの元素にさらに水素（H）も加わって構成されている分子をもつハイドロクロロフルオロカーボン（HCFC）類、また塩素を含まず炭素、フッ素、水素からなる分子のハイドロフルオロカーボン（HFC）類の３種である。これらのなかにさらに多くの個別のフロンが存在する。

このように数多くの種類のフロンがあるので、個々のフロンは数字を使ってフロン-12、フロン-113などという名称がつけられ、名称から分子の構造がわかるようにしている。フロンの数字は２桁または３桁で表されるが、１の位の数字はフッ素原子の数、10の位の数字から１を引いた値が水素原子数、100の位の数字に１を加えた値が炭素原子数を表している。塩素原子数は名称に数字として入っていないが、ほかの原子数がわかれば計算できる。

クロロフルオロカーボン

多種類のフロンのうち、初期には主としてクロロフルオロカーボン（CFC）が使用されてきたが、現在では後述のモントリオール議定書に基づいて生産停止になっている。そのうち最も多く使用された５種類のCFCとその用途、および大気中での寿命とオゾンを破壊する能力の度合いを示すオゾン破壊係数（ODP）を表2-2に示した。この５種類のCFCは「特定フロン」とも呼ばれている。フロン規制が始まるまでは、世界のフロン生産量の大部分をこれらが占めてきた。

初期にCFCが広範囲に使用されたのはその優れた性質による。人体に対する毒性がなく、無色、無臭、不燃性で、爆発性もなく、安定で分解しにくい物質であり、酸やアルカリなどにも強く、金属など多くの材料に対する腐食性がない。また、水には溶けにくいが油をよく溶かし、表面張力が小さく狭い空隙にも侵入するので、電子部品などの優れた洗浄剤になる。このような特徴から「夢の物質」と呼ばれ、さまざまな用途に広く利用されたのである。

CFC利用の始まりは1930年頃で、冷凍機用の冷媒に使用された。揮発性物質を冷媒に用いる冷凍機は、ドイツ人リンデによって1875年に開発され、最初はアンモニアや亜硫酸ガスなどが冷媒に使用された。しかしこれらの物質は有毒で、漏洩（ろうえい）すると危険なので、アメリカのミッジリーが、新たな冷凍庫用の冷媒としてフロン-12を1928年に合成し、フレオンの商品名でデュポン社によって製造、販売されはじめた。その後、次々にほかのCFCも開発され、第二次世界大戦後は冷媒以外にも使用されるようになり、生産量は急速に拡大していった。CFCの年間生産量は、1980年代半ばから終盤にかけて世界全体で100万トン以上に達した。日本も多いときには年間15万トン以上の生産を行っていた。後述するように、CFCの生産は1995年末で禁止された。

生産されたCFCのうち９割が放出され、そのうち成層圏に到達したのは約１～２割で対流圏に存在するのが約８～９割、まだ使用中の冷蔵庫、クーラー、冷凍機などの中に少し残っていると推定されている。スプレー製品用の気体フロンや電子部品洗浄用の揮発性の高い液体フロンだけでなく、クッションなどの発泡製品中に含まれるフロンやエアコン中のフロンも徐々に漏出して大気中に放出された。冷蔵庫や冷凍機中の冷媒や断熱材中のフロンも、回収しない国

表２-２　CFC（特定フロン）の性質と用途

物質名	分子式	沸点(℃)	寿命(年)[1]	ODP[2]	おもな用途			
					冷媒	噴射剤	洗浄剤	発泡剤
フロン-11	CCl_3F	24	65	1.0	○	○	○	○
フロン-12	CCl_2F_2	-30	130	1.0	○	○		○
フロン-113	CCl_2FCClF_2	48	90	0.8	○		○	○
フロン-114	$CClF_2CClF_2$	4	200	1.0	○	○		○
フロン-115	$CClF_2CF_3$	-39	400	0.6	○	○		

注：1）大気中で分解するまでの平均寿命。IPCC報告書（1990）。
　　2）フロン-11を基準(1.0)にして、それぞれの物質の同一重量当たりのオゾン層破壊能(ODP)『モントリオール議定書』に報告された値

では製品の廃棄、破壊時に放出された。

こうしてCFCが大量に大気中に放出された結果、その特性がかえって災いして環境を脅かすことになった。化学的に安定であるため対流圏ではほとんど分解せず、水にもわずかしか溶解しないために雨で洗い落とされない。表2-2に示したように、CFCは大気中で70年から550年という長期間にわたって存在する。その結果、CFCは空気よりも重いが、徐々に成層圏まで拡散していき、オゾン層を破壊するのである。

代替フロン

オゾン層破壊能の高いCFCが生産停止になったため、それに替わるハイドロクロロフルオロカーボン類（HCFC）とハイドロフルオロカーボン類（HFC）が生産されている。両者を法的には代替フロンと呼ぶ。HCFCは、水素、塩素、フッ素、炭素からなり、HFCは塩素を含まず、水素、フッ素、炭素からなる。表2-3と表2-4にこれらの代表的なものを示す。

代替フロンは、主として以前のCFCの冷媒と発泡剤としての用途を中心に使用されてきた。HCFCの生産はしだいに削減され、2030年に全廃される。HFCについては生産規制はないが、地球温暖化防止のための京都議定書で温室効果ガスとして削減対象になっている。

両者は分子中に水素を含んでいるので、対流圏でも徐々に自然分解される。そのために成層圏に到達する割合がCFCより低く、HCFCは塩素を含んでいるが、オゾン層破壊能力（ODP）はCFCの10分の1以下である。また、HFCは塩素を含まないので、オゾン層を破壊しない。

しかし、代替フロンにも問題がある。第一に、地球温暖化をもたらす温室効

表2-3　代表的なHCFC（代替フロン）

物質名	分子式	沸点(℃)	寿命(年)[1)]	ODP[2)]	燃焼性
フロン-22	$CHClF_2$	-41	15	0.05	不燃
フロン-123	$CHCl_2CF_3$	28	2	0.02	〃
フロン-124	$CHClCF_3$	-12	6	0.02	〃
フロン-141b	CH_3CCl_2F	32	9	0.11	可燃
フロン-142b	CH_3CClF_2	14	21	0.06	〃
フロン-225ca	$CHCl_2CF_2CF_3$	51	−	0.025	不燃
フロン-225cb	$CHClFCF_2CF_2Cl$	56	−	0.033	〃

注：1）　デュポン社の発表した値。あるいはIPCC報告書（1990）の値
　　2）『モントリオール議定書』に掲載された値

表2-4　代表的なHFC

物質名	分子式	沸点(℃)	寿命(年)[1]	燃焼性
フロン-32	CHF_2	-52		可燃
フロン-125	CH_2FCF_3	-49	28	不燃
フロン-134a	CH_2FCF_3	-27	8	〃
フロン-143a	CH_3CF_3	-48		可燃
フロン-152a	CH_3CHF_2	-24	2	〃
フロン-227	CF_3CHFCF_3	-20		不燃

注：1）デュポン社の発表した値

果ガスであることである。温室効果はCFCよりは低いが、CO_2、窒素酸化物、メタンなどに比べるとはるかに大きいので、大量放出されると地球温暖化に少なからぬ影響を及ぼす。しかも、温暖化の進行は成層圏の寒冷化により極渦や成層圏雲を発生しやすくしてオゾン層破壊を促進する。

第二に、有毒であることである。代替フロンのうち水素含有量の高いものは可燃性で、燃焼の際にフッ化水素、塩化水素、ホスゲンなどの有毒気体を発生する。不燃性のものでも、高温下の熱分解で同様の有毒気体が発生する。さらに、環境中に排出された場合、自然界での分解生成物が新たな環境問題を引き起こす可能性もある。たとえば、代替フロンの分解で植物に生育障害をもたらすトリフルオロ酢酸塩が生成することが判明している。環境中の代替フロンが増加すれば、トリフルオロ酢酸塩が湿地帯などに濃縮され、植物に有害な影響を及ぼすほどの高い濃度になることも指摘されている（Tromp *et al.*, 1995）。

ハロン、その他のオゾン層破壊物質

ハロンも強いオゾン層破壊物質である。ハロンはフロンと似た物質であるが、臭素を含むことが特徴である。ハロンも番号を用いた名称がついている。ハロンの名称の数字は一般に4桁で、千、百、十、一の各位の数字は、それぞれ炭素、フッ素、塩素、臭素の数そのものである。臭素は塩素よりもオゾンと反応しやすいので、ハロンはフロンよりオゾン層破壊能は高い。代表的な3種類のハロン（特定ハロン）とその他のオゾン層破壊物質を表2-5にまとめた。ハロンはいずれもフロンと類似の性質をもっている。不燃性を活かして消火剤として広く利用され、1990年頃には日本の年間生産量が約3万ODPトンに達していた（ODPトンとは、物質の実際の生産量にオゾン破壊係数を掛けたもの）。大気中で分解しやすい代替ハロン（HBFC-22B1など）も開発された。代替ハロンはハイドロブロモフルオロカーボンのことで、水素、臭素、フッ素、炭素からなる。

表2-5　ハロンガスおよびその他のオゾン層破壊物質

物質名	分子式	沸点(℃)	寿命(年)	ODP[1]
ハロン-1211	CF_2BrCl	-4	1.7	3.0
ハロン-1301	CF_3Br	-57.8	2.0	10.0
ハロン-2402	CF_2BrCF_2Br	47.3	–	6.0
HBFC-22B1	CHF_2Br	-15	–	0.74
四塩化炭素	CCl_4	76.8	50	1.1
メチルクロロホルム	CH_3CCl_3	74.0	7	0.1
臭化メチル	CH_3Br	3.6	1.5	0.7

注：1）『モントリオール議定書』に掲載された値

いずれも現在は生産禁止になっている。

さらに、広く使用してきたオゾン層破壊物質として、四塩化炭素、臭化メチル、メチルクロロホルムなどがある。これらの物質も成層圏に達すると紫外線分解で塩素や臭素が生成し、オゾン層を破壊する。これらは、フロンに匹敵するオゾン層破壊能をもっており、規制対象になっている。四塩化炭素はフロンや合成ゴム生産の原料として利用され、メチルクロロホルムは各種産業用洗浄剤として生産されていた。また、臭化メチルは植物検疫燻蒸剤や土壌消毒剤などの農薬として使用されてきた。

6　オゾン層保護の取り組みの経緯とオゾン層回復の可能性

オゾン層保護の歴史区分

オゾン層保護に関する取り組みの歴史的過程は、大きく4段階に分けられる。第1段階は、オゾン層保護への社会的関心が最初に起こった時期で、アメリカを中心に超音速航空機問題が政治課題として議論された1970年代初期である。第2段階は、ローランドの論文が発表された1974年から1980年代初期までで、フロンとオゾン層の関係が指摘され、フロンをふくむエアゾール製品の規制がいくつかの国で実施されはじめた時期である。第3段階は、南極のオゾン層破壊が確認され、最初のフロン規制の国際条約（モントリオール議定書）が成立する時期で、1984年から1987年までである。第4段階は、1987年以降、国際条約に基づき具体的にフロンをはじめオゾン層破壊物質の生産、使用の削減を遂行していく時期である。

第4段階は、モントリオール議定書が成立したあと、二度にわたって規制内容が改正され、強化されてきたが、改正によってそれぞれ三つの段階にさらに区分される。

各国におけるフロン規制――1970年代後半から1980年代初期

第1段階についてはすでに第2節で触れたので、ここではフロンに関わる第2段階から述べる。ローランドらのフロンによるオゾン層破壊の警告的論文発表以来、アメリカなどがオゾン層保護のためのフロン規制を開始した。とりわけアメリカは、超音速機問題を経験したことと、フロンの生産量で世界最大のシェアを占めていたこともあって、最も早くフロン規制に踏み切った。

当時、世界のフロンの生産量は約80万トンで、アメリカが40万トン余であった。アメリカでフロンによるオゾン層破壊のニュースが大きく報道された1975、76年には、各界を巻き込む大論争が起こった。とくにフロン消費の半分、放出量の75%を占めていたエアゾール製品は、ヘアスプレー、防臭剤、殺虫剤など、消費者に身近なものであっただけに大きな関心を呼んだ。

これに対してエアゾール関連業界は、フロンは無害でオゾン層破壊の証拠がないという広報宣伝活動を行うとともに、政界や科学者たちにさまざまに働きかけ、1974年12月にアメリカの下院議会に公衆衛生・環境小委員会委員長のロジャースらが大気清浄化法の修正案を提出したものの、否決されている。

しかし、その後の研究結果の多くはローランド説に有利なものであった。それらを踏まえて全米科学アカデミーをはじめ、いくつかの科学機関や科学組織がオゾン層破壊の危険性について警告を発し、アメリカ政府は1975年に「成層圏の人為的変化への対策本部」を設置して、全米科学アカデミーにオゾン層問題の調査を委託して行政レベルでの取り組みを開始した。

フロンの最初の政治的規制は、連邦政府に先だってオレゴン州が実施した。1975年、フロン入りエアゾール製品の販売を州内で禁止する法案が州議会を通過した（1977年発効）。次いでニューヨーク州も、フロン入りエアゾール製品には環境に有害な噴射剤を含む旨の警告ラヴェル表示を義務づける法律を制定した。フロン規制への世論も高まり、アメリカ政府は1976年に有害物質規制法を制定し、それに基づき、1978年10月よりフロンを用いた噴射剤の製造禁止、12月よりフロン入りエアゾール製品の製造禁止に踏み切った。

こうして世界最初のフロンの法的規制がアメリカで実現したが、この間、デュポン社をはじめとする関連業界のさまざまな圧力下で奮闘した科学者たちの努力は特筆すべきものであった。ローランドをはじめ、この問題の重大性を誰よりもよく認識していた科学者たちは、議会、公聴会、また各種委員会などで問題解決のために奮闘した。科学者が私利私欲にとらわれず、真に科学的な態度を貫くことの重要性を、この問題の経緯は教えている。

続いて、他国でもフロン規制が実施された。1979年には、オランダでフロン入りエアゾール製品に対する警告表示の義務化、スウェーデンではCFCフロンを含むエアゾール製品の製造、輸入の禁止が実施された。1980年にはカナダがCFCフロンを含むヘアスプレー、消臭剤、制汗剤の製造禁止、1981年にはノルウェーもスウェーデンと同様の規制を採用した。またECの閣僚理事会も1980年に域内各国に対し、フロン-11および12の生産能力を増強せず、エアゾール製品への使用量を1981年末までに1976年実績よりも30％以上削減する勧告を行った。こうして、これらの諸国でフロンの生産量は減少しはじめた。

また、国際条約への準備も進められた。国連の下部機関として1972年に創設された国連環境計画（UNEP）は、1977年にオゾン層問題についての研究成果をまとめる「オゾン層調整委員会」を設置し、その検討を踏まえて1981年5月の管理理事会において「オゾン層保護条約」の策定のための特別作業部会を発足させた。

このように世界が動き出すなか、日本の対応は消極的であった。1980年12月のOECD環境委員会において、日本政府はフロン-11と12の生産能力の凍結とそれらのエアゾール製品の使用削減努力を行う旨を表明したものの、具体的規制は行わず、生産量も増え続けた。

国際的なフロン規制――モントリオール議定書の締結

1984年の南極オゾンホールの発見によって、オゾン層破壊が現実のものとなりはじめると、国際的な取り組みが活発になった。この第3段階で、国連環境計画の主導によってオゾン層保護に関する国際条約が誕生する。

1985年3月に開催された国連環境計画の外交会議において「オゾン層保護のためのウィーン条約」（以下「ウィーン条約」と略す）が採択された。この条約では、オゾン層破壊の影響を認識し、国際協力と科学的配慮に基づいてオゾン層破壊防止の立法措置、行政措置、科学研究協力などの実施が定められている。しかし、フロン規制については合意にいたらず、「議定書」としてのちに策定するとされた。当時、この条約にほとんどの欧米諸国が署名し、19ヵ国が締結したが、日本は署名も締結も行わなかった。

続く1985～86年には、フロン規制の議定書を作成する作業部会が重ねられ、1987年9月、モントリオールでの国連環境計画外交会議において「オゾン層を破壊する物質に関するモントリオール議定書」(以下「モントリオール議定書」と略す）の採択にいたった。そこでの規制概要は、特定フロンの消費量と生産量を段階的に削減し、1999年に1986年実績の50％と65％にするとともに、特定ハロンも3年以内に消費量を1986年実績並みにすることであった。「モントリオール議定書」には、日本を含む主要国のほとんどが署名した。

モントリオール議定書の実施と改正

こうしてオゾン層を保護するための国際条約が誕生し、具体的実践に入っていく。各国で議定書締結のために国内法が制定された。日本でも1988年5月に「オゾン層保護法」が公布され、10月に「ウィーン条約」と「モントリオール議定書」が同時に締結された。

「モントリオール議定書」は各国の批准により1989年に発効したが、南極のオゾンホールの拡大など、オゾン層破壊が急速に進行したことから、規制を強化すべきとする意見が欧米諸国を中心に強まっていった。1989年3月のEC環境相理事会（ブリュッセル)、その直後のイギリス政府主催オゾン層保護国際会議（ロンドン）において、数ヵ国の代表から1990年代末までに特定フロンを全面禁止する主張がなされた。

1990年6月末、第2回モントリオール議定書締約国会議が、70ヵ国以上の参加のもとロンドンで開催された。この会議で、特定フロンと特定ハロン、および新規制対象となった四塩化炭素の2000年全廃、別の新規制対象のメチルクロロホルムの2005年全廃などの規制強化を決定した。さらに、これを実施するために、締約国の出資で途上国の対策を援助する1億6,000万ドルのオゾン層保護基金の創設も合意された。また、代替フロンの2020～40年での全廃も宣言された。

しかし、その後もオゾン層破壊は予想以上の速度で進行し、危機感が高まった。1992年11月にコペンハーゲンで開催された第4回モントリオール議定書締約国会議では、⑴既規制対象物質の全廃時期の前倒し、⑵新規制物質の追加、⑶途上国援助機構の整備について合意し、モントリオール議定書の内容が再改正された。特定フロン、四塩化炭素、メチルクロロホルムは1995年末までに生産全廃、特定ハロンは1993年末までに生産全廃と前の改正より全廃時期が

4～9年早められた。くわえて新規に代替フロンのうち、HCFC、代替ハロン（HBFC）、臭化メチルが規制対象物質となり、HCFCは2020年原則廃止、代替ハロンは1995年末全廃、臭化メチルは生産・消費量を1995年から1991年レベルに凍結することになった。

さらに第9回（1997年モントリオール）、第11回（1999年北京）、第30回モントリオール議定書締約国会議（2016年ギガリ）でも改正が行われた。現在の規制内容は表2-6のとおりである。表には入れてないが、HFCの使用を2050年頃までに80％以上削減することになっている（ギガリ改正）。

なお、途上国については、(a) CFC、ハロン、四塩化炭素、1,1,1-トリクロロエタンの消費量および生産量を10年遅れのスケジュールで全廃、(b) HCFC消費量は2015年を基準年とし、2016年から100％以下、2040年に全廃する、(c) 臭化メチル消費量および生産量を1995年～1998年の4年間の実績の平均を基準とし、2002年から100％以下する、とされている。

世界各国のオゾン層保護対策

改正モントリオール議定書の誕生により、各国はオゾン層保護の法律を整備して対策を進めはじめたが、EUやその加盟国など多くの先進国は、議定書以上の規制をとりはじめた。EUは特定フロンの全廃時期を議定書より1年早い1994年末とした。EU加盟国のなかには生産禁止だけでなく、利用中の冷蔵庫などの製品内にあるフロンの回収義務を法制化する国も数多く現れた。また、

表2-6　モントリオール議定書による先進国に対するオゾン層破壊物質の規制内容

規制対象物質	生産・消費量規制内容（注）
特定フロン（フロン－11、12、113、114、115）	1994年：25％、1996年：0％
その他のCFC（フロン－13など10種）	1994年：25％、1996年：0％
四塩化炭素	1995年：15％、1996年：0％
メチルクロロホルム	1994年：50％、1996年：0％
ハロン	1993年末：0％
代替フロン（40種のHCFC）	1996年以降の年間消費量を（1989年消費量＋特定フロンの1989年消費量×2.8％）以下。その後、2004年：65％以下、2010年：35％以下、2015年10％以下、2020年0.5％以下
代替ハロン（34種のHBFC）	1996年：0％
臭化メチル	1995年凍結、2010年全廃

注：生産・消費規制の削減率や凍結の基準年は、特定フロン、ハロンは1986年、その他のCFC、四塩化炭素、メチルクロロホルムは1989年、臭化メチルは1991年

産業界にも代替フロンの使用を抑制する動きが広まった。

議定書改正時には、冷蔵庫やクーラー、冷凍機などに残っている特定フロンの量はそれまでの全生産量の約１割、200万トン前後と見積もられていた。これらを放出するか、しないかはその後のオゾン層破壊にも影響を与える。多くの欧米諸国では、冷媒用のフロン入り製品を廃棄する際、フロン回収が義務づけられ、積極的に実施された。フロンを意図的に放出した場合には、ドイツでは５万マルク、イギリスでは２万ポンド、アメリカでは２万5,000ドルという高額の罰金まで課せられた。ドイツ、オランダ、スウェーデン、スイスなどでは、発泡製品中のフロンの回収も実施してきた。

たとえば、ドイツの場合、年間約30万台の廃棄冷蔵庫から冷媒用および断熱用発泡ウレタン中のフロンを全国５ヵ所にある回収工場で回収していた。筆者が調査したハイデルベルク郊外ヴァルドルフの回収工場APUでは、年２回、各地から廃冷蔵庫が搬入され、フロン回収が行われていた。まず、真空ラインと数台の冷蔵庫の冷媒用配管を結合して冷媒フロンを吸引回収したのち、冷蔵庫をベルトコンベアで密閉された大きな容器に運び込み、細かく裁断してポリウレタンから放出されるフロンを回収していた。冷蔵庫に使用されている鉄、銅、アルミ、ポリスチレン、ウレタンなどの材料も、分別回収され、再利用にまわされていた。

またヨーロッパの産業界では、イソブタンなどの炭化水素系冷媒や発泡剤を用いたノンフロン冷蔵庫の製造販売が1992年頃から始まり、一般に普及していたが、日本で炭化水素系ノンフロン冷蔵庫が出たのは2002年であった。

世界のフロン生産と消費量の推移

モントリオール議定書やその改正、さらなるオゾン層保護の各国の取り組みの結果、すべてのオゾン層破壊物質の生産・消費量は劇的に減少してきた。図2-15に消費量の推移を示した。モントリオール議定書が発効した1989年比で20年後の2018年には２％にまで低下した。

100％削減にいたっていないのは、先進国でも途上国でもHCFCの生産がまだ認められているからであるが、生産量の削減が義務づけられているため、減少し続けている。もっとも、オゾン破壊能力がないHFCに関してはモントリオール議定書の規制対象外になっているため、日本などでは生産が増え続けた。しかし、地球温暖化により極地のオゾン層破壊が進むことも判明したこともあり、ギガリ改正でHFCも21世紀半ばまでに80％以上削減することになった。

日本の「オゾン層保護法」とフロン生産の推移

1980年前後、日本は特定フロン生産シェアでは世界第2位であった。代替フロンの生産量もアメリカに次ぐ2位で、両国で世界の半分以上を生産していた。国際社会は日本が積極的なオゾン層保護政策を採るよう求めていたが、当時の政府や産業界はオゾン層保護対策に消極的で、国際会議の場でもつねにフロン規制に消極的であった。1988年制定の「オゾン層保護法」は、モントリオール議定書の生産消費の規制内容を踏まえていたが、多くの先進国が採用した廃棄製品からのフロン回収義務はなく、放出に対する罰則もなかった。

したがって、特定フロンの生産量は減少しはじめたが、フロンが充填（じゅうてん）された冷凍・冷蔵庫や自動車用エアコンなどが廃棄されたり、集中冷房設備があるビルが壊されたりした場合、フロンは回収されず放出された。オゾン層保護法は当時の通産省と環境庁が共同所管であったが、生産量の許認可権をもつ通産省は産業界に対する規制につねに消極的であった。炭化水素を冷媒に用いる「ノンフロン冷蔵庫」の製造は、ヨーロッパより10年遅れた。

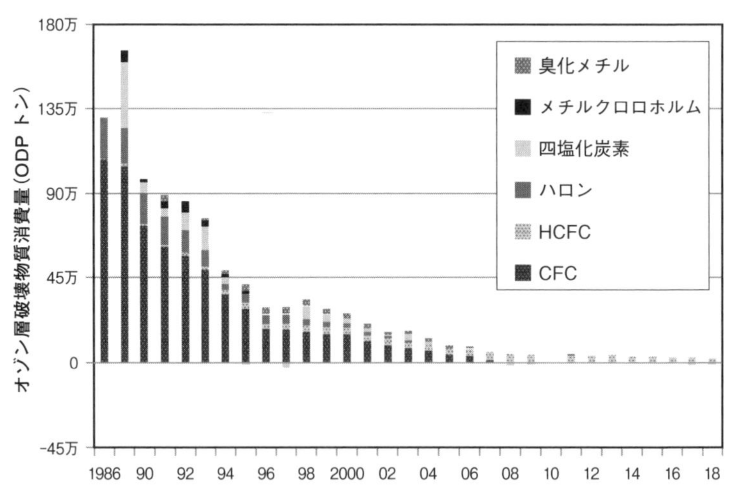

図2-15　世界のオゾン破壊物質消費量の推移

注：消費量は、それぞれの消費量にODP（オゾン破壊係数）を掛けた値（単位；ODPトン）で示す

出典：UNEP (2010) のデータに基づき作図

そういう状況に一石を投じたのは、オゾン層保護を願う市民の力であった。1993年3月、高崎経済大学の故・石井史教授の呼びかけでオゾン層保護とフロン回収の運動が群馬県で始まると全国各地に急速に広がり、95年に「ストップ・フロン全国連絡会」(当時の代表：石井教授）が発足した。石井教授は運動の発展のために東奔西走すると同時に、政府や産業界にも積極的に働きかけた。多数の市民の寄付金でニューヨークタイムズ紙に日本のフロン回収を求める広告を出したこともあった。

じつは、筆者もこの運動に関わった。石井教授が運動を始めたのは、拙著『地球環境論』(1990年刊）に「フロンガスを回収するシステムを確立することを急ぐべき」と書いてあったからだという。当時、愛知大学に勤務していた筆者に石井教授から「一緒にやってほしい」との電話があり、「ストップ・フロン愛知」を立ち上げ、多くの市民や中部冷凍空調協会（事業者団体）などの協力を得ながら活動を展開した。2万数千人の署名を集め、フロン回収条例制定の請願書を県議会に提出、1995年に愛知県にフロン回収条例が制定され、回収実施市町村が急増した。首都圏、関西、青森、山梨、滋賀、高知などでも市民主導のオゾン層保護運動が、ときには事業者の協力も得ながら展開された。個人で回収機を購入してフロンを回収する青年まで現れた。

こうして、日本のオゾン層保護運動は市民の取り組みに後押しされて地域・自治体に広がっていった。こういう動きのなかで環境庁は「オゾン層保護対策地域実践モデル事業」を実施し、1995年には自治体にフロン回収協力を求める通達を出した。同年、フロン回収を実施する自治体は全自治体の32%、1999年度には85%に達し、冷蔵庫の台数ベースでのCFC回収率は81%になった。兵庫県は、1996年7月から罰則付きのフロン回収条例を全国で初めて施行した。しかし、廃棄物処理業者の大半はフロン回収に消極的であった。また、自治体が回収しないカーエアコンと業務用冷凍空調機からの回収率はそれぞれ7%と10%に止まっていた。国内のフロンの破壊能力も不十分であった。

フロン回収・破壊比率を高め、環境への放出を大幅に削減するには、市民や自治体中心の取り組みだけでなく、フロン関連企業の排出者責任を明確にして、フロン回収義務を組み込んだ国の法制度が不可欠である。1997年11月に神戸で開催された「オゾン層保護・地球温暖化防止NGO国際フォーラム」には、8カ国のNGO代表、国連環境計画（UNEP)、国連開発計画（UNDP)、世界気象機関（WMO）の代表、一般参加の市民を含む約600人が集まり、筆者がシンポジウムの議長を務めた。ここでも日本のフロン回収・破壊などによる排出削減を求める意見が相次ぎ、世界と日本のオゾン層保護と温暖化防止対策の強化を求める宣言が採択された。

こうしたなか、日本における製品からのフロン回収の法制度がやっと実現した。フロン充填製品の種類ごとに別々の法律のもとで、フロンを回収し、熱分解などによる破壊あるいは再利用することが定められた。2001年施行の「特定家電用機器再商品化法（家電リサイクル法）」で家庭用冷蔵庫、「フロン類の使用の合理化及び管理の適正化に関する法律（フロン回収・破壊法）」で業務用冷凍冷蔵・空調機器、2002年施行の「使用済自動車の再資源化等に関する法律」（自動車リサイクル法）で自動車用エアコンからのフロンの回収と破壊の実施義務が関連業界に課された。しかし、ほかの多くの先進国で実施されていたフロンの放出に罰金を課す制度は、導入されなかった。

その結果、業務用冷凍冷蔵・空調機器からのフロンの回収率は2014年までは30％程度、2015～17年度で38～39％に過ぎなかった。そこで2019年に「フロン回収・破壊法」を改正（2020年4月施行）し、フロン類を回収しないで機器を廃棄したり、回収しない機器を引き取ったりした場合には50万円以下の罰金、フロンをみだりに放出した場合には1年以下の懲役もしくは50万円以

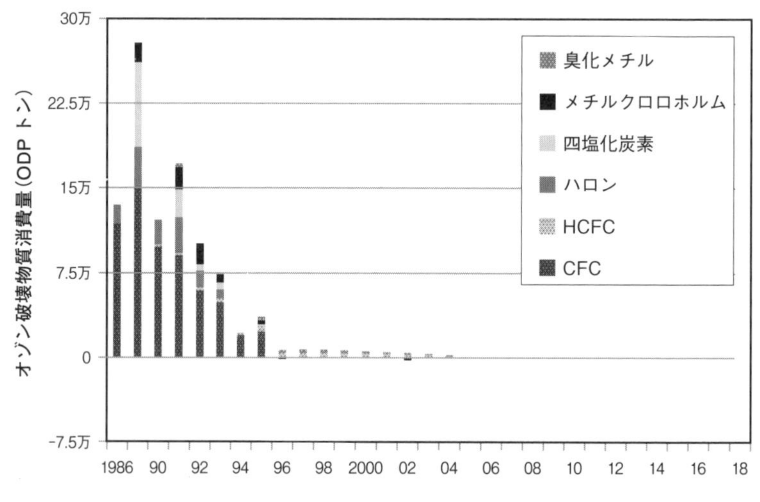

図2-16　日本のオゾン破壊物質消費量の推移

出典：UNEP (2010) のデータに基づき作成

下の罰金が課されることになった。欧米諸国より遅れたが、フロン回収比率を向上させるためには必要である。

一方、日本における特定フロン（CFC）の生産消費量については、オゾン層保護法の施行によって急速に減少し、CFCからHCFCへ、次いでHCFCからHFCへと転換してきた。図2-16に日本のオゾン破壊物質消費量をODPトン単位で示してある。1986年比で2018年には0.05％になっており、ほかの先進国と同水準に達しつつある。

7　オゾン層の現状と今後の予測

国連環境計画（UNEP）と世界気象機関（WMO）は、オゾン層の現状と未来予測に関する最新の報告書を2018年9月に発表した。この報告書に基づいて、ここではオゾン層の現状と未来予測についてまとめておく。

オゾン破壊物質とオゾン量――現状と今後の予測

図2-17にオゾン（a）破壊物質の大気中の濃度変化、（b）成層圏の塩素と臭素の総濃度、（c）地球全体の年平均オゾン全量、（d）南極における各年10月のオゾン全量の2017年までの実績値と2100年までの予測値を示した。

モントリオール議定書に基づいてオゾン破壊物質の生産・消費量を削減してきたために、これらの物質の排出量は1988年頃にピークに達したのち減少傾向に転じ、1992年頃にはオゾン層破壊が始まった1980年の水準となり、最近も減少しつつある。ただし、CFC-11については2012年以降、予測に反して東アジアからの排出量が増加し、大気中濃度の減少も鈍化しているようである。

成層圏中にある塩素や臭素の塩素換算総濃度については、1994年頃をピークに、その後は減少傾向が見られるようになってきた。排出されたオゾン破壊物質が対流圏から成層圏に移行するまでに時間がかかるために、（a）のピークより（b）のピークが遅くなっている。1980年頃の成層圏の塩素と臭素の総濃度に戻るのは、21世紀半ばになると予測している。

オゾン量に関しては、地球全体でも南極でも年ごとの変動が大きいが、最近は回復傾向にあると見られる。1980年頃のオゾン量に回復するには21世紀半ば頃までかかるが、南極での回復はやや遅れると予測している。すでに述べたように、極地のオゾン層は地球温暖化の影響を受けるからである。南極だけで

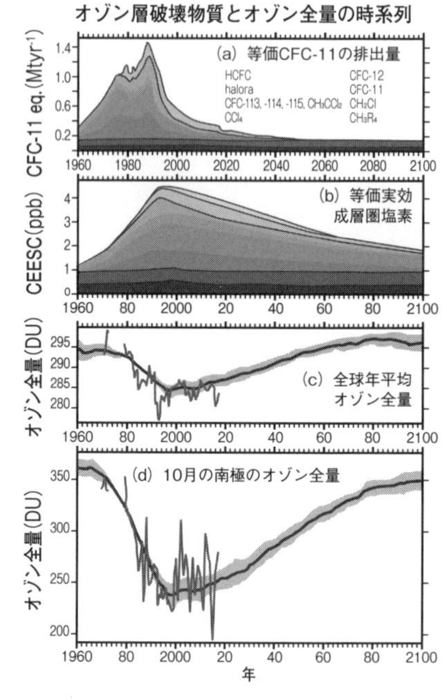

図2-17　オゾン破壊物質とオゾン全量の測定値と今後の予測値
(a) オゾン破壊物の排出量（各物質のオゾン層破壊効果 CFC-11 に換算した量）
(b) 成層圏の塩素と臭素の総濃度（成層圏に達した塩素と臭素の塩素換算濃度）
(c) 全球の年平均オゾン全量
(d) 南極における 10 月のオゾン全量
出典：WMO/UNEP (2018)、気象庁(2019)

なく、北極でも同様なので、温暖化の進行を食い止めることはオゾン層破壊の防止からも重要である。

オゾン層破壊が観測された直後から迅速に取り組まれた国際的なオゾン層保護対策の結果として、現状と今後の回復の見通しができている。もし、モントリオール議定書の制定がなく、オゾン破壊物質の規制がなされていなかった場合、大気中の破壊物質濃度は2050年には現在の10倍になっていたという推定もある。地球は破滅的な状態になっていたであろう。

オゾン破壊問題の今後の課題

上述のように、2012年以降、CFC-11の排出量が予測に反して、東アジアを中心に増加している。上記の将来予測はこのような現象がないことを前提に行われているので、その排出源を明らかにする取り組みを実施しなければならない。

また、地球温暖化の進行が極地を中心にオゾン層破壊を激化させることも留意しておく必要がある。とくに、居住民が多い北極でのオゾンホールの拡大を防止するうえで重要である。フロンのうち、HFCは塩素や臭素を含まないので、当初はモントリオール議定書の規制対象に入っていなかったが、HFC放出が続くと21世紀中に0.3～0.4℃の気温上昇を引き起こすと予測され、第30回議定書締約国会議（2016年ギガリ）で21世紀半ばまでにHFCを80％以上削減することになった。しかし、第3章で述べるように、地球温暖化による破滅的影響を回避するには、21世紀半ばまでにCO_2を実質的に排出ゼロにする必要性が指摘されている。したがって、HFCについても排出ゼロをめざすべきであろう。

オゾン層破壊による人間への影響予測

オゾン層破壊の進行によって日焼けによる紅斑発生やDNA損傷が増加する。紅斑発生やDNA損傷は以前と比較して、北半球中緯度地域の冬から春には15〜17%と29〜32%増加、夏から秋には8〜9%と12〜15%増加、南半球中緯度地域では年間平均で約15%と25%増加していると推定されている。

皮膚がんについては、UV-Bが主因であるとされる有棘（ゆうきょく）細胞がんや基底細胞がんのような非黒色腫型皮膚がんの患者の増加が懸念されている。非黒色腫型皮膚がんのうち基底細胞がんが約8割を占めるが、死亡者は有棘細胞がんのほうが多い。日本人など有色人種の皮膚がんは主に有棘細胞がんである。日本でも有棘細胞がんの前がん症状といわれる日光角化症の増加が報告されている。

これまでの研究結果から、オゾン減少1%につき、有棘細胞がんは3.0+0.8%増加、基底細胞がんは1.7+0.5%増加、非黒色腫型皮膚がん全体として2.0+0.5%増加すると推定されている。これを基礎にして、2050年までの非黒色腫型皮膚がん患者の増加予測を示したのが図2-18である。これはモントリオール議定書およびその第1回と第2回の改正によるオゾン層破壊物質の規制が実施された場合について計算された結果である。最初のモントリオール議定書の規制内容では、将来、膨大な数の皮膚がん患者が発生し続けたことと考えられ、改正が大きな効果をもたらしているものと思われる。しかし、現在の規制でもなお21世紀半ばの年間患者数が約200万人にも達するのである。

オゾン層が回復するまで、紫外線予防に努めるとともに、今後もオゾン層破

人間の目に対する影響としては、1%のオゾン層破壊で白内障患者が0.5%増加することが予測され、現在のオゾン層破壊であれば、白内障患者は世界で約50万人増加していると推定されている。また、免疫低下による伝染病や感染症の増加も危惧されている。

前述のように、モントリオール議定書によるオゾン破壊物質規制がなければ、大気中のオゾン破壊物質濃度は2050年には現在の10倍になっていたと推定される。そうなったとしたら人類の健康被害は甚大で、人類も地球上の生態系も存続の危機に陥っていたかもしれない。私たちは、オゾン層破壊への人類の対

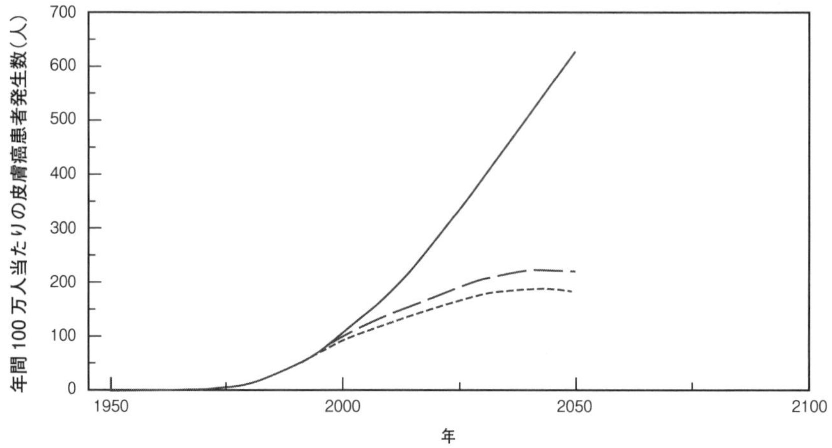

図2-18　三つのフロン規制条件下での2050年までの
非黒色腫型皮膚ガン患者 の増加予測

実線はモントリオール議定書の最初の規制条件、破線は第２回締約国会議で改正された規制条件、点線は第四回締約国会議で改正された現在の規制条件（第６節参照）

応から、重大な被害が予測される環境破壊に対して予防原則に基づく対応が不可欠であることを学ばねばならない。

［参考文献］

Bojkov, Rumen D., *The Changing Ozone Layer*, WMO and UNEP (1995)

Weiler, C. S. and Penhale, P. A., "Ultraviolet Radaiation in Antarctica; Measurements and Biological Effect" (1994)

Copernicus Atmosphere Monitoring Service, "Copernicus is tracking record breaking Arctic Ozone Hole" (2020); https://atmosphere.copernicus.eu/copernicus-tracking-record-breaking-arctic-ozone-hole

European Environment Agency (EEA),"Maximum ozone hole extent over the southern hemisphere, from 1979 to 2019" (2020); https://www.eea.europa.eu/data-and-maps/figures/maximum-ozone-hole-area-in-7

Dotto, L., H. Sciff, *The Ozone War*, Doubleday & Co. Inc., New York (1978)（見角鋭二、高田加奈子訳『オゾン戦争』社会思想社、1982年）

Gribbin, J., *The Hole in The Sky* (1988)（加藤珪訳『オゾン層が消えた』地人書館、1989年）

Gleason, D. and Wellington, G., *Nature*, Vol. 365 (1993)

Kerr, J. B. and McElroy, C. T., *Science*, Vol. 262, 1032 (1993)

Longstreth, J. D. *et al.*, *AMBIO*, Vol. 24 (3), 153 (1995)

MacLennan, J. *et al.*, *National Cancer Institute*, Vol. 84, 1427 (1993)

Malcolm, K. *et al.*, *Nature*, Vol. 367, 505 (1994)

McElroy, M. B. & R. J. Salawitch, *Science*, Vol. 243, 763 (1989)

Molina, M. J. & F. S. Rowland, *Nature*, Vol. 249, 810 (1974)
NASA, "Ozone Watch", 2020; https://ozonewatch.gsfc.nasa.gov
NOAA, " 2019 ozone hole smallest on record", NOAA Research News (2019); https://www.eea.europa.eu/data-and-maps/figures/maximum-ozone-hole-area-in-7
Solomon, S. *et al.*, *Nature*, Vol. 363, 245 (1993)
Stralski, R. S. *et al.*, *Nature*, Vol. 332, 28 (1988)
Tevini, Manfred, *UV-B Radiation and Ozone Depletion*, Lewis Publishers (1993)
UNEP, Environmental Effects of Ozone Depletion: 1994 Assesment (1994)
UNEP Ozone Secretariat, "Consumption of controlled substancesi"(2020); https://ozone.unep.org/countries/data-table
Voytek, M. A., *AMBIO*, Vol. 19 (2), 52 (1990)
WMO, *Antarctic Ozone Bulletin*, No. 4 (2010)
WMO, UNEP,"Scientific Assessment of Ozone Depleting 2018 "(2018); https://www.esrl.noaa.gov/csl/assessments/ozone/2018/downloads/
石井史、西園大実『脱フロンへの道——地球の現在を守る知恵』学陽書房、1994年
泉邦彦『おそるべきフロン汚染』合同出版、1987年
市橋正光『健康と紫外線のはなし』DHC、1999年
岩坂泰信『オゾンホール』塙書房、1990年
川平浩二、牧野行雄『オゾン消失』読売新聞社、1989年
環境省『環境白書』(各年版)
環境庁「オゾン層保護検討会」編『オゾン層を守る』日本放送出版協会、1989年
気象庁「オゾン層に関するデータ」2020年; https://www.data.jma.go.jp/gmd/env/ozonehp/info_ozone.html
気象庁「オゾン層、紫外線の年のまとめ（2019年）」2020年; https://www.data.jma.go.jp/gmd/env/ozonehp/annualreport_o3uv_2019.html
国立環境研究所「オゾン層の破壊、過去、現在、未来」2004年; http://www.nies.go.jp/escience/ozone/index.html
島崎達夫『成層圏オゾン』東京大学出版会、1989年
日本太陽エネルギー学会『太陽エネルギー読本』オーム社、1995年
北海道大学大学院環境科学院編『オゾン層破壊の科学』北海道大学出版会、2007年
和田武、石井史『このままだと「20年後の大気」はこうなる』カタログハウス、1997年

第3章
危機に直面する地球温暖化・気候変動

人間活動によって地球の気温は上昇し続け、その影響として氷河などの融解、海面の上昇、異常気象の頻発、生態系の混乱などが生じている。しかし、もはや直ちに気温上昇を止めることは不可能になっており、21 世紀中も気温上昇が続く可能性が高く、これまで以上の悪影響がもたらされる。気温上昇幅が大きい場合には、回復不可能な不可逆的な環境変化も発生し、人類の生存をも脅かす重大な事態に陥るおそれさえある。

このような地球の温暖化の主因は、二酸化炭素（以下、CO_2）をはじめ、メタン、一酸化二窒素、フロンなど、人類が自然界に放出している温室効果ガスの大気中濃度の増加である。温室効果ガスの中で最も大量に排出され、大きな影響を及ぼしているのがCO_2であり、主として化石燃料の燃焼によって生じる。したがって、エネルギー利用を中心に社会のあり方が問われている。

ここでは、地球の気温と温室効果ガス、気温上昇の現状とその影響、今後の地球温暖化とその影響予測、地球温暖化防止の国際的取り組み、日本の地球温暖化防止対策の現状と課題について順に述べる。最近、世界中で多くの若者を中心に、地球温暖化・気候変動の危機を防止する対応を国際社会や各国に求める行動が展開されているが、これはいまだに危機回避の見通しがないからである。そこで、危機要因となる重大な影響、不可逆的環境変化、危機防止のためのパリ協定の内容と実施状況や今後の課題についてとくに詳細に論じる。

なお、温暖化防止のために社会システムや生産体系、生活様式の変革が不可欠であるが、この問題はあらゆる地球環境破壊の防止と関連する根本問題であるので第８章で述べることにする。

1　地球の気温と温室効果ガス

地球表層部のエネルギーと気温

気温は地球表層部（地表部）に与えられるエネルギー量とその流れ方によっ

て決まる。地表部が受けるエネルギーとして、太陽からのエネルギー(太陽光線)、地熱エネルギー、潮汐エネルギー、人間がつくり出すエネルギーなどがあるが、量的には太陽エネルギーが全エネルギーのおよそ99.8％を占める。太陽光から地球の大気表面が受ける単位面積当たりのエネルギー量は1.366kW/m^2で、太陽定数と呼ばれている。これに地球の断面積をかけると、地球が受け取る全エネルギーは174PW（PW;ペタワット。1P=10^{15}）となり、年間では1,524EWh（EWh;エクサワット時。1E=10^{18}）になる。このうち地表面に届くのが約半分の年間760EWh程度である。

世界の年間一次エネルギー消費は0.16EWh（2018年）であり、地球全体が受ける太陽エネルギーの0.01％、地表部が受けるエネルギーの0.02％程度に過ぎず、地球の平均気温に対する影響は小さい。

自然現象として地表部に届く太陽エネルギーに影響を与えるのは、太陽活動の変化や太陽光を遮る大気中のエアロゾル（微粒子）の増減などである。太陽活動の強弱により太陽の黒点が増減するが、これが太陽光線の強弱に関連している。また、大火山の爆発で微粒子や二酸化硫黄などが大量に放出されると、生成したエアロゾルが成層圏でも増加して太陽光線を遮(さえぎ)り、地表部が受けるエネルギーが減少するため気温は低下する。

地球の気温に影響をもたらすもうひとつの要因として大気成分がある。もし、大気が窒素と酸素のみで成り立っていれば、地球の平均気温はいまよりはるかに低い－19℃程度になるはずである。しかし、実際には大気中にCO_2やメタンなどの温室効果ガスがあるために15℃程度になっている。後述するように、温室効果ガスが赤外線を吸収して、エネルギーが地表部付近に滞留するために気温が高くなるのである。

図3-1に示した地球の表層部におけるエネルギーの流れに基づいて説明しよう。太陽から地球に1年間に与えられるエネルギーの総量を100とした場合の比率でエネルギー量を示している。宇宙空間、大気圏、地表の三つの領域の間でエネルギーの移動があるが、それぞれの領域が吸収するエネルギーと放出するエネルギーが等しく平衡を保っている定常状態では、地球の大気や地表はほぼ一定の温度を保つ。

定常状態での地球全体のエネルギー収支を考えてみよう。太陽光線として100のエネルギーが大気圏に到達すると、そのうち大気中の気体や雲などに吸収されるエネルギー（25）と反射されて宇宙空間に戻っていくエネルギー（25）

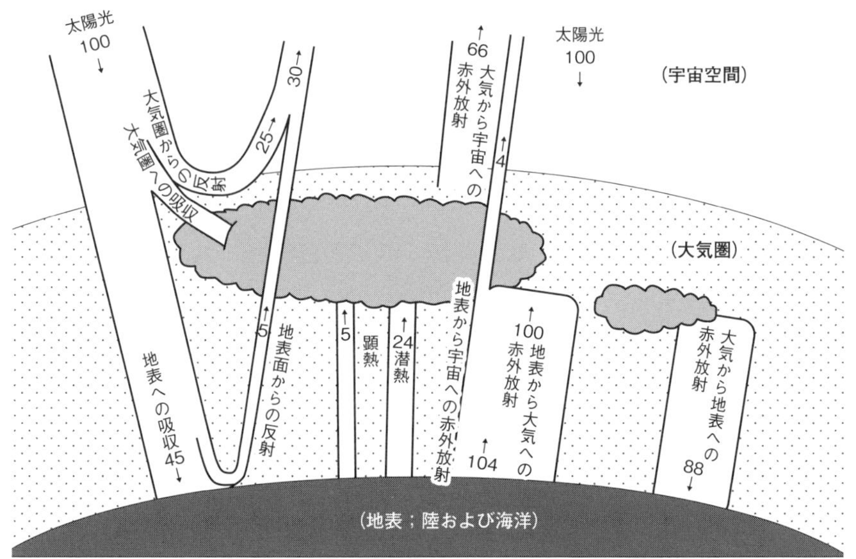

図3-1　地球表層部におけるエネルギーの流れ

出典：S. H. Schneider (1989) の値に基づき作図

がほぼ同量ずつあり、残りの約半分が地上に到達する。そのうち5が地表面の反射によって直接、宇宙に放出されるが、45のエネルギーが陸地や海洋などに吸収され、地表を温める。

大気圏と地表の間でも大きなエネルギー移動がある。温まった地表は、そのエネルギーの大部分（104）を赤外放射によって、残りを水の蒸発潜熱（24）と対流などでの熱移動（5）によって放出する。赤外放射とは波長3μ以上の光である赤外線を放射することである。物体はその温度に応じた波長分布をもつ電磁波（光）としてエネルギーを放射するが、太陽のような高温物体は短い波長も含む光、地球のような低温物体は長波長の光を放射する。こうして、地表は約3～50μの波長分布の赤外線の放射によって大部分のエネルギーを外部に放出している。赤外放射エネルギー（104）のうちわずかな割合（4）が宇宙空間に直接出ていくが、大部分（100）は、赤外線を吸収する性質をもつ、大気中の水分やCO_2などの温室効果ガスによって吸収される。また、大気からも赤外放射による地表へのエネルギー移動（88）や宇宙空間へのエネルギー放出（66）がある。こうして、太陽エネルギー、大気や地表の変化に変化がなければ、宇宙、大気圏、地表は、相互に同量ずつエネルギーを受け取り、放出して、平衡が成り立つ。

ところが、大気中の温室効果ガスが増加すると、地上から出る赤外線の吸収量も増加し、その分だけ宇宙空間に直接放出される赤外線が減少し、平衡が崩れて大気中のエネルギーが増加し、気温を上昇させるのである。このような効果は、温室のガラスなどの役割に似ているので、温室効果ガスと呼ばれている。自然界に存在する温室効果ガスに加えて、人間活動によって排出される温室効果ガスが増加すると、それらの大気中濃度が増加して気温が上昇することになる。

温室効果ガスの種類と特徴

温室効果ガスは、CO_2や水蒸気、メタンなどの有機ガス、一酸化二窒素、オゾン、フロン類など、赤外線を吸収する性質をもつ気体である。大気中の主成

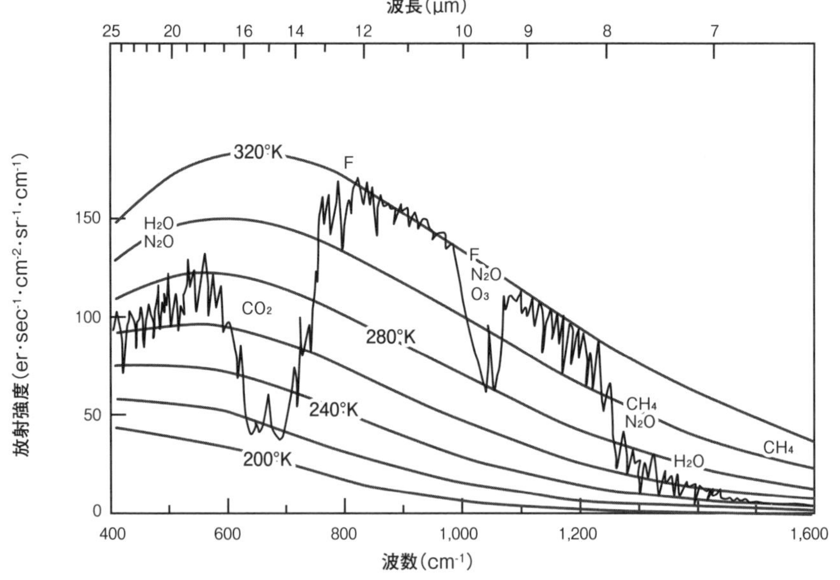

図3-2 人工衛星ニンバス4号より宇宙からみた地球放射スペクトル

注：夏の真昼にサハラ砂漠上空で測定。なめらかな曲線は各温度での黒体放射。砂漠の表面温度は約320度K(47℃)と推定される。化学式は各種温室効果気体による吸収帯を示す。なお、Fはフロンを意味する。

出典：Hanelらの図を一部修正

分である窒素、酸素、アルゴンなどは、赤外線を吸収せず、温室効果ガスではない。

大気中に温室効果ガスがあることは、地球から放出される赤外線を宇宙から観測するとよくわかる。図3-2はサハラ砂漠上空で宇宙衛星が観測した地球の赤外放射の波長分布である。地表が放射する赤外線の波長分布はその温度に応じたなめらかな曲線になる。図には砂漠の表面温度に近いと思われる47℃の物体から放射される光の波長分布を示したが、実際に大気圏外に出てくる波長分布には、大気中にある温室効果ガスの赤外線吸収による凹部が生じる。この凹部は、それぞれの温室効果ガスが吸収する固有の波長の赤外線の量である。

温室効果ガスの地球の温暖化に対する能力は、CO_2を基準にした地球温暖化係数（GWP）として表される。地球温暖化係数は各ガスの赤外線の吸収波長や吸収率によって決まるが、大気中での平均寿命（滞留期間）が異なるため、評価期間によっても変化する。表3-1に主な温室効果ガスの100年間の地球温暖化係数を、大気中濃度と平均寿命とともに示す。地球温暖化係数は、CO_2は１、特定フロン（CFC）やハロンは数千、代替フロンは数十から数千、一酸化二窒素で310、メタンは21である。係数が大きい気体は、大気中濃度が低くても気温上昇に対する影響は無視できない。

表３-１　代表的な温室効果ガス

温室効果ガス	分子式	地球温暖化指数(GWP)100年	大気中濃度		大気中の寿命(年)
			産業革命前	2005年	
CO_2	CO_2	1	約 280 ppm	379ppm	(50～200)
メタン	CH_4	21	約 715 ppb	1774ppb	12
一酸化二窒素	N_2O	310	約 270 ppb	319ppb	120
ハイドロフルオロカーボン類（HFC）	H、F、Cからなる分子	140-12100	0		1-260
HFC-134a	$C_2H_2F_4$	1300	0	30ppt	15
パーフルオロカーボン類（PFC）	F、Cのみからなる分子	6500-9200			2-264
パーフルオロメタン	CF_4	6300	40ppt	74ppt	≧50000
クロロフルオロカーボン類（CFC）	Cl、F、Cからなる分子	4000-9300			50-1700
CFC-11	$CFCl_3$	4000	0	251ppt	50
CFC-12	CF_2C_2	8500	0	520ppt	102
ハイドロクロロフルオロカーボン類（HCFC）	H、Cl、F、Cからなる分子	90-2000			12
HCFC-22	$CHFCl_4$	1700	0	170ppt	13
6フッ化硫黄	SF_6	23900	0	6ppt	3200

温室効果ガスの人為的発生源

CO_2の発生源は、化石資源のエネルギー利用とセメント製造であるが、前者が大半を占める。

産業革命以降、人類は石炭を利用しはじめ、その後、石油、天然ガスも利用するようになり、それらの量は拡大し続けてきた。石炭や石油に含まれる元素は、重量では炭素が最も多く、70数〜90数%を占めている。残りは水素、酸素、窒素、硫黄などである。これらを燃焼すると、炭素はCO_2に、水素は水に、窒素は窒素酸化物に、硫黄は二酸化硫黄（亜硫酸ガス）などに変わる。天然ガスはメタン（CH_4）なので、燃焼で生成するガスはCO_2と水だけである。

なお、化石資源を燃焼したときに生じるCO_2の重量は、消費した化石資源の重量の約3倍になる。原子量12の炭素（C）が燃焼で分子量44のCO_2になるので、炭素を80％含む化石資源を燃焼した場合に発生するCO_2は$0.8 \times 44/12=2.9$となり、化石資源の重量の2.9倍のCO_2が発生する。

化石燃料の燃焼以外に、セメント製造の際にもCO_2が発生する。セメントは石灰石を主原料に粘土、珪石を混合、粉砕したあと、焼成して製造されるが、その際に石灰石の主成分の炭酸カルシウム（$CaCO_3$）が酸化カルシウム（CaO）になり、CO_2が発生する。1トンのセメント製造で数百kgのCO_2が排出される。

省エネやエネルギー効率の改善によりエネルギー消費を削減するとともに、化石資源以外のエネルギー利用を推進することでCO_2の排出量を削減できる。化石資源のなかでは、石炭が最も多くのCO_2を排出し、次いで石油、天然ガスの順である。天然ガスは、石炭の半分以下しかCO_2を排出しないので、石炭や石油から天然ガスへの転換はCO_2削減に有効である。原子力や再生可能エネルギーはほとんどCO_2を出さないが、原子力は危険をともなうので、太陽光・熱、風力、地熱、バイオマス（生物資源）、水力、潮汐力など、再生可能エネルギー利用が安全ですぐれたCO_2削減方法である。

メタンは、天然ガスの漏洩（ろうえい）などで放出されるほか、有機物の嫌気性発酵（酸素の少ない条件下での微生物分解）によって発生する。後者は、沼地や水田、草食動物の体内などでの発酵である。地球温暖化の進行による凍土地帯での有機物発酵や海底のメタンハイドレートからも発生するので、これらによる大量のメタン排出は警戒しなければならない。

一酸化二窒素は、海洋や土壌からの自然発生のほかに、窒素肥料の利用や燃料の燃焼などの工業活動の際に発生する。また、フロンやハロン類は人工化学物質であるが、第2章で述べたようにさまざまな用途で利用され、放出されてきた。

過去数十万年間のCO_2濃度と気温の変動

人間活動の影響をほとんど受けていない過去の大気中のCO_2濃度と気温の相関関係についての研究もなされてきた。南極などの氷中に閉じ込められた気泡の分析から過去の大気中濃度を推定でき、氷柱の酸素同位体^{18}Oの量から過去の気温を推定できる。図3-3に、南極のボストーク基地での氷柱から得られた42万年前からの気温と大気中のCO_2と粉塵の濃度を示した。

このような研究からいくつかの重要なことが判明した。一つは過去の気温の昇降は大気中のCO_2濃度の増減と密接に関係していることである。また、約1万年前から産業革命時までの気温は非常に安定していて、その変動幅は±0.5℃程度の範囲内であったことである。また、数万年という長期間には気温もCO_2濃度もかなり大きい変動があるが、数百年程度の期間での変動は小さいこともわかってきた。最近のCO_2濃度は410ppm以上になり、過去42万年

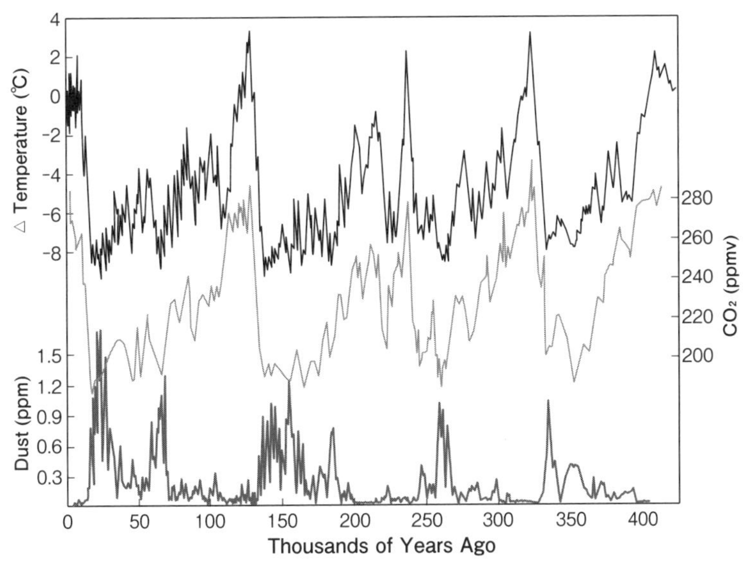

図3-3　南極ボストーク基地の氷床コアの分析結果から推定された過去42万年前からの気温、大気中CO_2濃度、粉塵濃度の変化

出典：Petit, J. R., *et. al.* (1999)

間の最高記録を毎年更新している。

CO_2濃度は過去の気温とよく相関しており、氷期に低く間氷期に高くなっているが、この事実からはCO_2濃度の変化と気温の変動のどちらが先かという結論は得られない。CO_2濃度の増加が気温上昇をもたらすことは科学的に立証されているが、太陽活動の変化などの自然現象により気温上昇が先行し、その結果、たとえば海水温が上昇して海水のCO_2溶解度が低下した結果、海からのCO_2放出が起こり、大気中のCO_2が増加するという逆の現象もあり得るのである。

また、図から自然の気温変動幅が大きいが、変化速度は小さいこともわかる。この図では氷期と間氷期の気温差は10℃前後であるが、これは南極付近での気温差である。地球上の気温差は高緯度ほど高くなる傾向があり、南極では地球の平均の2～3倍程度になる。そこで地球全体の平均気温差は、氷期と間氷期で3～6℃程度と推定される。氷期から間氷期への、あるいはその逆の移行期間は数千年から1万数千年なので、移行期間の気温の平均変化速度は100年間で0.02～0.15℃程度ということになり、1,000年間でも最大1.5℃程度の変化に過ぎない。つまり、移行期のような自然の激変期でも、最近の100年間の0.7～0.8℃という気温上昇と比べると、はるかに緩やかな変化なのである。このような変化であれば、生態系も順応する余裕があり、種の大絶滅などが起きにくいであろう。

CO_2の大気中濃度の自然変動もゆっくりしたものである。氷期と間氷期のCO_2濃度の差は数10～100ppm程度であるが、平均変化速度にすれば100年にたかだか2ppm程度の変化に過ぎない。しかし、現在では1年で平均2ppm以上も増加している。さらに、過去42万年間、CO_2濃度は170～300ppmの範囲にあり、300ppmを大きく超えることはなかった。自然の炭素循環のなかでCO_2濃度がこの範囲にコントロールされてきたものと思われる。ところが、現在は410ppmを超え、なお猛烈な速度で増加しているのである。

2　温暖化の進行とその影響

20世紀以降の人為的気温上昇

図3-4に11世紀初めからの1000年間の北半球の平均気温推移を示した。この図から、19世紀末までの気温は比較的安定していたが、20世紀以降、急速

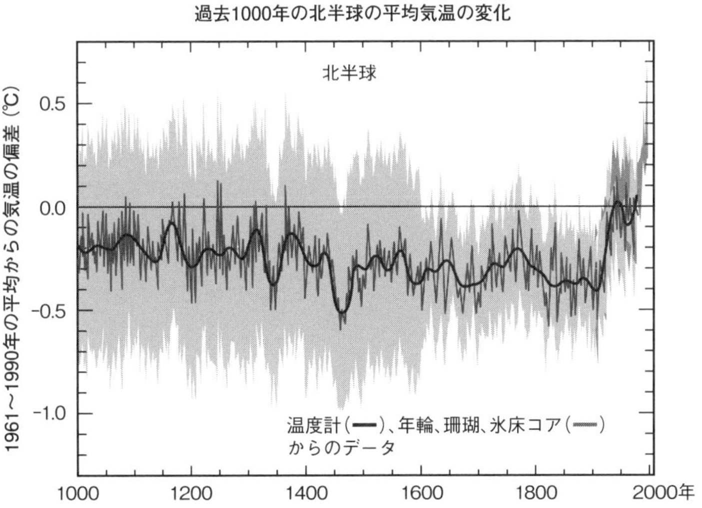

過去1000年の北半球の平均気温の変化

図３-４　1000 年から 2000 年までの北半球の平均気温の推移

出典：IPCC (2001a)

に上昇していることがわかる。いまの間氷期に入ってからの約１万年前からも、地球の平均気温には現在のような一方的な上昇や下降が 100 年以上も続く現象はなかったようである。

19 世紀末から最近までの地球の平均気温の変動をより詳細に見てみよう（図 3-5）。年ごとの気温は昇降をくり返しながらも、長期的には明らかな上昇傾向を示している。地球の平均気温は 20 世紀の 100 年間で 0.6 ℃、最近までで約１℃上昇しており、上昇速度はしだいに加速する傾向にある。その結果、年間最高気温の上位５年は、すべて 2015 年以降の年である。海面水温も気温とともに上昇しており、過去 100 年間で 0.51 ℃上昇している。また、海水温の上昇は深海にまで及びつつある。

日本の気温は地球の平均よりも上昇幅が大きく、過去 100 年で 1.24 ℃の上昇が観測されている（図 3-6）。中緯度にある日本が地球平均よりも高いのは妥当な結果である。最高気温は 2019 年、次いで 2016 年、上位 10 年はすべて 1990 年以降の期間に集中している。また、日本周辺海域の表層水温は 100 年間で世界平均より高い 1.24 ℃上昇している（気象庁, 2020 年）。

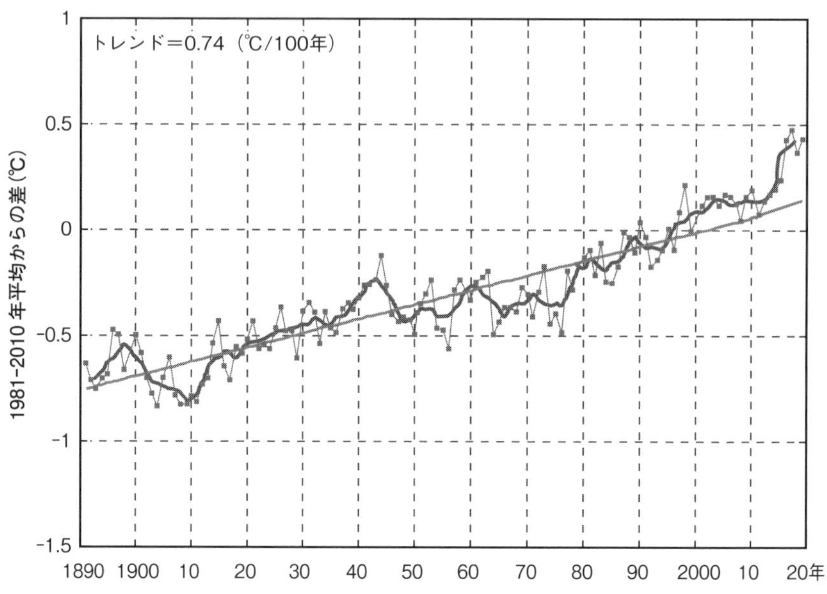

図３-５　世界の年平均気温偏差の経年変化(1981 ～ 2010 年速報値)

折れ線：各年の平均気温の平年値との差、青線：平年差の５年移動平均、直線：長期的な変化傾向。平年値は 1981 ～ 2000 年の 30 年平均値。
出典：気象庁（2011）

地球温暖化による影響（1）陸氷、海氷の融解

南極や北極圏にあるグリーンランドのように全体が氷で覆われた大陸氷河や、山岳地帯にある氷河のようにつねに氷で覆われている地域の総面積は 1,616 万 km^2（全陸地面積の 11 ％）、その全容積は 2,843 万 km^3 と推定されている（大村纂, 2010 年）。地球の氷の大半が陸上にあり、海氷の容積は陸氷の 1,000 分の１程度に過ぎない。氷の存在場所別の重量比率では、南極に 89 ％、グリーンランドに 10％があり、山岳氷河や凍土などに残りがある。面積比率では、南極が 86 ％、グリーンランドが 11％である。南極やグリーンランドは、平均厚さがそれぞれ 2.5km、1.5km もある分厚い氷床で大半を覆われている。

北極域は地球平均の２倍程度の気温上昇が起きており、北極の海氷やグリーンランドの氷の消失が急速に進んでいる。北極海の海氷面積は毎年２～３月に最大、９月に最小になるが、いずれも減少傾向が続いている（図 3-7）。とくに年最小面積は、1980 年台には 700 km^2 以上であったが、2007 年以降は 500 km^2

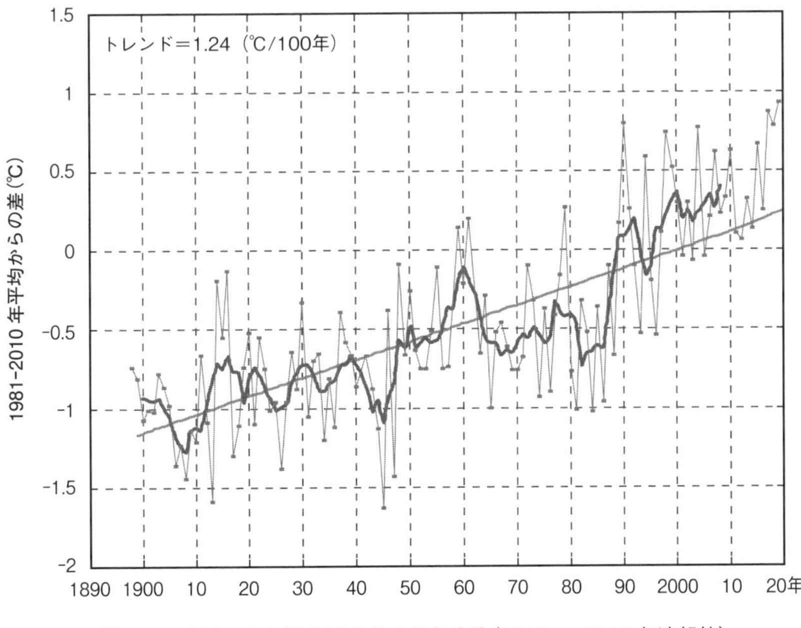

図３-６　日本の年平均気温偏差の経年変化（1891 ～ 2010 年速報値）

折れ線：各年の平均気温の平年値との差、青線：平年差の５年移動平均、直線：長期的な変化傾向。
平年値は 1981 ～ 2000 年の 30 年平均値。
出典：気象庁（2011）

以下が多くなり、2012 年には 336 km^2 の史上最小を記録した。

グリーンランドは日本の国土面積の 5.7 倍もある世界最大の島で、その 82％が氷床に覆われているが、2019 年に The IMBIE Team が発表した論文は、1992 年から 2018 年までに 3.9 兆トンもの氷が流出し、海面を 10.8mm 上昇させたことを明らかにした。氷の流出速度は、1990 年代には年間 460 億トン前後の流出量であったが、2003 ～ 16 年には約５倍の年間 2,550 億トンに急上昇していることも判明した。さらに、夏季に高温が続いた 2019 年には過去最大の年間 5,320 億トンが流失したことが発表された（Sasgen *et al.*, 2020）。最近は氷河が海に押し出されるだけでなく、夏季の高温で融水が大量に流出している。これまでの流出による海面上昇は 11mm 以上になっているが、グリーンランドの氷がすべてなくなれば、7 m も海面が上昇する。

南極の海氷は 1979 年に始められた観測では、2014 年までは増加し続けたが、その後、急減傾向に転じ、2000 年には 1979 年と同程度の年平均 1,200 km^2 に

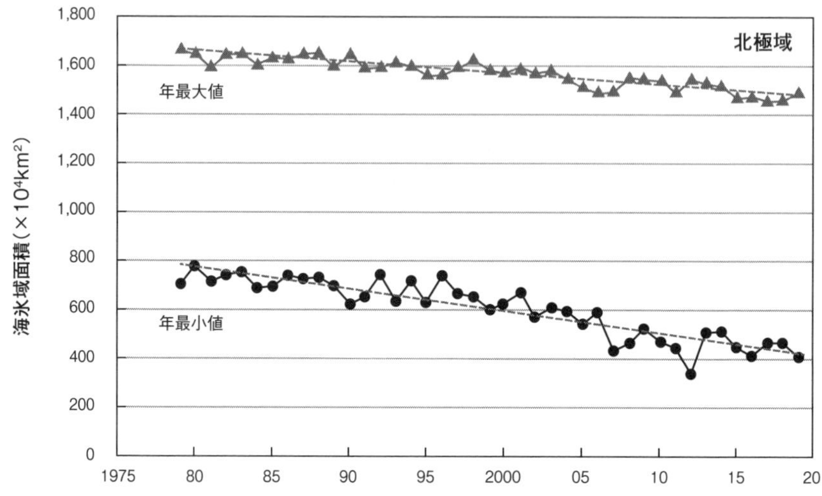

図3-7　北極域の海氷域面積の年最大値・年最小値の経年変化（1979～2019年）
出典：気象庁（2020）

なっている。一方、南極大陸上にある氷床の融解や流出は進行しつつある。最近の研究結果によると、年間消失速度は1979年から2017年の間に氷の年間消失量が6倍になり、2009～17年には年平均2,520億トン（世界海面水位上昇0.69mm/年に相当）の速度で消失した。その結果、1979年以降に14mmの海面上昇をもたらしている（Rignot E. *et al.*, 2019）。2017年の7月には南極半島のラーセン棚氷（海上に棚のように突き出した氷床）が、分離して三重県の面積に相当する巨大氷山として海に流れ出している。南極大陸では2020年2月に史上初めて20℃以上の気温を観測するなど、気温上昇も目立ちはじめており、今後、さらに陸氷の消失速度が高くなる可能性が高い。

山岳氷河も一部を除いて全地球規模で急速に後退しつつあり、21世紀に入ってからも加速する一方である。2006～2015年に1年間で2200億トン（海面水位上昇0.61mm/年に相当）ずつ氷の重量が減少している（IPCC, 2020）。

地球上のすべての陸氷の消失量は、世界氷河モニタリングサービスによって推定されている（図3-8）。それによると、1950年から2019年までの累積消失量は、氷河の断面積1m²当たり約30トン（氷の厚さにして30m）に達している。地球全体では、約7.8兆トンの氷が消失したことになり、これによる海面上昇は19cm程度になる。現在も氷の消失速度は増加しており、最近は1年間で断

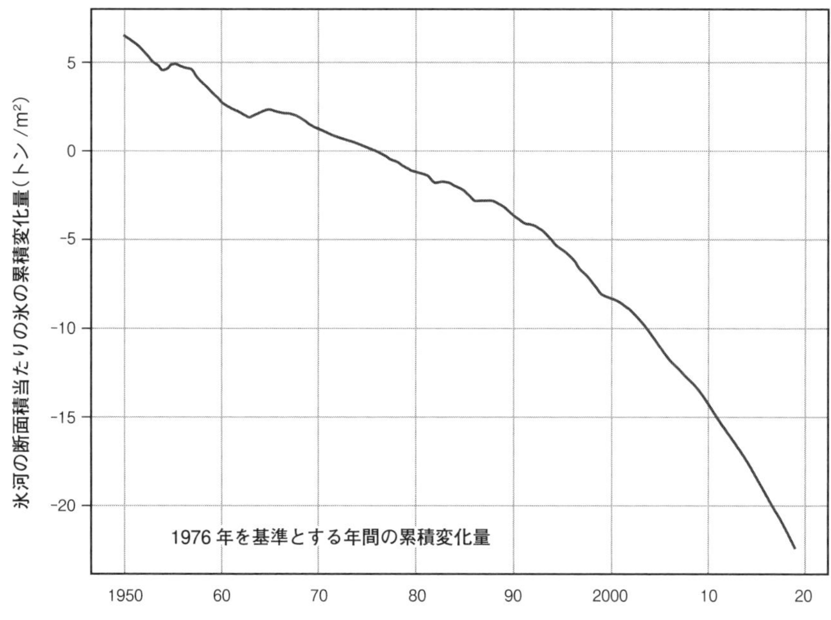

図３-８　地球上の氷河の累積変化

注：氷河の断面積１m^2当たりの氷の累積消失量を表示。
出典：World Glaciers Monitoring Service (2020)

面積１m^2当たり約１トン（氷の厚さにして1.1m）ずつ減少している。

地球上の氷の消失は、海面上昇だけでなく、さまざまな環境影響をもたらす。白熊やペンギンのような極域に住む生物は、生存環境の変化の影響を受けざるを得ない。山岳氷河は、麓に住む人々にとって重要な水源であるが、それが減少すれば、農業などに重大な被害をもたらす。また、雪氷面積が減少して海洋や大地が露出すれば、太陽からの入射光に対する反射光の比率であるアルベドが低下して、地表が吸収するエネルギーが増加することによって気温上昇や気候影響をもたらす。

地球温暖化による影響（2）海面上昇、海水温上昇、海水の酸性化

近年、海面上昇が島嶼国や海岸地帯にとくに深刻な影響を与えている。海面上昇の要因としては、陸氷の消失と海水温の上昇にともなって起こる海水の膨張がある。地球温暖化により増加した熱エネルギーの90％は海洋に吸収され、

海水温が上昇し続け、熱膨張が起きている。

図3-9からわかるように、1880年から2020年までに21～24cmの海面水位の上昇があった。しかも、その上昇速度は加速傾向が見られ、1年当たりの平均上昇率は、1901～1990年の期間で1.4mm、2006～15年で3.6mm、2018～19年では6.1mmである。海水温や海洋の貯熱量も増加し続けており、世界の海洋の水深2000mまでの貯熱量は1955年から2019年の間に約43×10^{22}J（気象庁, 2020年）であるとされている。貯熱量当たりの海面上昇は0.125m/1024J（IPCC, 2019）なので、熱膨張により海面は5.4cm上昇したと推定される。この間の海面上昇は約15cmあり、陸氷の融解による上昇は10cm弱とみなされる。

現在の海面上昇でも、深刻な影響を受けている国や地域がある。ツバル、マーシャル、キリバス、モルディブ、クック諸島など環礁でできている海抜の低い島嶼国は、海岸の侵食や大潮の際の土壌からの海水噴出のような現象が起きており、海岸付近の道路や住宅の崩壊、農業被害、飲料水不足、生態系破壊などが現実に起きている。海抜が数m以下の環礁国にとっては、海面水位の上昇は生存基盤を奪いかねない。さらに、海岸地域でも砂浜が消失するなど、海面上昇による被害は今後拡大することになる。

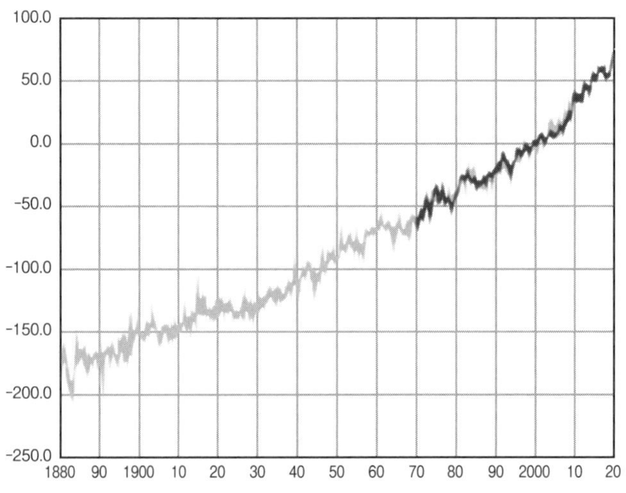

図3-9　世界の平均海面水位の変化

出典：Lindsey R, (2020)

海水温上昇は、ほかにもさまざまな影響をもたらしている。海からのエネルギーや水の蒸発量が増加し、巨大台風、降雨量増加、豪雨などの異常気象を発生させる。また、海水温が30℃以上になるとサンゴが白化し、その状態が続くと死滅してしまう。サンゴは体内に褐虫藻を共生させ、その光合成による有機物を栄養源にしているが、高温になると褐虫藻を放出するのである。グレイトバリアリーフのようなサンゴ礁地域で90％のサンゴが白化するなど、世界的に大きな被害が発生している。筆者も奄美大島で広大なサンゴの白化と死滅を観察した。また海水温変化は魚類などの生息海域を変化させ、漁業にも影響を及ぼす。

海水のpH低下、いわゆる海洋酸性化も進行中である。地球温暖化の主因である大気中のCO_2濃度の上昇の結果、海水中に溶解するCO_2も増加している。CO_2が水に溶ければ、1980年代以降、人為起源のCO_2総量の20～30％が海洋に溶解し、炭酸（H_2CO_3）が生成するので、当然、pHは低下する。工業化以前のpHは8.17であったのが、現在は8.1以下まで低下している。外洋の海面のpHは、1980年代後半から10年につき0.017～0.027低下し続けている。さらなる低下が進行すると、海洋生態系に重大影響をもたらし、ひいては地球温暖化を加速する不可逆的変化を引き起こすことが危惧されている（後述）。

地球温暖化による影響（3）気候変動、異常気象

地球温暖化は、気温上昇とともに、海洋や地表面からの水の蒸発量の増加、降水量の増加、物質循環やエネルギーの流れの変化、風の変化などを引き起こす。その結果、猛暑や熱波、暖冬、豪雨や豪雪、巨大な台風やハリケーン、旱魃（かんばつ）、竜巻などの異常気象を頻発させる。個々の現象と地球温暖化の直接的な因果関係を証明するのは難しいこともあるが、地球規模で気象が変化しつつある。

1980年頃から真夏の酷暑が世界各地を襲いはじめ、死者まで出るようになった。1980年夏にはテキサス州で最高気温47℃を記録する猛暑となり、全米で1,700人以上が死亡した。1987年7月にはギリシャで最高気温45℃となるなど、1,000人以上が死亡している。2003年夏にはヨーロッパ全域を平年より10数℃も高い熱波が襲い、各地で40℃以上の気温を観測するなど、過去500年間で最も暑い夏となり、熱中症による死者はヨーロッパ全体で3万5,118人に達した（世界災害報告, 2004）。インドでは、各地で50℃以上の酷暑となり、1998年に約3,000人、2003年に約1,500人が死亡した。また、巨大台風やハ

リケーン、豪雨による被害も拡大している。1998年の揚子江氾濫により流域では2億3千万人が被災した。同年、ホンジュラスを襲ったハリケーン「ミッチ」による暴風や洪水は9,000人もの死者を出した。

2007年以降、気象庁が世界の異常気象と気象災害の年ごとの発生を地図で表している。異常気象は、原則を「ある場所（地域）・ある時期（週・月・季節）において30年間に1回以下の頻度で発生する現象」として年ごとに選び出し、気象災害は、米国国際開発庁海外災害援助局とルーベンカトリック大学災害疫学研究所（ベルギー）の災害データベース（EM-DAT）や、国連の報道機関（IRIN）、各国の政府機関の発表などに基づいて選んでいる。異常気象としては、高温、低温、多雨、少雨を対象にし、気象災害には、大きな被害をもたらした大雨洪水、旱魃、熱波、森林火災、竜巻、台風やハリケーンなどがピックアップされている。これらの件数の推移を図3-10に示したが、2014年までは年に12～20件（平均16.6件）であったのが、2015年以降は23～32件（平均26.6件）に増え、項目別ではとくに異常高温が増えている。

これらのうち死者が1,000人以上発生した事例だけでも、2006年以降の14

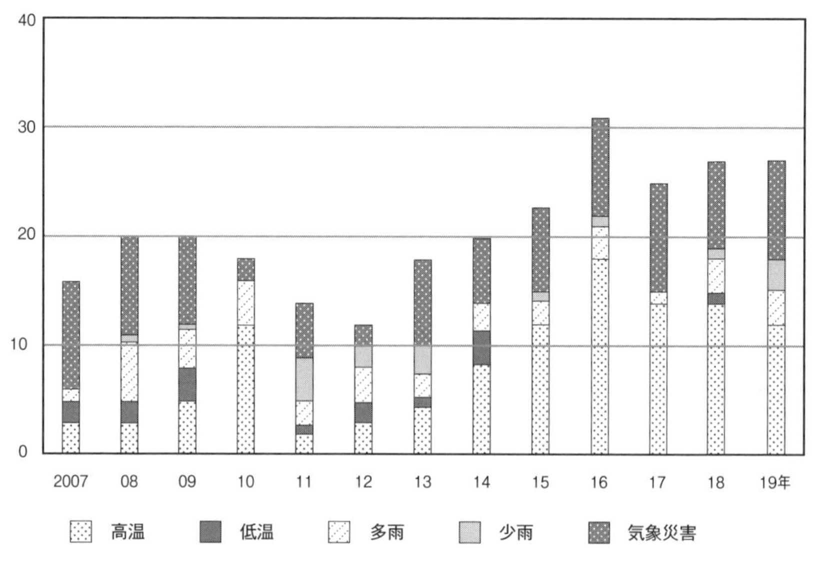

図3-10　世界の異常気象と気象災害の発生件数の推移

注：気象庁が発表した各年の異常気象／気象災害件数に基づいて作成。

年間に15件もある。熱波によるものとしては、2006年のヨーロッパの死者数が2,000人以上、2015年のパキスタンで1200人以上。大雨･洪水では、インド、ネパール、バングラデシュ、パキスタンの南アジア地域で2007年、08年、10年、14年、18年、19年の６～10月に1,500～7,700人以上、2010年８月中国中部で1,760人以上。台風・ハリケーン・サイクロンなどでは、2007年のバングラデシュで4,000人以上、2008年のミャンマーで死者・行方不明者14.6万人、2011年、12年、13年にフィリピンで1,200人～6,200人以上、2019年に東アフリカ南部で1,000人以上もの死者が出ている。死者数が少ないケースでも、気象庁がピックアップしたあらゆる事例において莫大な農業被害や生活破壊が確認されており、まさに気候危機時代に入りつつあるといえる。

気象庁の選抜には入っていないが、甚大な被害をもたらした現象も数多く発生している。大規模森林火災はその代表事例である。異常高温や異常少雨、旱魃のほか、雷が原因で消火困難な大規模森林火災が発生する。2019年９月から2020年２月初めまで続いたオーストラリアでの森林火災の場合、死者は29人であったが、多数の煙害患者を生み出した。この火災は北海道の1.3倍に相当する107,000km^2以上の莫大な森林を焼きつくし、10億匹以上の野生生物の命を奪い、建物被害も5,900棟以上に拡がった。火災にともなって生じた積乱雲からの落雷により火勢が拡大したもので、世界の科学者たちも予測できないほどであった（Matthias *et al.*, 2020）。これまでにアマゾンやカリフォルニア州など各地の森林でも大規模火災が発生しているが、これは地球温暖化を加速する要因にもなるのである。

日本でも、2010年頃から記録的な異常高温や集中豪雨が発生し、大きな被害をもたらしている。図3-11に熱中症による死者数の推移を示したが、夏に猛暑が襲った2010年、13年、18年、19年には1,000人以上が死亡した。2013年には高知県の江川崎で41.0℃、2018年には熊谷、2020年には浜松で41.1℃と史上最高気温を記録している。1990年代６年間の年平均死者数は264人であったが、2010年代の10年間平均では995人と４倍近くに増加しているのである。

また、降雨量が史上最高を更新するような集中豪雨による被害が拡大している。2014年８月に西日本を襲った集中豪雨は、広島市での土砂災害などで80名以上の死者を出し、2018年６～７月にも西日本を中心に豪雨による洪水で263人が死亡、８人が行方不明、全壊住宅が6,783棟も出ている。2019年には台風15号（９月）と19号（10月）による全国的な記録的豪雨で多くの河川の

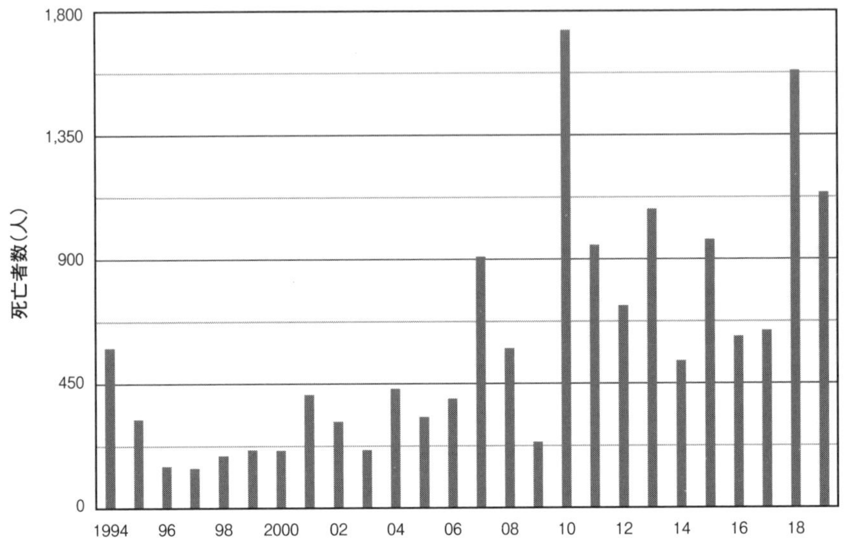

図３-11　日本における熱中症による年間死亡者数の推移

出典：厚生労働省「人口動態統計」のデータに基づき作図。

堤防が決壊し、100人近い死者と行方不明者が出たほか、住宅や農業などに莫大な被害が発生した。日本も例外でなく、気候危機が襲来しつつある。

3　温室効果ガス濃度の急増

人間活動による温室効果ガスの急増

気温上昇の原因となるCO_2、メタン、一酸化二窒素の大気中濃度の１万年前からの推移を見ると、近年の濃度変化の激しさがよくわかる（図3-12）。１万年間のうちの最近の200年余を除く人為的影響のなかった大半の期間は、いずれの気体もゆっくりと変化しているのに対し、最近は直角に近い異常な急増が起きている。

CO_2の場合、産業革命以前は260～280ppmの範囲でゆっくりと変動しているが、2020年には130ppm以上も高い410ppm以上に達しているのである。また、すでに示したように、過去42万年前から産業革命期までの大気中濃度も300ppmを大きく超えることはほとんどなかった。メタンや一酸化二窒素の濃度も類似の傾向が見られる。2020年の地球の平均メタン濃度は約1,890ppbであるが、1750年には700ppb、42万年前からでも30～700ppbの範囲内であった。一酸化二窒素は200年余前までは250～280ppbであったのが、2020年は333ppbになっている。これらの温室効果ガス濃度は、毎年、観測史上最高記録を更新しているのである。

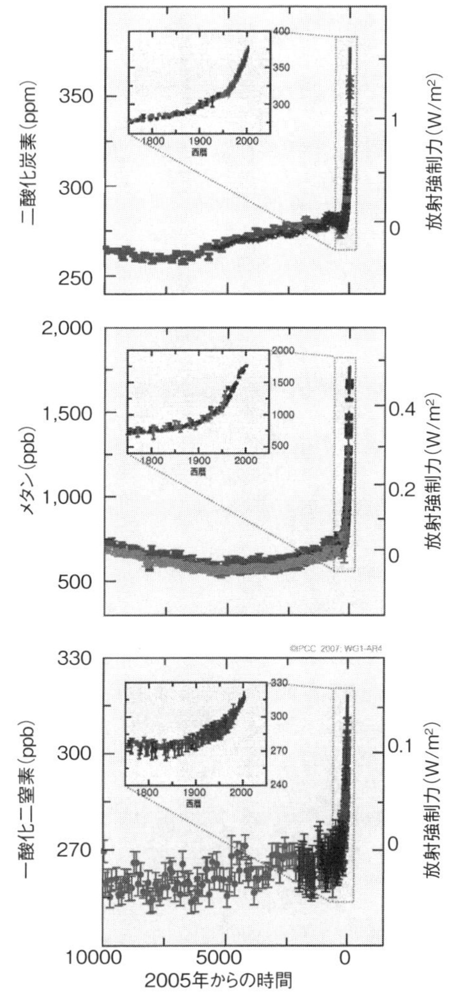

図3-12　1万年前からのCO_2、メタン、一酸化二窒素の大気中濃度の推移

出典：IPCC (2007a)

近年のCO_2濃度の推移

地球温暖化に最も大きな影響を与えているCO_2の濃度変化を少し詳しく見ておこう。大気中のCO_2濃度は、毎年、増加の一途をたどっている。図3-13にマウナロアでの測定結果を示した。CO_2の年間平均濃度はいずれの場所でも増加傾向であるが、1958年には約315ppmであったのが、2020年には約413ppmに達しており、62年間で98ppm（31％）も増加している。

この図からわかるように、ハワイでは1年ごとのCO_2濃度が春から夏にかけて減少し、秋から冬には増加するという規則的な増減がくり返し起こる。これは、植物の光合成活動が活発な春から夏には、植物によるCO_2の消費量が増大して動植物の呼吸作用や有機物の微生物分解などによるCO_2の生成量を上回り、光合成が不活発な秋冬には、逆に消費量を生成量が上回ることによるものである。したがっ

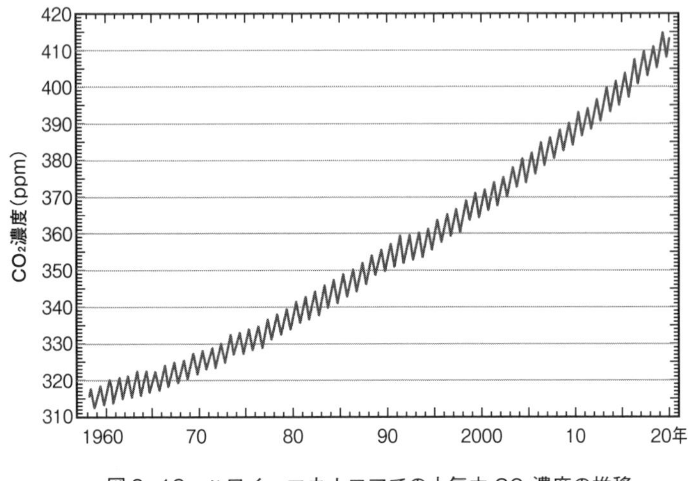

図3-13　ハワイ・マウナロアでの大気中 CO_2 濃度の推移

出典：Scripps CO_2 Program (2020)

て、北半球と南半球では増減のカーブは逆になる。また、植物の活動が活発で季節による気候の変化が大きい地域ほど極大と極小の差は大きくなる。日本で CO_2 濃度の定期観測が実施されている岩手県大船渡市綾里の周辺は森林が多いため、1年間の最大と最少の差は10数ppmにも及び、ハワイよりもはるかに大きい。

人間が大量の CO_2 を放出しなければ、大気中の CO_2 濃度は1年周期の変動をくり返しながら、ほぼ定常状態を保つはずである。すでに第1章第3節で述べたように、自然界には炭素の循環が存在する。大気中の CO_2 は植物によって水とともに光合成反応の原料として使われ、有機化合物が合成されて植物は成長する。大気中の CO_2 濃度が高くなった場合、植物の光合成量（CO_2 の吸収量）も増加し、大気中の CO_2 濃度を下げる作用として働く。また、気温上昇も植物の光合成量を増加させるので、これも CO_2 濃度を低下させる方向に作用する。こうして、自然界では大気中 CO_2 の定常状態を維持してきたと考えられるが、人間活動の規模はそのような自然界のバランス維持能力を上回るほど拡大し、膨大な量の CO_2 が放出されているのである。

最近の気温上昇の主因は温室効果ガス濃度の増加

過去の気温データから、最近の気温上昇傾向は明白である。しかし、過去

100年余の期間で見ると、CO_2濃度の一様な増加に対して、気温は1940年頃から60年代半ば頃までむしろ下降傾向を示すなど、必ずしも一様ではない。そのような事実などを捉えて、地球温暖化は温室効果ガスの濃度増加とは無関係であるという、いわゆる「地球温暖化懐疑論」と呼ばれる主張が少数の人々によってなされてきた。

この問題については、過去の気温変動とそれをもたらすさまざまな要因を分析することによって検討されてきた。アメリカ航空宇宙局（NASA）のハンセンたちは1880年から1980年までの気温変化を、CO_2濃度の増加に大気中の火山爆発によるエアロゾル量の変動という自然起源要因の影響を組み込むことによって説明できることを発見した。成層圏でのエアロゾルの増加は太陽光を遮蔽して気温を降下させる働き（日傘効果）があり、気温低下をもたらすのである。続いて、ギリランドらも類似の結果を報告した。1992～93年の地球の平均気温が前年より低下したのは、1991年のフィリピンのピナツボ火山噴火によって噴煙が30kmの成層圏に到達し、大量のエアロゾルが注入されたためと推定された。石炭や石油の燃焼によって排出される煙や煤、亜硫酸ガスなども同様の日傘効果をもたらす。

このほかにも、気温変動要因が存在する。人為起源の要因としては、温室効果ガスとして作用する大気中のオゾン濃度の変化がある。成層圏ではオゾン層破壊によりオゾンが減少し、その結果、対流圏の紫外線増加によりオゾン濃度が増加している。オゾンは温室効果ガスでもあるため、大気圏の気温上昇の一因となっている。また、地表面に届く太陽光に対する反射光の割合を示すアルベドの変化も要因の一つである。アルベドが大きいと地表のエネルギー吸収が減少するため気温は低下し、アルベドが小さいと気温は高くなる。雪氷で覆われた大地や海洋は日光を反射しやすく、アルベドは80％以上にもなるが、地球全体の平均値は37％である。したがって、温暖化で氷河や海氷が減少するとアルベドが低下し、気温をさらに上昇させる作用が働く。

自然起源では、地球大気表面の単位面積に垂直に入射する太陽エネルギーを表す太陽定数の変動も気温変動の原因になる可能性がある。しかし、1979年頃から行われている観測結果では、1366.5 W/m^2程度の最大値から1365.5 W/m^2程度の最小値の増減が太陽黒点数の増減と同様の11年周期で現れるが、その変動幅は0.1％程度であり、気温への影響も0.1℃程度で小さいと考えられている。

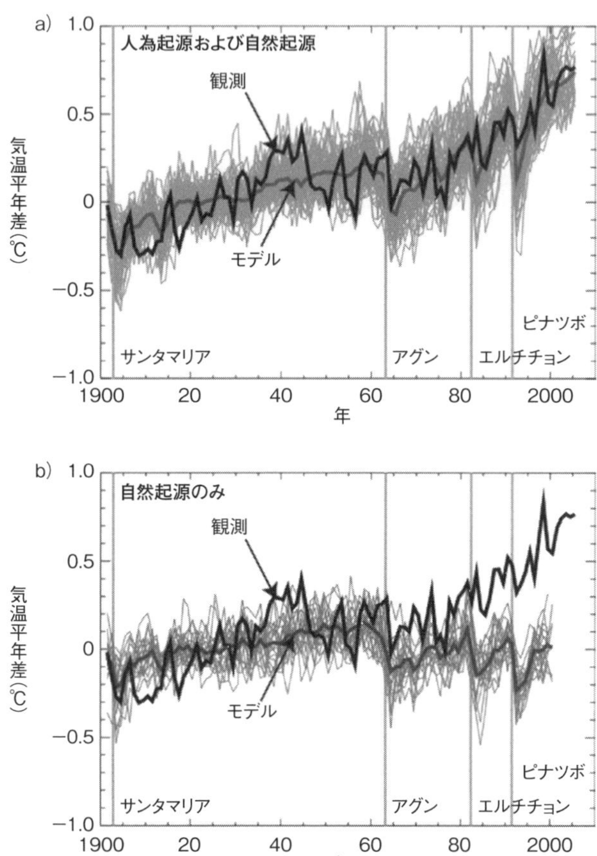

図 3-14　20 世紀の地球全体の気温推移（濃線）と自然的気温変動要因に基づくシミュレーションから得られた気温推移傾向（b 図の淡線）

両図の細い曲線群は多数のシミュレーション結果を示し、モデルと記した淡線はその平均値を示す。なお、サンタマリア、アグン、エルチチョン、ピナツボは、噴煙が成層圏に達する巨大噴火を起こした火山名である。

出典：IPCC、第 4 次評価報告書（2007）

これらの気温変動要因の変化に基づいて、過去の気温変動をシミュレーションすることができる（図 3-14）。この図から、過去の気温変動は、自然要因のみから推定される気温変動とは一致せず、自然要因に人為要因を加えて推定される気温変動傾向とよく一致している。とくに温室効果ガス濃度が高くなり、人為的要因の影響が強まった 20 世紀終盤には、実際の気温と自然要因のみの

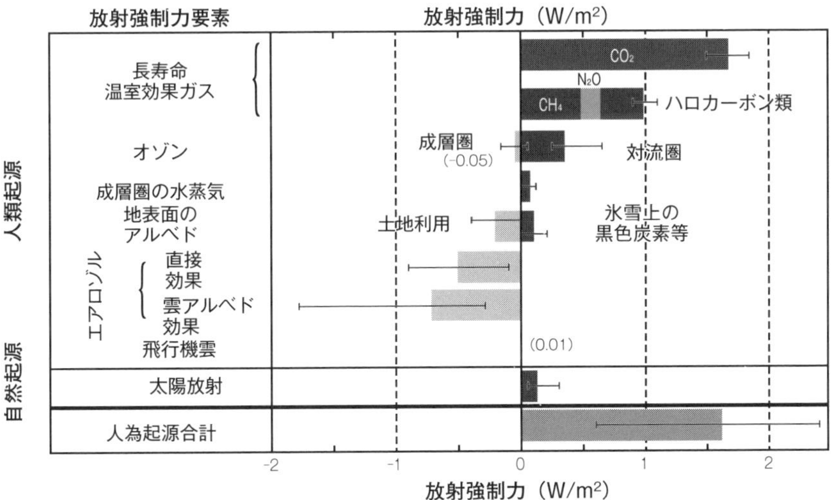

図 3-15　1750 ～ 2005 年の地球の気温変動を支配した要素の放射強制力

注：ハロカーボン類は、フッ素、塩素、臭素を含む炭素化合物のことで、フロン、ハロン、四塩化炭素などが代表的な化合物である。
出典：IPCC (2007a)

シミュレーション結果のズレが大きくなっている。

1750 ～ 2011 年の気温に影響を与えた諸因子（強制因子）の影響の度合い（放射強制力）をまとめたのが、図 3-15 である。人為起源の要素には、気温を上昇させる温室効果ガス濃度の増加と低下させるエアロゾルやアルベド変化があり、それらを合わせると約 2.29 W/m^2 の放射強制力であるが、自然起源の要素である太陽放射は 0.05 W/m^2 に過ぎない。つまり、これまでの気温上昇の約 98％が人為起源によってもたらされたと推定されている。しかも、人為起源の要素の寄与度は、最近になるほど高まってきており、IPCC が指摘するように、20 世紀半ば以降の気温上昇の大半が人為起源の温室効果ガスの増加によるものであることは間違いないのである。

このように、主として大気中の温室効果ガス濃度が気温の支配要素であるが、その中でも CO_2 が最も影響が大きい。今後の気温は人類が放出した CO_2 の累積排出量によってほぼ決まる。世界の CO_2 排出量を実質的に 0 にできたとしても気温は上昇し続け、気温上昇幅は CO_2 の累積排出量が多ければ大きくなる。巨大隕石の衝突や核戦争のような特異な現象が起きないかぎり、今後の人間社会の CO_2 排出量を 0 にする時期とそれまでの累積排出量を想定すれば、未来の気温を予測できるのである。

人為的CO_2排出とエネルギー利用

人為的CO_2排出量の9割以上を占めるエネルギー利用とCO_2排出量の推移を図3-16に示す。世界のエネルギー起源のCO_2排出量は、リーマンショックの2009年などを除けば増加傾向が続いてきた。2019年の世界のエネルギー起源のCO_2排出量は342億トンで、1965年の3.1倍、1990年の1.6倍になっている。1990年比では先進国においては京都議定書に基づく削減があったが、途上国や新興国の増加がそれを上回ったのである。ただし、2013年頃から年平均伸び率は鈍化する傾向が見られる。エネルギー消費量は増加しているが、エネルギー源別に見ると、石炭が減少し、再生可能エネルギーが増加したことに起因している。

地域別に見ると、ヨーロッパでは、CO_2排出量は1987年の55.1億トンをピークに減少傾向に転じ、2000年に47.9億トン、2010年に46.6億トン、2019年には44.1億トンと着実に減少している。エネルギー資源別では、2000年比で

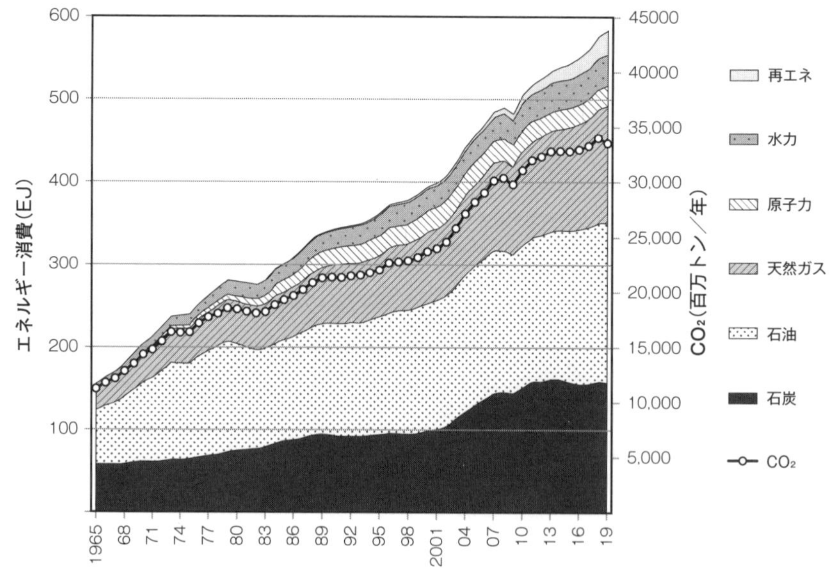

図3-16　世界の一次エネルギー供給とCO_2排出量の推移

出典：BP (2020) のデータに基づき作図。

2019年に石炭は31.5％減少、石油は9.2％減少、天然ガスは0.8％減少、原子力も21.1％減少、水力は6.2％増加、水力以外の再生可能エネルギーは11倍に増加している。このように、化石燃料と原子力はすべて減少し、とくに水力以外の再生可能エネルギーが大幅に増加しているのである。とりわけ電力分野で風力発電や太陽光発電を中心に再生可能エネルギーの普及が大きく進み、ほかのエネルギー利用を削減したことが、CO_2の削減に結びついているのである。後述するドイツの場合も含めて、今後の世界の地球温暖化対策のモデルとして参考にすべきであろう。

CO_2以外の温室効果ガス

最近では、CO_2以外の他の温室効果ガスの増加による気温上昇も無視できなくなっている。図3-12（73頁）に示したように、大気中のこれらの気体の濃度も人間活動の拡大にともなって急速に増加している。

大気中のメタン濃度は、産業革命以前から3倍以上に増加し、現在1.8ppmほどになっている。産業革命以降、増加が続いていたメタン濃度は、いったん1998年から2005年までほぼ横ばい状態になったが、2006年頃からふたたび増勢に転じた。メタンガスはおもに湖沼、水田、河川などの水中での有機物の腐敗発酵、動物の腸内発酵などによって発生する。人間が排出する有機物（ごみ）、水田の増加、畜産物の増産などがメタンガスの増加の原因である。最近、濃度が増勢に転じた背景に、凍土地帯の気温上昇により表土の融解が進み、土壌内の有機物の分解が進んでいる影響が考えられる。

一酸化二窒素（N_2O）は海洋や土壌中での生物遺体や有機物の分解の際に発生する。また、窒素肥料の大量使用は間接的に一酸化二窒素の増加に関係する。工業化以前は0.285ppm程度であったが、2020年には約0.32ppmになっており、まだ増勢が続いている。

対流圏のオゾン濃度も産業革命以前より高くなっている。オゾン層破壊が進むと、対流圏での紫外線が増加し、オゾンが生成するのである。ただ最近は、オゾン層破壊の進行は止まりつつあるので、対流圏オゾン濃度も安定してきている。

1980年代まで増加の一途を辿ってきたフロンやハロン、四塩化炭素などのいわゆるハロカーボン類の大気中濃度は、モントリオール議定書に基づくフロン規制でCFC濃度は減少しはじめ、全フロン濃度も漸減傾向にある（第2章）。

モントリオール議定書の規制対象外で増加が続いてきたHFCも、規制対象になったため、今後は削減に転じるであろう。

気温上昇に対する各温室効果ガスの寄与率

1750年から2005年までの間の気温上昇に対する、人間が排出した温室効果ガスの種類別寄与率は、CO_2が63％と最も高く、メタン18％、一酸化二窒素6％、ハロカーボン類13％であった。2003～08年の期間ではCO_2が86％を占め、メタンは2％、ハロカーボン類も4％に低下し、一酸化二窒素は8％である（WMO, 2010）。このように、最近はCO_2の温室効果への寄与率が高まる傾向にあり、現在では約9割を占めている。したがって、地球温暖化防止にはCO_2の排出量削減が最重要課題である。

4　地球温暖化の進展による影響予測

もはや現時点では、地球温暖化を直ちに止めることはできない。どんな現象でも、結果や影響は原因発生時よりも遅れて現れる。温暖化の主因である大気中の温室効果ガスの濃度に相当する平衡気温が現れるまでにかなりの時間を要するのである。現在の温室効果ガス濃度で平衡に達する気温は現在よりも高く、それによる影響や被害も現在より大きくなる。このような特徴をふまえれば、地球温暖化についても、オゾン層破壊と同様に、科学的予測に基づいて予防的に対応することが重要である。

すでに気候異常や氷河融解などの影響が現れているが、さらに今後の温室効果ガス濃度増加や気温上昇が続くと、より多くの悪影響が顕在化してくることが、これまでの研究結果から予測されている。その内容やリスク度の理解は、地球温暖化防止の重要性を認識するうえで不可欠である。

今後の気温上昇予測とその影響

すでに述べたように、今後の気温上昇は、主として大気中の温室効果ガス濃度によって決まることがわかっているので、今後の排出シナリオを仮定すれば気温上昇を予測できる。IPCCはこれまでに1990年以来5～6年ごとに5度にわたって、地球温暖化に関する科学報告書をまとめている。報告書では、それぞれの時点での気候モデルを利用して、いくつかの排出シナリオに基づいて

21世紀の気温上昇やそれによる影響を予測してきた。そのなかには、従来の排出傾向が今後も継続する場合のシナリオ、温室効果ガス排出の削減を進める場合のさまざまなシナリオが含まれる。これらのシナリオで予測された今後の気温上昇予測を、過去の気温の観測結果とともに図3-17に示す。

図に示すように、これらのシナリオに基づく産業革命前から21世紀中の気温上昇幅は、これまでの温室効果ガスの排出増加傾向が継続した場合には最大6℃近く上昇し、温室効果ガス排出を厳しく削減すれば1.5℃程度に抑制できると予測されている。今後、どの程度の気温上昇に抑制する必要があるのかは、気温上昇によって地球自然や人間生活にもたらされる影響が容認できるかどうかによって判断しなければならない。

では、気温上昇によっていかなる影響がもたらされるのであろうか。すでに述べてきたように、工業化以降に約1℃の気温上昇が起きているが、その結果、すでに述べたように、陸氷や海氷の融解、海面上昇、海水温上昇、海水の酸性化、異常気象の増加、サンゴの白化による衰退などが起きている。今後のさらなる気温上昇によってこれらの現象が強まっていくのは確実視されているが、

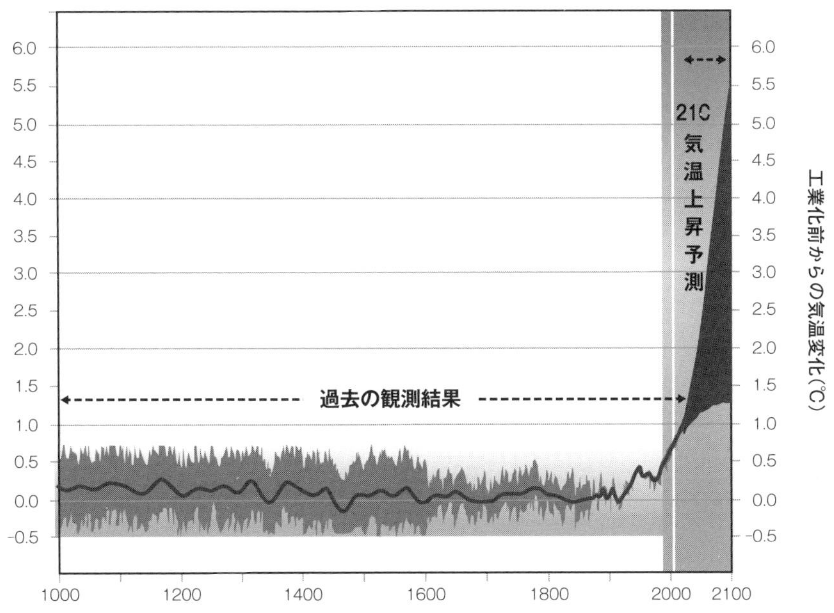

図3-17　過去の気温の観測結果と21世紀の気温上昇予測

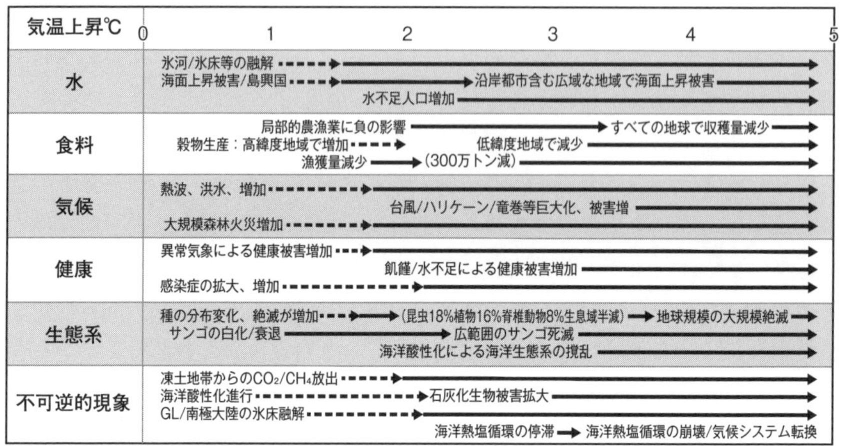

図3-18　産業革命前からの気温上昇幅(℃)によって起きる現象(1℃以上については予測を含む)

それに加えて数多くの新たな現象も発生すると予測されている。気温上昇幅とそれによって発生する現象の関係を、これまでの世界の研究成果を踏まえて図3-18にまとめた。

2℃前後の上昇が起きると、新たな農漁業被害、飢餓、水不足の増加、感染症の拡大、生態系の現状維持困難などの多数の現象が起きる。くわえて海洋の酸性化、凍土地帯の融解、自然による炭素吸収能力の低下が進み、大規模な不可逆的現象に突き進む現象さえ現れかねない。さらに気温上昇が3℃前後になると気候の激変、4℃前後になると、世界規模での農作物収穫量の減少や、海面上昇による世界の大都市の水没などの脅威が加わり、不可逆的現象が本格的に進行しはじめる可能性がある。そうなると、地球は破滅的状況に陥り、人類の健全な生存を脅かしかねない状況が生まれることになる。新たに発生する現象のなかで、とくに危険な不可逆的現象とはいかなるものか、以下に述べておくことにしよう。

大規模な不可逆的現象の脅威

回復可能な可逆的現象とは異なり、回復不可能な不可逆的な環境変化が生じてしまうと、取り返しがつかなくなる。そのような現象として、永久凍土地帯の大規模融解、グリーンランドや南極の氷床の大規模崩壊、海洋酸性化による海洋生態系の崩壊、生態系破壊による炭素循環崩壊、海洋循環（熱塩循環）速度の遅延化あるいは停止による気候激変、深海のメタンハイドレートの噴出などが挙げられている。これらの現象は地球温暖化によってもたらされるが、同時にこれらの現象によって地球温暖化を推進する原因が強められる。つまり「地球温暖化進行→これらの現象発生→地球温暖化原因強化→地球温暖化が加速→これらの現象が拡大」という連鎖がまわりはじめると、地球は破滅的状況へ進んでいき、人間の手で回復することが不可能になるのである。以下に代表的な不可逆的現象について、概説しておこう。

永久凍土地帯からのCO_2、メタンの排出

地下の温度が零下になる永久凍土地帯は、シベリアやアラスカをはじめ、北半球の陸地の４分の１という広大な面積を占める。凍土地帯の地中に存在する生物（主に植物）の遺骸からなる大量の有機物には大量の炭素が含まれており、その量は1,450～1,590Gtに及ぶ（新宮原ほか, 2019）。これは地球の大気中の炭素量750Gtの２倍に匹敵する。これらの有機物の分解が進めば、膨大な量のCO_2やメタンが発生するため、地球温暖化を加速するおそれがある。すでに北極圏は過去１万年以上の間で最も気温が高くなっており、永久凍土地帯の地温の上昇や融解、有機物の腐敗が進みはじめている。

2008年、海洋研究開発機構がシベリアの凍土地帯の地中温度の推移と地表面近くの融解・凍結状態の研究結果を発表した。東シベリアの３ヵ所の凍土の深さ3.2mの平均地温が、数年前から急上昇しはじめ、ヤクーツクでは、従来は1.0～1.5mであった夏期の融解層が2004年以降急激に深くなり、2006年に２mを超えた。年平均気温が上昇し、年降水量も増加し、融解時（最も融解層が深くなる９月）の土壌水分量も増加した結果、以前より融解が進行しているためである。さらに、地球規模の広範な凍土地帯の調査が実施され、2007～16年の間に平均0.29 ± 0.12℃上昇したことが判明している（Biskaborn, 2019）。凍土の地温が上昇し、夏期の融解が深く、長くなれば、腐敗せずに閉じ込められていた有機物の微生物分解（腐敗）が進み、メタンやCO_2が放出される。また、凍土の地下にはメタンハイドレート（メタンの水和物）も存在しており、温度上昇でこれが分解してメタン放出も起きる。

実際に広大な凍土地帯から大量のCO_2が放出されていることが、2019年に12ヵ国の75名の研究者たちが発表した論文で明らかにされた。北極圏の100

写真１　メタンガスで盛り上がった大地

写真２　メタン噴出で出現したクレーター

ヵ所以上に CO_2 モニターを設置して測定した結果、従来、推定されていたよりはるかに大量の年間24億トンもの CO_2 が放出されていると推定されたのである。凍土の有機物分解で排出される CO_2 が、同一地域での植物による CO_2 吸収量をこれだけ上回っているのである。24億トンはエネルギー起源の人為的排出量の約７％に相当する（Natali, *et al.*, 2019）。

また、メタンについても、2013年には年間1,700万トンが凍土地帯から放出されたと推定されており、2006年の380万トンや以前の50万トン程度と比較すると、顕著に増加している（Oskin, 2013）。メタンの温室効果は CO_2 の20倍ほどなので、CO_2 に換算すると年間３億トン以上が放出されていることになる。

最近、アラスカやシベリアの凍土地帯において、氷の融解で誕生した多くの湖からメタンガスが泡状に噴出している箇所が数多く観察されている。パイプを突き刺して火を近づけると、大きな炎が上がるほどで危険である。

また、地下で発生した大量のメタンガスが充満して地表が盛り上がった場所（写真１）が7,000ヵ所も見つかっており、いつ破裂しても不思議でないと発表されている。すでにメタンが噴出、破裂した場所には巨大なクレーターが出現している（写真２）。今後もメタンの噴出が続くことは間違いない（Romm, 2017）。

凍土から大量の CO_2 やメタンが放出され、大気中におけるその濃度が上昇すれば、気温上昇を加速する。そして、それがさらに広範囲の凍土融解を引き起こすという不可逆的な連鎖が本格的に動きはじめると、きわめて危険な状態をもたらす。

海底からのメタン噴出

温暖化の進行が、海底に大量に存在するメタンハイドレートからのメタン噴出を引き起こす危険性も指摘されている。メタンハイドレートは一定の高圧と低温の条件がある深さ300m以上（海水温が低いほど浅いところ）の海底で安定に存在するが、温暖化でその条件が崩れると、メタンが遊離して大気中に放出される。

約5,500万年前の海洋生物の大量絶滅は、海底大火山の噴火が引き金になって付近のメタンハイドレートからメタンが噴出し、その温室効果で気温と水温を上昇させたとする「メタンハイドレート仮説」を松本良（1998）は提唱している。今後、海水温上昇によってメタンハイドレートから大量のメタンが大気中に放出され、急激な地球温暖化が起こる危険性を否定することはできない。

地球全体のメタンハイドレートの存在量は炭素量で1万ギガトン程度もあると考えられている（Kvenvolden, 1988）。この量は天然ガスの確認埋蔵量の約70倍、全化石燃料（石炭・石油・天然ガス）の埋蔵量に匹敵し、大気中のメタンの約3,000倍にもなる。海水温の上昇でメタンハイドレートの一部が崩壊し、地球温暖化を加速してさらに多くのメタン噴出を引き起こす可能性がある。温室効果がCO_2の約20倍もあるメタンが大量に大気中に噴出すれば、猛烈な気温上昇が起こり、地球は灼熱地獄になってしまうだろう。

深海の水温が上昇するまでには長期間を要するが、すでに深度3,000m以上でも水温上昇が観測されはじめている。とくに低温の北極域周辺は浅い海底が永久凍土層で大量のメタンハイドレートが存在し、最近は海水温の上昇も大きいので噴出が起きやすい。2003～08年に東シベリア海で実施された海水メタン濃度の調査からメタンが過飽和状態の海水が大半を占め、200万km^2に及ぶシベリア大陸棚の海底（水深50m未満）から年間800万トンのメタンが放出されていると推定された（Shakhova *et al.*, 2010）。最近も、北極海の海氷の隙間からガスが噴出する衝撃映像がニュースで流されるなど、自然界からの大量のメタン放出が確実に進行している。

海洋酸性化による生態系の崩壊

大気中のCO_2は海水に溶解する。大気中のCO_2濃度が増加すると、海洋の酸性化が進み、海の生態系に重大な影響をもたらす。海水はナトリウムやカルシウムなどを多く含むためアルカリ性であるが、海水（H_2O）へのCO_2の溶解量が増えると炭酸（H_2CO_3）が生成され、水素イオン濃度が高くなる結果、海水のpHが低下し、酸性側にシフトしていく。これが海洋の酸性化である。

(1) CO_2+H_2O → H_2CO_3 → $H^++HCO_3^-$ ⇄ $2H^++CO_3^{2-}$
（HCO_3^-は重炭酸イオン、CO_3^{2-}は炭酸イオン）
(2) $Ca_2^++CO_3^{2-}$ ⇄ $CaCO_3$

海水中では、炭酸は直ちにイオン化するので、現状ではCO_2、重炭酸イオン、炭酸イオンが、それぞれ1％以下、約90％、約10％ずつ存在する。すでに酸性化が進みつつあり、海水のpHは大気中のCO_2濃度が280ppm程度であった産業革命以前には8.2程度であったが、現在は8.1以下にまで低下している。pHの低下速度は、最近は年に0.002程度であるが、しだいに大きくなる傾向にある（気象庁, 2020）。酸性化が進む（H^+が増加する）と炭酸イオン濃度が低下し(1)、炭酸カルシウム（$CaCO_3$）が形成(2)されにくくなる。pHが7.9を切るくらいになると、炭酸カルシウムからなる生物の殻や骨格が形成されにくくなったり、海水に溶けやすくなったりして、衰退、死滅することになる。

『ネイチャー』誌の2005年9月29日号に、日本人も含む国際チームが発表した「人間活動による21世紀中の海洋酸性化と石灰化生物への影響」は、上記のことを明らかにした最初の論文である（Orr, 2005）。石灰化生物とは、石灰＝炭酸カルシウムからなる殻や骨格をもつサンゴや貝類、動植物プランクトン、甲殻類などを指す。この研究では、通常は表面が平滑できれいな、動物性プランクトンの石灰質でできている殻が、酸性化が進んだ海水中でささくれだち、ぼろぼろになることを実証した。筆者はこの論文を読んだとき、衝撃を受けた。

日本の近海を含む世界各地で、海洋酸性化によって海水中の炭酸カルシウムの飽和度が低下していることが報告されている（Bates and Peters, 2007; Doney *et al.*, 2009; Ishii *et al.*, 2011）。この傾向は現在も継続中である。これらの生物の衰退は、食物連鎖や海洋の環境変化を通じて、海洋の生態系に重大な影響を与えることになる。大気中のCO_2濃度増加自体が、確実に地球環境に重大な影響をもたらすのである。CO_2濃度が600～650ppm以上になると、このようなリスクがあるため、CO_2排出削減に積極的に取り組まなければならない。

しかも、殻をもつ石灰化生物は、CO_2と海水中のカルシウム（Ca）を原料に石灰質の殻（$CaCO_3$）を作ることで、大気から海水中に溶解したCO_2を減少させる役割を果しており、そういう生物の衰退は海水のCO_2吸収（減少）能力を低下させてしまう。その結果、石灰化生物の衰退によって海洋のCO_2吸収能力が低下し、大気中のCO_2濃度増加を加速し、温暖化を促進するという不可逆的連鎖による破滅的状況に陥ることになるのである。

▌海洋の熱塩循環の停滞・停止

地球の海洋には熱塩循環と呼ばれる太平洋、大西洋、インド洋をめぐる、地球規模のコンベアーベルト状の大きな循環がある（図3-19）が、温暖化が進むと、この熱塩循環が停止して気候が激変する可能性も指摘されている。大循環は、北極や南極付近で海洋の表層水が冷却され、同時に氷結の際に氷になるのは水だけで塩分は周囲に排除されるため、低温で塩分濃度が高い「重い水」が生じ、それが海底に向かって沈み込む力がポンプ役を果たすことで起きている。ところが、地球温暖化で極域の気温上昇が進むと海水の低温化や氷結が起こりにくくなり、ポンプ機能が低下しはじめる。これまでの研究では、21世紀中は循環の勢いは弱まるが、停止することはないと考えられている。

しかし、21世紀以降には停止する可能性があり、熱輸送などの働きをもつ熱塩循環が停止すると、地球規模で気候は激変してしまう。たとえば、ヨーロッ

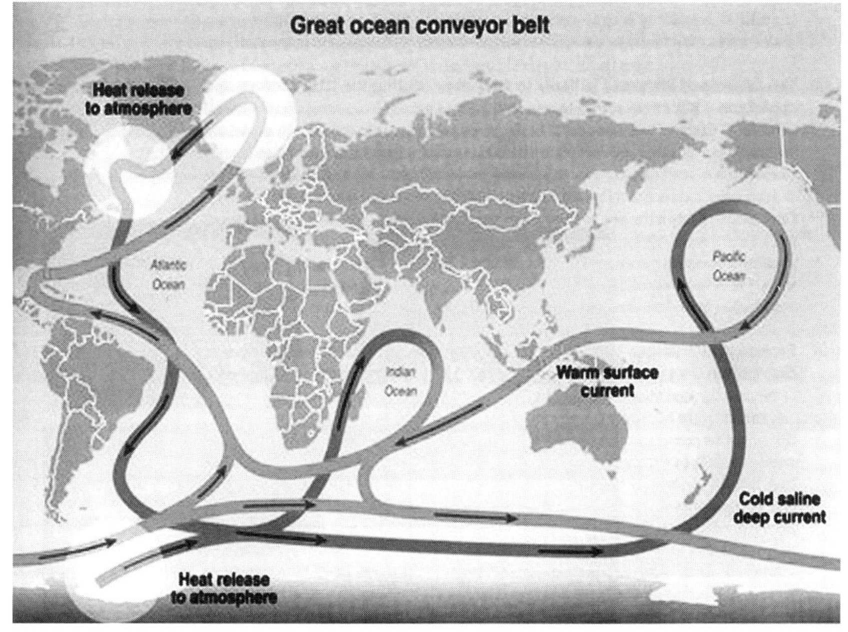

図３-19　海洋の熱塩循環：表層部の流れ（淡色）と深層部の流れ（濃色）による大循環

出典：IPCC（2001a）

パは同程度の緯度の他地域と比較して気温はかなり高い。北緯50度付近にあるロンドン、ベルリン、パリなどの冬期の平均気温は零下になることは少なく、同緯度にある樺太（サハリン）の－10℃以下よりずっと高い。熱塩循環によりメキシコ湾で温められた表層水がヨーロッパに熱を輸送しているからである。したがって、温暖化が進行して熱塩循環が停滞すると、ヨーロッパが寒冷化するといった地球規模の気候の大激変が起こると危惧されている。

日本に対する影響予測

国立環境研究所は、地球温暖化による日本への影響について2100年の予測結果をまとめている。それによれば、海面上昇による砂浜の消失、大雨による洪水や浸水の増加、土砂災害による被害が増加、熱中症の犠牲者の増加、熱帯伝染病であるデング熱を媒介するヒトスジシマカの生息域の拡大などが進む。

農作物などについては、コメの品質低下や、果樹の栽培適地が北上して現在の生産地が不適地化。漁業では、すでに現在でも見られるが、回遊魚の生息域の変化などが起き、漁獲量も減少する。

生態系への影響としては、すでに起きつつある高山植物の衰退、サンゴの白化、チョウなどの昆虫の北上、開花や紅葉時期の変化などがさらに進む。気温上昇速度が高いため、寿命の長いブナやハイマツなどの樹木が立ち枯れ、生息域が大幅に減少する。桜の開花期が早くなり、紅葉時期が遅くなるなど、四季の様相も変化する。

地球規模の不可逆的変化が発生すれば、日本でもさらなる甚大な影響が出ることは容易に予測できる。

5　温暖化防止のための国際的取り組み～パリ協定発効まで～

これまで述べてきたように、地球温暖化による破滅的環境破壊を防止するには、産業革命時からの気温上昇幅を2℃以下、望ましくは1.5℃以下に抑制する必要がある。このことについては、パリ協定で国際的に合意されてはいるが、目標達成に必要な温室効果ガスの排出削減に関する合意はまだできていない。これまでの温暖化防止をめざす国際的取り組みを振り返ったうえで、パリ協定に基づく今後の実効性ある対応を実現するための条件と課題について考察しよう。

UNEP、IPCCの発足と気候変動枠組み条約の締結

1972年、ローマクラブによって人間活動が地球の限界を超えつつあることを警告する報告書「成長の限界」が発表された。この報告書は、地球の有限性に関する認識を世界に広め、人間社会のあり方を問い直す契機となった。同年6月、ストックホルムでの国連人間環境会議では「人間環境宣言」と「行動計画」が採択され、その年末には「国連環境計画（UNEP）」の創設が決定された。こうして国連が中心になって地球環境問題に取り組む体制が整えられた。

1970年代から1980年代には世界の気温上昇傾向が続き、1979年には世界気象機関（WMO）が「世界気候計画」を開始し、気候変動の研究推進や情報収集が行われはじめた。1985年にはオーストリアのフィラハで地球温暖化問題に関する最初の国際会議が開催され、温暖化問題は国際政治における重要課題に位置づけられた。1988年、カナダのトロントで開催された「大気変動国際会議」には、48ヵ国から約350名が参加し、2005年までにCO_2の排出量を当時より20％削減する「トロント目標」を掲げた提言がなされた。

このような動きを受けて、1988年11月に国連環境計画（UNEP）と世界気象機関（WMO）によって「気候変動に関する政府間パネル（IPCC）」が設置され、その後の地球温暖化問題に関する科学的知見をまとめ、報告、提言する国際機関として重要な役割を果たすことになる。IPCCでは、３分野の作業部会を設置し、第１部会は温暖化に関する科学的知見、第２部会は温暖化の環境的、社会的、経済的影響、第３部会は温暖化への適応策を担当することとなった。1990年にIPCCの第１次報告書が発表され、温暖化問題に対する共通認識を広めることになった。

1990年秋には第２回世界気候会議がジュネーブで開催されたが、「トロント目標」から後退した「先進国は2000年までにCO_2排出量を1990年比で安定化させる」という宣言案が採択された。しかし、その後、ドイツやデンマークが2010年までに25％削減を表明するなど、予防原則を重視するヨーロッパ諸国を中心に、削減目標を掲げた国際条約の策定をめざす動きが始まった。これに対してアメリカは排出規制反対の立場をとり、日英もそれに追随する消極的な姿勢を見せた。

1992年6月にリオデジャネイロで開催された「国連環境開発会議（UNCED）」において「国連気候変動枠組み条約（UNFCC）」が採択され、「気候系に危険な人工的影響が及ぶのを防止できるレベルに温室効果ガスの濃度の安定化を達成

すること」を目標に、締約国会議を定期的に開催し、目的達成のために条約改正を行っていくことが合意された。なお、UNCEDの会期中に153ヵ国が気候変動枠組み条約に調印し、国際社会が協力して地球温暖化防止の取り組みを開始する出発点に立った。日本は条約の採択に賛成したが、残念ながら当時の宮澤首相が国会日程を理由に先進国の国家元首では唯一参加しなかった。

筆者は日本科学者会議の一員として「国連環境開発会議」と並行して開催された世界187ヵ国の市民、科学者、NGO代表など約2万人が集まった「'92グローバルフォーラム」に参加した。ここで採択した「NGOの世界的な意思決定に関するリオ枠組み条約」は、その後の環境関連の国際会議に市民やNGOが積極的に参加し、影響力を発揮する契機になったことは特筆すべきことである。また、日本館で開催した「持続可能性セミナー」において筆者は、地球環境問題への若者の関心を高めるための大学での地球環境教育の重要性について、筆者が呼びかけて創設した大学環境教育研究会の活動や本書の初版本に当たる『地球環境論』をテキストに実践した教育成果などを紹介しながら報告し、好評を得た。

COP3と「京都議定書」の採択

気候変動枠組み条約の第1回締約国会議（COP1）が1995年にベルリン、COP2が1996年にジュネーブで開催されたあと、1997年12月、COP3が京都で168ヵ国地域の参加を得て開催された。立命館大学で研究教育に従事していた筆者も、大学での授業の合間を縫って会議場での議論の経緯を見守るとともに、京都市内で日本環境学会主催のシンポジウムを開催するなど、会議の成功に向けて市民や学生たちとともに連日行動した。本会議では、国際条約としての京都議定書で先進国に温室効果ガス削減義務を課すこととなり、2010年前後の削減目標が議論の最大ポイントとなった。小島嶼（とうしょ）国やEU、途上国は15～20％削減という高い目標を主張したのに対し、アメリカは0％、日本は5％削減という低い目標案を提示した。高削減目標を支持する国が多数派を占めたが、米日加豪などが低い目標を主張して対立が続いた。

会期を延長する難産の末、京都議定書が採択された。削減対象の温室効果ガスはCO_2、メタン、一酸化二窒素、HFC、PFC、SF6の6種類とし、各国の削減目標は、1990年（HFC、PFC、SF6は1995年）を基準に2008～12年の年平均でEU8％、アメリカ7％、日本とカナダなどが6％、ロシアが0％などと定められた。また、CO_2吸収源である森林管理（植林など）による吸収量も一定の範囲まで削減とみなされることになった。さらに、京都メカニズムと呼ばれる共同実施、クリーン開発メカニズム（CDM）、排出量取引も組み込まれた。

京都メカニズムの実施規則は、COP７（2001年モロッコのマラケシュで開催）でまとまった。共同実施とは複数の先進国が共同で目標を達成するもので、EUはこの方式を採用した。CDMは、削減義務をもつ先進国が技術や資金を提供して発展途上国と共同で排出削減事業を行い、生じた削減量の一部を先進国の削減目標達成に算入できるとした。排出量取引は、目標未達成の先進国が超過達成した先進国から排出量を購入する制度である。

日本の古都の名を冠した京都議定書の採択は喜ばしいことであったが、議長を務めた大木環境庁長官が国会出席を理由にいったん辞任を表明するという失態を演じ、議定書をとりまとめる役割を果たせなかった。一方、市民は会議の成功を目的にNGO「気候フォーラム」を設立し、国内の多数の環境団体や科学機関などとともに、世界中から集まった２万人の市民と協力して高い削減目標を組み込んだ議定書策定のために奮闘した。約２万人が参加したデモ開催をはじめ、連日、京都市内各地で多数の催しが展開された。京都議定書の採択は、国内外の市民力が発揮された賜物であると評価された。

京都議定書は、発効にいたる過程でも難航した。COP３開催時のアメリカは民主党クリントン政権であったが、その後継の共和党ブッシュ政権は、経済に悪影響を及ぼすという理由で京都議定書の批准を拒否した。2005年２月にロシアが批准してやっと発効した。なお、カナダも議定書を批准していたが、2011年に過大な費用負担を理由に離脱した。

「京都議定書」に基づく温室効果ガス削減

京都議定書で温室効果ガスの削減義務を課された先進国が取り組み、ほとんどの国が目標を達成した。各国の基準（1990）年比での2008～12年の目標値と削減実績を図3-20に示した。

図からわかるように、旧ソ連、東欧諸国は排出量を大幅に減らし、EUも目標をかなり上回って達成する実績を挙げたが、いずれも国内の排出量の削減が中心であった。一方、日本では、国内排出量が基準年より増加し、森林によるCO_2吸収や目標を超過達成した国から削減分を買い取る排出量取引などの京都メカニズムを加える方式で目標を達成した。こうして京都議定書の目的は達

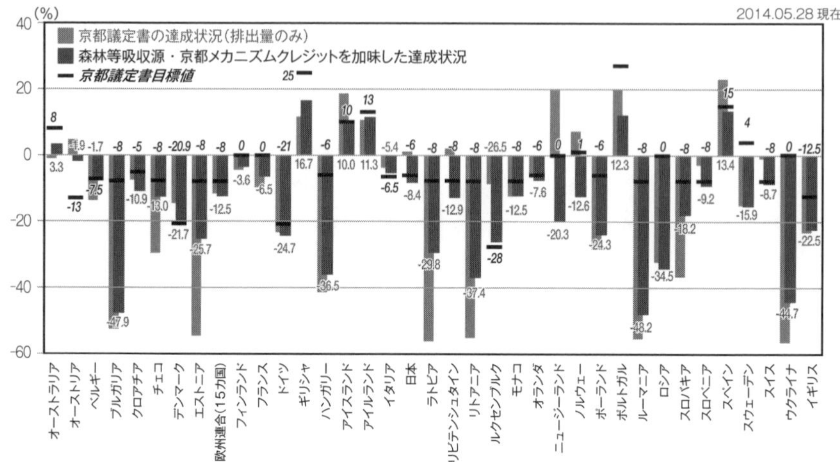

図 3-20　京都議定書の各国の温室効果ガス削減目標値とその達成状況

出典：酒井広平ほか（2014）

成できたが、約束期間は2012年までであり、削減対象国が限定されていたために、離脱したアメリカやカナダ、義務を負わなかった中国などの途上国では、温室効果ガス排出量が増え続け、世界全体でも増加傾向が続いた。

こうした傾向が続けば、将来的に破滅的な影響が危惧されるため、先進国だけでなく、途上国も含む全世界での取り組みを求める国際世論が強まっていった。2009年12月にコペンハーゲンで開催されたCOP15には、世界中の首脳や3万人の市民らが参加し、「法的拘束力をもつ削減目標を定めた新たな議定書」の誕生が期待されたが、途上国と先進国の意見対立が激しく、残念ながら合意にいたらなかった。「工業化前からの気温上昇を2℃以内に抑える」「先進国は2030年までの削減目標、途上国は削減行動計画を国連に提出する」という「コペンハーゲン合意」を採択したが、全会一致ではなかった。

しかし、翌2010年12月にカンクン（メキシコ）で開催されたCOP16では、地球温暖化被害の拡大もあって各国に譲歩の姿勢が見られ、アメリカ、中国、インドなども参加する新たな枠組みづくりをめざす「カンクン合意」が採択された。先進国は削減目標を掲げて率先して取り組み、途上国も排出抑制の計画づくりに取り組むことで、世界および各国の排出量を可能なかぎり早期にピークアウト（頭打ち）させることになった。また、各国の温室効果ガス排出削減・抑制状況に関する国際的検証制度の設置や、途上国支援のための「グリーン気候基金」創設なども盛り込まれた。こうしてCOP16では、2013年以降の新たな枠組みづくりに向けて「希望を取り戻した」(メキシコ・カルデロン大統領) のである。

その後、全世界が参加する枠組みを構築するための議論が重ねられたが、なかなか合意にいたらなかった。そこで、2013年にドーハで開催された第8回京都議定書締約国会議 (CMP8) で、EUが京都議定書を延長して第二約束期間の設定を提案した。日本は米国と中国が参加していないことを理由に反対したが、新たな削減目標を設定して継続する第二約束期間設定が採択された。これを受けて欧州諸国を中心に新目標が提出されたが、日本やカナダ、ロシアなどが延長に否定的な姿勢を示し、結局、発効にいたらなかった。

さらにカンクン合意では、産業革命以前からの気温上昇を2℃未満に抑制するというこれまでの合意を確認するとともに、未来の危機回避に向けて気温上昇を1.5℃未満に抑制する研究の必要性を提唱したことも大きな前進であった。2℃に抑制できたとしても、それによる影響や被害は相当、深刻なものとなる可能性もあり、1.5℃への抑制の検討を提唱したことは重要であった。

COP21における「パリ協定」の採択

全世界の国々が参加する2020年以降の新たな国際的枠組みづくりは、その後も2013年のCOP18(ドーハ)、2014年のCOP19(ワルシャワ)、2015年のCOP20(リマ) で協議が続いたが、成立にいたらず、2015年12月、パリでのCOP21でやっとすべての国が参加する地球温暖化防止の国際条約「パリ協定」が採択された。合意への道のりは長かったが、この間、粘り強く取り組んできた世界の良識が発揮した力の成果といえるだろう。パリ協定の発効条件は、55ヵ国、排出量で55％以上の国が批准することであったが、多くの国が積極的に対応した結果、1年も経たないCOP24開催の直前、2016年11月に発効し、実施ルールも2018年のCOP26で一部を除き合意された。

パリ協定の目的は「産業革命前からの気温上昇を2℃未満に抑制する。1.5℃未満への抑制に努める」ことである。先進国も途上国もすべての国が自主的に温室効果ガス削減目標を策定、国連に提出して取り組みを開始した。各国が実施状況を2年ごとに国連に報告し、公開する。1.5～2℃未満を達成するには、できるだけ早く世界の温室効果ガス排出量をピークアウトさせ、21世紀後半に実質ゼロにしなければならない。その観点から2023年に世界全体の削減状況を検証し、削減が不十分な場合には、各国が削減目標を見直して再策定し、提出する。2023年以降は、5年ごとにこのような検証と削減目標の見直しを行い、それに基づく実行と状況報告をくり返す方式で1.5～2℃未満の目的を達成しようとするものである。また、先進国は途上国に対する年1,000億ドルを下限とする支援目標を2025年までに設定することや、世界全体の温暖化被害を軽減する目標も定められた。

パリ協定では、世界のすべての国が参加し、1.5℃という高い努力目標が明示され、それを実現する方式も合意された。これは画期的な成果として高く評価できる。破滅的な地球環境危機の到来が危惧されるなかで、危機を回避できる希望が生まれたのである。しかし、現状はまだ目標の達成が保証されているわけではない。COP21以前に各国が国連に提出した削減目標が達成されたとしても、3℃前後の気温上昇が予測されており、世界の国々が現在より高い削減目標を掲げなおし、取り組みを抜本的に強化する必要があり、これからの対応が重要である。

IPCC「地球温暖化1.5℃特別報告書」とCO_2削減シナリオ

2018年10月、IPCCは「1.5℃特別報告書」を発表した。18世紀半ばの工業化以降、気温は約1℃上昇しており、すでに自然環境や人間生活にさまざまな影響をもたらしつつあるが、気温上昇を直ちに止めることはできない、そこで、国際社会はパリ協定で1.5～2℃に抑制することにした。特別報告書は、このパリ協定の目的の1.5℃と2℃の場合の人間生活や環境に対する影響を比較し、それを踏まえて1.5℃未満をめざす必要があることを勧告したものである。すでに、気温上昇による影響については図3-18で示したが、1.5℃と2℃の0.5℃の差でも影響の現れ方に大きな相違があるのである（表3-2)。

表から、2℃上昇の場合には1.5℃よりはるかに重大な影響があることがわかる。たとえば2℃上昇ではサンゴはほぼ全滅し、ほかの生物種の絶滅も1.5℃上昇より2～3倍も多くなる。森林の喪失面積も2℃上昇で拡大する。また人間生活においては、異常気象被害、海面上昇被害、漁獲量の減少や疫病の増加などが起こり、2℃では1.5℃に比べてはるかに大きくなる。これらの予測結果から、パリ協定の実施にあたっては、気温上昇幅を1.5℃未満をめざさなければならない。ところが、現在までにすでに気温は1.1℃上昇しているので、これからの上昇を0.4℃未満に抑制する必要があり、まさに地球温暖化は「待

表3-2　産業革命前からの気温上昇幅が2℃と1.5℃の場合の影響比較

項　目	2℃の場合	1.5℃の場合
中緯度・高緯度地域の気温上昇	中緯度4℃、高緯度6℃	中緯度3℃、高緯度4.5℃
異常気象による被害	豪雨・水害・巨大台風・竜巻等の被害は2℃の方が1.5倍。	
熱波に襲われる人口	約37%(約17億人多い)	約14%
疾病・死亡率等健康影響、食料・水不足	2℃の場合は1.5℃より著しく大きい。	
2100年の海面上昇	0.36～0.87m	0.26～0.77m
海面上昇による危機人口	2010年には1.5℃より1,000万人多い。	
夏季の北極海氷全面融解頻度	10年に1回	100年に1回
高緯度地域の森林喪失	250万 km^2	150万 km^2
生息域を半分以上喪失する生物種	昆虫18%、植物16%、脊椎動物8%	昆虫6%、植物8%、脊椎動物4%
サンゴ喪失	ほぼ全滅；99%以上	70～90%
漁獲量の減少	300万トン	150万トン

ったなし」の段階なのである。

では、1.5℃未満に安定化、抑制するにはどうするか。特別報告書では、図3-21に示すような四つの CO_2 削減シナリオP1～P4を提示している。うちP1～3は、21世紀末まで気温上昇幅が1.5℃以下であるが、P4では1.5℃をしばらく越えた（オーバーシュート）のち21世紀末には1.5℃になるシナリオである。いずれのシナリオも石炭火力発電をはじめ、化石燃料の削減と再生可能エネルギーの増加を急速に推進する。また、P2～4では21世紀半ば以降に CO_2 の吸収貯留付きのバイオエネルギー利用（BECCS）を導入する必要があり（植物などを起源とするバイオマスは、光合成の際に CO_2 を吸収しているため、エネルギー利用の際に CO_2 を放出しても大気中の CO_2 を増加させない〔カーボンニュートラル〕が、放出する CO_2 の吸収貯蔵などを行うことで CO_2 を削減できる。このような方法をBECCSという）、とくにP3、P4では大量に導入しなければならない。したがって、P1が最も望ましいシナリオで、P2を次善と捉えて取り組みを進めるべきであろう。こうして、2030年までに温室効果ガスを45～50%削減し、2050年には90～100%削減する必要があるのである。

これらのシナリオを実現できるかどうかは、今後の取り組み次第であるが、すでに29ヵ国が2050年までに CO_2 排出ゼロをめざす「カーボン・ニュートラリティ・コーリション（炭素中立連盟）」に加盟しており、102都市、10地域、

93企業、12投資家も加わっている。また、2019年末に開催されたCOP26では、120以上の国が2050年に温室効果ガス排出ゼロにする目標を設定もしくは検討することを表明した。こうしたなか、ようやく日本も2020年10月に菅首相が2050年排出ゼロを宣言した（後述）。

また、CO_2排出量の多い石炭火力発電については、フランス、カナダ、イギリスをはじめ、33ヵ国が石炭火力発電ゼロをめざす「脱石炭グローバル連合

化石燃料と産業u　農林業等の土地利用によるCO_2吸収　炭素回収貯留付きバイオエネルギー（BECCS）

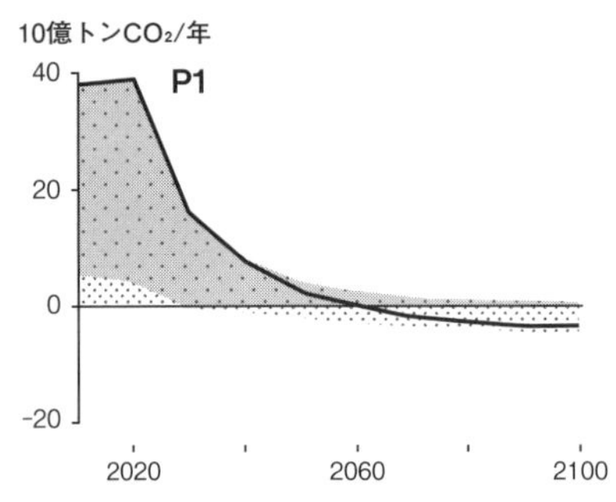

P1；2050年までに、生活水準を向上（特に南半球で）させつつ、社会、事業、技術の革新によりエネルギー需要を低減させるシナリオ。小規模エネルギーシステムが脱炭素化を推進。植林でCO_2吸収を増加。気温上昇1.5℃を超える「オーバーシュート」なし。

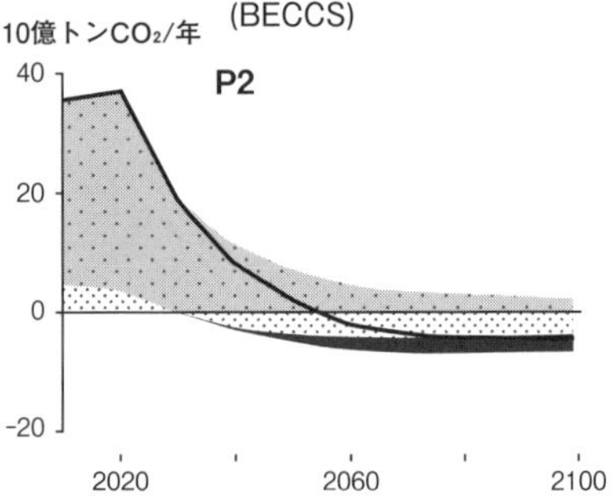

P2；エネルギー原単位、人間開発、経済収斂、国際協力、さらに持続可能で健全な消費パターン、低炭素技術革新、BECCS利用の社会的受容を伴う管理された土地利用の推進を含む持続可能な社会づくりを軸にするシナリオ。「オーバーシュート」なし。

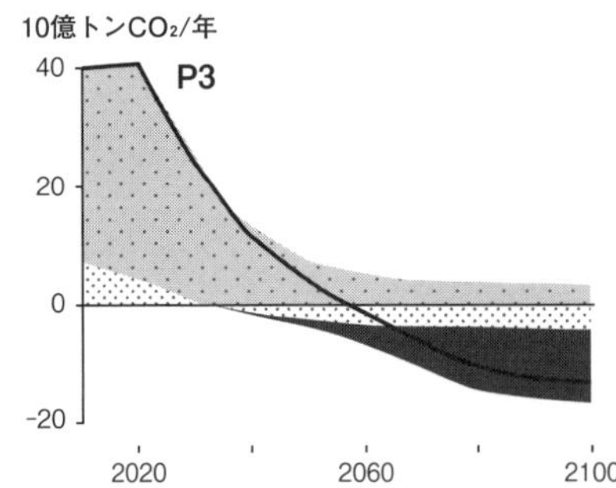

P1；従来の社会的、技術的発展を引き継ぐ中道のシナリオ。排出削減は、主としてエネルギーや物品の製造方法を変化させることで推進し、需要減少は副次的手段として活用。21世紀後半はBECCSが重要な役割。
「オーバーシュート」なし。

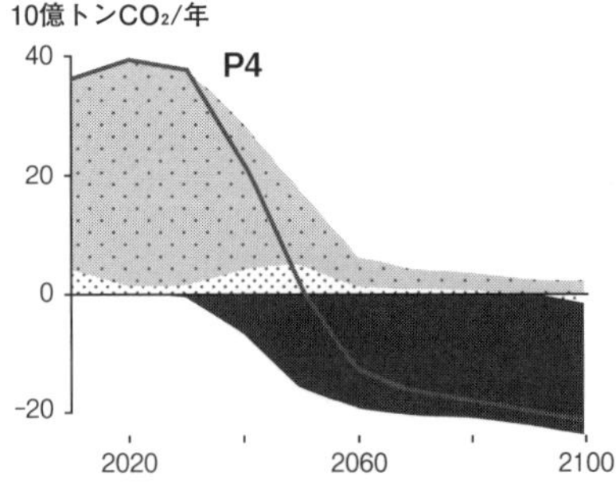

P2；資源/エネルギー重視シナリオ。経済成長やグローバル化により広範囲に温室効果ガス重視生活様式を実現。その際、運用燃料や畜産物も高い需要。排出削減は、主にBECCSの導入によるCO_2除去の強力利用を実現する技術手段。「オーバーシュート」後に1.5℃に低下、安定。

図3-21　地球温暖化を1.5℃に抑制するための四つのCO_2削減モデル経路

出典：IPCC (2019)

(PPCA)」に加盟している。また､70ヵ国以上が温室効果ガス削減目標を見直し、対策を強化することを表明している。

再生可能エネルギー中心社会に向かう世界

CO_2排出量をゼロにするには、再生可能エネルギー100％の社会にしていかねばならない。この政策を最初に導入したのはデンマークである。2011年、デンマークは化石燃料から脱却して2050年までに全エネルギーを再生可能エネルギーで100％供給する「RE100」戦略を発表した。これを皮切りに､50以上の国､280自治体、多数の企業が「RE100」を宣言している。すでに世界のエネルギー投資額では再生可能エネルギーが大半を占め、アジア、アフリカ、中南米などの途上国でも再生可能エネルギー中心社会をめざす動きが顕著になってきた。

その背景には、国際再生可能エネルギー機関の支援により再生可能エネルギー普及政策を採用する国が増加し、パリ協定採択後、各国が積極的に取り組みはじめたことがある。COP21の開催中､43ヵ国が参加する「気候脆弱フォーラム」や､COP21に参加した1000の自治体首長や地域などが「2050年までにRE100を目指す」ことに合意した。また、最近は「RE100」宣言をする企業が急増している。

インドのモディ首相が提唱して設立された「国際太陽エネルギー同盟」には、赤道直下の諸国を中心に121ヵ国が加盟し、太陽エネルギー利用を促進しはじめた。38ヵ国が参加する「国際地熱同盟」も創設された。「アフリカ・再生可能エネルギーイニシアチブ」も設立され、アフリカ地域に2030年までに現存する発電設備容量の２倍の再生可能エネルギー発電設備を導入する方針が打ち出された。

さらに、再生可能エネルギーの発電コストが低下したことで、陸上風力発電や太陽光発電などは、火力発電や原発のような従来の発電手段よりも安価になり、市場競争でも有利になってきた。最近は、世界で導入される発電設備容量の７割以上を再生可能エネルギーが占め､EUでは９割以上を占めるまでになっている。日本のコストは他国より全体に高く、太陽光発電コストは欧州諸国の２倍近い状況にあるものの、やはり低下傾向にある。

再生可能エネルギー普及を推進する国では、関連産業の発展、雇用創出、環境保全、地域社会の発展などをもたらすことも明らかになりつつある。今後、さらに世界中の国、自治体、企業、市民らが取り組みを強化することで、1.5℃未満を実現するうえで不可欠な存在になっていくであろう。

6　日本の温暖化防止対策と今後の課題

日本の温室効果ガス排出量の推移

日本の最初の地球温暖化防止政策は、1990年10月に「地球環境保全に関する関係閣僚会議」で決定された「地球温暖化防止行動計画」である。それまで、温室効果ガス削減に消極的姿勢だった日本だが、この計画で「2000年までに90年比で一人当たりの排出量を安定化（人口増加分の増加は容認）」するという目標を決定した。その後、1992年に気候変動枠組み条約が策定され、日本も批准したことで、2000年までに1990年の排出量に安定化する努力義務を負うことになった。しかし、CO_2排出削減手段として原子力増設政策を推進したものの、それ以外には積極的な削減対策はとられなかった。その結果、2000年の温室効果ガス排出量は、基準年比で8％も増加してしまった。

1993年に京都議定書が採択されたCOP 3の議長国でありながら、21世紀に

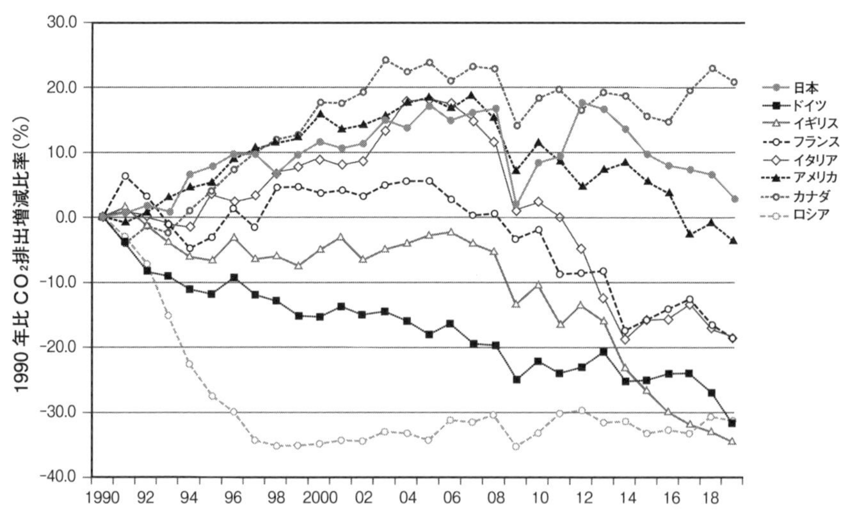

図3-22　G7諸国とロシアのエネルギー起源CO_2排出量の推移（1990～2019年）

出典：BP (2020) のデータに基づき作図

入ってからも2007年までは温室効果ガスの排出量に減少傾向は見られなかった。依然として原子力重視政策をとっていたが、2007年には過去最高のCO_2排出量を記録した。京都議定書の目標達成期間の2008～12年における国内温室効果ガス排出量は1990年比で1.4％増加したが、森林によるCO_2吸収や排出権取引などの京都メカニズムを活用して8.4％削減となり、目標を達成した。

G7諸国とロシアのエネルギー起源のCO_2排出量の推移を図3-22に示す。京都議定書の締約国のうち、日本以外のすべての国が大幅に排出量を削減したのに対し、議定書離脱したアメリカとカナダ、そして日本はあまり削減が進まず、カナダと日本は2019年でも1990年よりも増加した状態である。上記の日本の政策がもたらした結果である。

日本の温暖化防止政策――「京都議定書」締約後

日本の温室効果ガス削減が進まなかった要因には、自公政権下の不適切な温暖化防止政策がある。1997年の京都議定書採択により1990年比で2008～12年に温室効果ガス排出量を６％削減することになったが、1998年に「地球温暖化対策の推進に関する法律」を制定し、削減の内訳などを定めた地球温暖化対策推進大綱を策定した。その概要は、省エネや原発新設などエネルギー起源のCO_2排出量削減と革新的技術開発や国民各界各層の温暖化防止活動推進により2.5％削減、代替フロンなど３ガスは2.0％増加、森林整備や都市緑化などによるCO_2吸収で3.7％削減、残りの1.8％削減は排出量取引やクリーン開発メカニズムなど、いわゆる京都メカニズムで実施するというものであった。つまり、CO_2や代替フロンなどの温室効果ガスの削減分は合計で0.5％に過ぎず、積極的に削減する姿勢を欠く政策であった。2002年に改正された大綱でも、エネルギー起源のCO_2については1990年並の増減なし（±０％）とし、やはり温室効果ガス全体の実質的な削減分は0.5％削減に止まるものであった。

日本の温室効果削減目標の設定やエネルギー政策の決定の際、産業界はしばしば意向を表明してきた。麻生政権下で、日本の2020年の温室効果ガス削減目標が議論になった際、日本経団連の御手洗会長（当時）は「国際的な公平性の観点から４％増が最も合理的」との意見書を政府に提出し、高い削減目標を出さないように牽制していたのである。

地球温暖化防止対策強化や再生可能エネルギー普及推進を公約に掲げた民主党が、2009年９月総選挙で勝利したことで政策が変更された。就任直後の鳩山首相は、国連気候変動首脳会合で温室効果ガスを「1990年比で2020年までに25％削減をめざす」ことを表明し、各国から歓迎されたのである。日本の温室効果ガス削減への積極姿勢が打ち出された結果、多くの自治体の温暖化防止実行計画でも同様の目標が掲げられ、多くの企業でもCO_2削減に向けた動きが強まるという効果も現れた。

ところが、この目標についても、経団連は「2011年度総会決議」(2011年5月26日）のなかで、「2020年の温室効果ガス排出量25％削減目標や、再生可能エネルギーの全量買取制度、地球温暖化対策税の導入の見直しを求める」と政策変更を求めた。また、経団連は「地球規模の低炭素社会の実現に向けて——地球温暖化政策に関する提言」(2010年9月）のなかでも、これらの政策を「経済や雇用に深刻な影響を及ぼしかねない施策」として懸念を表明していた。さらに新聞広告でもCO_2の「3％削減でも1所帯当たり約105万円の負担」など、日本の大幅なCO_2排出削減政策を批判した。負担額も2020年までの必要経費を52兆円とし、それを所帯数で割り、国民だけが負担するかのように計算したのであるが、52兆円という数字も疑問であり、地球温暖化が進行した場合の被害の大きさには触れていない。

もしCO_2大幅削減がGDPを低下させるのであれば、すでに相当な削減を行っていたドイツやイギリスなどでマイナス影響が出ているはずであるが、まったく逆で、再生可能エネルギー関連産業が発展し、GDPも伸び、多数の雇用が創出されるなど、むしろ経済的にも発展しているのである。今後も世界全体が温室効果ガスの削減に向かって進むことは確実であり、その方向に沿った発展を追求することこそ、経済面でも好結果をもたらすはずである。

2011年の大地震、原発事故ののち、脱原発と再生可能エネルギー普及推進の世論が強まるなか、菅直人政権から再生可能エネルギー電力の買取制度を定める「再生可能エネルギー促進法」案が国会提出されると、政権批判や2020年25％削減目標を下げようとする動きも急に強まった。菅直人首相に代わって登場した野田首相が、2012年9月「2030年代に原発をゼロにする」ことをめざす「革新的エネルギー・環境戦略」を打ち出したが、経団連や原発立地自治体などから批判が相次ぎ、閣議決定を見送っている。

2012年末の総選挙で自民党が勝利し、安倍政権が誕生すると、地球温暖化防止への消極的政策に逆戻りする。鳩山政権が定めた2020年の25％削減目標を廃棄して2005年比3.8％削減（1990年比3.1％増）に変更し、2030年までに

2013年比26％削減目標を国連に提出した。しかし、これは1990年比にすると17％削減にすぎず、福田政権時代に発表した2050年に80％削減をめざすとしてもあまりに低過ぎた。

京都議定書の第１期目標達成後も、日本政府の地球温暖化防止への姿勢は低いままであった。すべての国が参加する新たな議定書が採択されるまでの間、京都議定書の第二約束期間（2013～20年）を設定することが2012年に合意されたが、日本は参加しなかった。

日独の温室効果ガス削減とエネルギー政策

着実に削減を推進した国と日本の違いはどこにあったのか。筆者が十数回にわたって訪問調査してきたドイツと日本を比較してみよう。両国は、国土面積や一人当たりのGDPでは大差がなく、戦後の復興の歴史などが類似しているが、温室効果ガスの削減実績や政策には大きな相違が生じている。その違いとそれをもたらした政策や取り組みを比較、考察してみよう。

まず、BPエネルギー統計の最新資料に基づく、両国のエネルギー起源のCO_2排出量、一次エネルギーおよび種類別のエネルギーの消費量について、1990年を基準に2000年と2019年での増減率をまとめた（表3-3）。CO_2排出量は、日本はまだ1990年を上回った状態であるが、ドイツは減少し続けている。

その背景にあるエネルギー動向を見ると、一次エネルギーが、日本では1990年より多いが、ドイツは減少し、最もCO_2排出量が多い石炭も日本では増加し、ドイツでは減少している。両国とも石油は減少、天然ガスは増加とい

表3-3　日本とドイツのCO_2排出量とエネルギーの増減率

	2010年/1990年		2019年／1990年	
	日本	ドイツ	日本	ドイツ
CO_2	10.3	-22.3	3.1	-32.1
一次エネルギー	25.6	-8.9	16.5	-12.7
石炭	49.1	-41.4	50.1	-58.2
石油	-17	-11.7	-28.9	-15.5
天然ガス	98.6	38.3	114.9	39.2
原子力	41	-13.5	-69.9	-56.1
再生可能エネルギー	14	485.2	79	1,119.30
水力	-4.4	13.5	-24.2	3.8
再エネ（水力除く）	155	5,911.20	869.5	13,951
全化石燃料	24.6	-3.3	22.2	-9.6

出典：BP (2020) のデータに基づき作成

う点で共通しているが、化石燃料全体では、日本は増加し、ドイツは減少している。

もうひとつの両国の際立った相違は、原子力と再生可能エネルギーの推移である。原子力については、2010年に日本は大幅に増加したが、2020年には1990年よりも大幅に減少した。一方、ドイツは減少傾向が続いている。注目すべきは再生可能エネルギーで、ドイツは水力もそれ以外も増加しており、とりわけ水力以外の再生可能エネルギーが飛躍的に増加している。日本でも水力以外の再生可能エネルギーは2020年には大きく増加したが、ドイツの伸び率と比較すると大差がある。

つまり、ドイツのCO_2排出量の削減は、エネルギー消費の削減と石炭を中心とする化石燃料の減少によってもたらされており、原子力も含めて減少したエネルギーを再生可能エネルギーの飛躍的増加によって賄う社会を構築しているのである。

このような両国の相違は、地球温暖化防止やエネルギー政策の相違によって生じている。まず、地球温暖化防止のための温室効果ガス削減目標に大きな差がある。京都議定書の1990年比2008～12年の削減目標は、日本は6%であったが、ドイツはEUの8%より大きい21%であった。その後、2020年の目標については、日本は民主党鳩山政権下で1990年比25%削減を掲げたが、安倍自公政権が誕生すると、この目標を廃棄して2005年比3.8%削減に変更した。さらに、2030年に2013年比26%削減目標を国連に提出している。ドイツは2020年40%、2030年55%の削減目標を掲げている。また、2050年に80%削減する目標が福田政権時代に設定され、民主党政権とその後の自公政権でも引き継がれている。一方、ドイツは2040年70%削減、2050年80～95%削減目標を設定している。

次に温室効果ガス削減を実現するためのエネルギー政策にも相違が目立つ。福島原発事故以前には、日本は原子力重視政策を貫いてきた。地震国でありながら、歴代政府は「日本の原発は安全」「原子力はクリーンエネルギー」として「原子力立国計画」(自公政権時代)や「原子力は基幹エネルギー」(民主党政権)と称して推進してきた結果、世界でも際立った増加をもたらした。一方、ドイツは社会民主党と緑の党の連合政権(シュレーダー首相)時代の2002年に原発の段階的廃止を決め、着々と減少させてきた。その後に誕生したキリスト教民主・社会連合と自由民主党の保守連合政権(メルケル首相)は、2009年に原発の延命方針を打ち出したものの、福島第一原発事故を受けて2022年までの原発廃絶方針を復活させた。一方、日本は福島原発事故後、民主党政権は原発廃絶方針を打ち出すが、自公政権に代わるとふたたび原発重視政策に戻り、原発の再稼働が推進されつつある。

再生可能エネルギー政策も両国は対照的である。1970年代に襲った石油危機後、多くの先進国に再生可能エネルギーへの関心が高まり、日本もドイツも普及政策を打ち出した。日本も1974年にサンシャイン計画を立ち上げ、太陽光発電技術の開発などの成果を挙げるが、普及推進政策としては補助金制度だけで、ドイツに大きく立ち遅れた。ドイツでは、1991年に再生可能エネルギー電力の買取制度を開始して風力発電の普及が進み、2000年には固定価格買取制度を導入してあらゆる再生可能エネルギーの普及促進が始まった。固定価格買取制度の有効性が実証され、多くの国が導入したが、日本は世界で70番目と遅れた。民主党の菅直人政権が東日本大震災当日の2011年３月11日午前中に閣議決定し、2012年７月から施行されたが、ドイツの最初の買取制度開始から20年以上も経過していた。2012～15年、筆者は買取価格などを審議する「調達価格等算定委員会」の５人の委員の一人を務めたが、この制度の採用によってやっと普及が進展しはじめたのである。また、ドイツには「再生可能エネルギー熱法」によって暖房などの熱供給でも再生可能エネルギー利用を推進する制度があるが、まだ日本にはない。

日本では「エネルギー基本計画」によってエネルギー政策の基本方向を定めている。2018年に策定された第５次エネルギー基本計画では「再生可能エネルギーの主力電源化」という表現が使われているが、原発と石炭火力発電をベースロード電源に位置づけており、実質的にはこれらを最重視する方針になっている。つまり、電力供給では原発の電力を最優先し、電力需要が少ない時期に抑制する対照が太陽光発電や風力発電になっている。実際に、九州電力管内では太陽光発電の抑制が頻繁に実施されている（2019年度は74回）。ドイツでは、再生可能エネルギー電力は原発や火力の電力よりも優先供給され、供給過剰になるときには石炭火力や天然ガス火力の電力を抑制し、さらに必要であれば原発を抑制する。そうすれば、燃料節約とCO_2削減ができるので、社会的に有益であることは明白である。

また、エネルギー基本計画に基づいて策定されたエネルギー需給見通しでは、2030年の電力供給比率は、石炭26%、石油3%、天然ガス27%、原子力22～

20％、再生可能エネルギー 22 ～ 24％としている。ドイツは、2022 年までに原発ゼロ、2038 年までに石炭火力も廃絶する計画で、2030 年の電力供給の 65％を再生可能エネルギーで賄うことになっている。そのために、電力生産、系統連係網への接続、供給、利用のあらゆる点で再生可能エネルギー電力を優先する政策をとっている。日本の 2019 年の電力供給比率は、石炭 31％、石油 5％、天然ガス 34％、原子力 7％、再生可能エネルギー 19％になっており、2030 年の再エネ 22 ～ 24％という見通しは低すぎる。再生可能エネルギー優先政策を採れば、2030 年に 50％以上にすることは十分に可能であり、原発を廃絶しても温室効果ガス削減目標を 45％以上にできるはずである。

なお、ドイツの地球温暖化防止エネルギー政策は、CO_2 削減だけでなく、経済成長（GDP）、産業発展、雇用増加、エネルギー自給、地域社会の発展、国際貢献などでプラス影響を与えていることも指摘しておく。たとえば、1990 年比の 2018 年の GDP を見ると、日本は 1.2 倍であるが、ドイツは 2.6 倍であり、2018 年の一人当たりの GDP はドイツが日本の 1.2 倍、エネルギー自給率では約 4 倍である。

日本の温暖化対策に対する評価

以前に、世界銀行による主要 70 ヵ国（世界の CO_2 排出量の 95 ％を占める）の温暖化対策についての客観的評価が行われたが、日本は先進国中最下位の 62 位であった。これは 1994 年から 2004 年までの実績を評価したものである。日本より下位にあるのは、インドネシアやサウジアラビアなど発展途上国 8 ヵ国だけで、アメリカ、中国、インドよりも下位にランクされた。日本の評価が低い主因は、石炭の大幅増加により化石燃料使用量当たりの CO_2 排出量が大きいことである。OECD 諸国のなかで高い評価を得たのは、デンマーク、スウェーデン、ドイツである。

ドイツの NGO ジャーマンウオッチが、毎年実施している主要 58 ヵ国の地球温暖化対策に対する評価でも、日本はつねに下位にランクされている。この評価は、温室効果ガスを 40 点、再生可能エネルギーを 20 点、エネルギー利用を 20 点、地球温暖化政策を 20 点として、それぞれの項目の現状や今後の目標・計画などについて行い、100 点満点で採点している。2020 年の日本の得点と順位は 39.03 点で、51 位であった。なお、80 点以上の「非常に高い」評価はなく、「高い」評価がスウェーデンの 75.77 点、以下、デンマーク、モロッコ、イギリス、リトアニア、インド、フィンランドなど14ヵ国が60点以上、「中程度」がドイツや中国など14ヵ国、「低い」がスペインやインドネシアなど16ヵ国、「非常に低い」が日本、ロシア、カナダ、最下位のアメリカなどの14ヵ国となっている。

日本は、温室効果ガス削減実績も目標も不十分であり、省エネルギーや石炭などの化石燃料削減も進んでおらず、再生可能エネルギーのうち太陽光発電普及は評価されたが、再エネ全体では不十分な状況であり、将来目標が低いといったこともあり、総合的には非常に低い評価となった。

2050年温室効果ガス排出ゼロ達成のための課題

前述のように、菅義偉首相は2020年10月の第203回臨時国会の所信表明演説において、2050年に温室効果ガスの排出を実質的にゼロにする脱炭素社会の実現をめざすことを宣言した。この目標を大半の国がめざすことを表明するなか、やっと日本も国際社会が歩む方向を向いたのであるが、それをいかなる方法で実現するかが今後の重要な課題となる。

上述のような日本の取り組みからの反省を踏まえて、今後の課題と目標をまとめておこう。

①2030年温室効果ガス削減目標は、1.5℃未満に気温上昇を抑制するうえで必要な45%以上とする。

②省エネとエネルギーの効率向上を推進し、エネルギー消費の削減を推進する。

③原子力優先から再生可能エネルギー優先政策に転換し、原発を直ちに廃絶して、2030年までに発電量の50%を再生可能エネルギーとし、2050年までに「RE100」の実現をめざす。

④発電では、石炭火力発電や化石燃料火力発電の削減、廃絶計画をもつ。石炭火力発電は遅くとも2035年まで、化石燃料火力発電は2045年までに廃絶する。

⑤エネルギーの熱利用でも、再生可能エネルギー普及政策を採用する。豊富な国内森林資源などのバイオマスを活用したコジェネレーションや太陽熱、地中熱といった環境熱利用の推進政策を採用する。

⑥輸送用エネルギーでは、電気自動車の普及を推進し、同時にその蓄電池

と太陽光発電などを組み合わせた電力自給システムの普及を図る。

⑦自治体、地域、企業、市民・家庭などの自主的な取り組みを強化していく。あらゆる主体の気候非常事態宣言、CO_2ゼロ宣言、「RE100」宣言などの取り組みを推奨し、その実現を図る。

⑧上記の取り組みを推進するうえで必要なインフラ整備（とくに系統連系網の強化）、技術開発（たとえば、高性能蓄電池や水素利用技術など）と関連産業の発展を図り、経済発展につなげる。

⑨環境教育の充実など、多様な手段を駆使して地球温暖化に関する国民意識向上に努め、積極的な対策を展開できる社会基盤を醸成する。

⑩メタン、一酸化二窒素、フロン類などの削減も強化する。とくにHFCの排出削減を徹底する。

上記課題の達成と関連する国内の動きを紹介しておこう。

自治体、企業、団体、市民などの地球温暖化防止、再生可能エネルギー普及の取り組みが活発化しつつある。まず、温室効果ガス削減目標に関しては、環境省も推奨するCO_2排出の「2050年までに実質ゼロ」を宣言する自治体が急増しており、2020年8月時点で153自治体、人口では国の半分以上の7,119万人に達している。さらに「RE100」を宣言した大企業が50社（The Climate Group, 2021）、自治体が福島県、長野県、神奈川県をはじめ4市町、大学や中小企業などが72に達し、増え続けている。また、市民共同発電所も全国で1,000ヵ所を超え、増え続けている。さらに、自治体や地域生協が新電力会社を立ち上げるなど、再生可能エネルギー電力を中心に供給する新電力会社も増えており、そういう電力会社と契約する家庭や自治体、企業なども増えている。地球温暖化防止の積極的対策を求める若者たちの運動も、国際的な運動に呼応するかたちで高まりつつある。

とくに注目すべきは産業界、企業における変化である。これまでの日本の産業界は、経団連を中心に地球温暖化防止や再生可能エネルギーには消極的な対応が目立っていたが、2009年に「脱炭素社会への移行を日本独自の企業グループ」としてJapan Climate Leaders' Partnership（JCLP：共同代表企業; イオン、積水ハウス、アクスル）が設立され、加盟企業が増えている（2000年9月; 147社）。その主要な活動は、脱炭素経営の実践、共同ビジネスの試み、政策提言と発信、国際連携・共働である。また2019年には、国際的な「RE100」宣言運動に参加する日本企業が、再生可能エネルギー普及政策の強化や2030年の電源構成で再生可能エネルギー比率を50%にするなどの提言を行い、政府のエネルギー見通しの見直しを求めた。一方、経団連の資源・エネルギー対策委員会企画部会は、2018年に「再生可能エネルギー電力の主力電源化に向けた取り組みの加速を求める」という提言を発表した。2020年７月には経済同友会も「2030年再生可能エネルギーの電源構成比率を40%へ」とする提言を発表している。

このように、社会を構成するあらゆる主体において、自主的、主体的、積極的な取り組みが展開されつつある。政府が実効性ある政策を採用すれば、日本でも温室効果ガスの大幅削減が十分に可能である。ふたたび原発依存の過ちを犯すことがないようにしなければならない。そうすることで、高い技術力を生かした再生可能エネルギーや高効率エネルギー利用などの産業を発展させ、日本の新しい国造りの道が拓ける。世界の人々のためにも、また未来世代のためにも、私たちの責務を果たしつつ、持続可能な社会に向かって健全に発展する日本を実現しなければならない。

［参考文献］

Alcamo, J. and Kreileman, E., “The Global Climate System: Near Term Action for Long Term Protection" RIVM Report, no: 481508001

Biskaborn, B. K. *et al.*, “Permafrost is Warming at a Global Scale”, Nature Communications (2019); https://doi.org/ 10 . 1038 /s 41467 - 018 - 08 240 - 4 | www.nature.com/naturecommunications 11234567890

British Petroleum (BP), “BP Statistical Review of World Energy 2019” (2020)

Bundesministerium für Umwelt, Naturschutz und Reaktorsicherheit (BMU), “Erneuerbare Energie 2010” (2011)

Burk, J. *et al.*, “Climate Change Performance Index; Results 2020 ”, Germanwatch, New Climate Institute, Climate Action Network International, 2020 ; https://www.climate-change-performance-index.org/sites/default/files/documents/ccpi- 2020 -results-the_climate_change_performance_index.pdf

Friedlingstein, P. *et al.*, “Update on CO_2 emissions”, *Nature Geoscience*, 3 (2010)

Hanel, R.A. et al., “Albedo, internal heat, and enegy balance of the Voyager infrared investigation”, *J. Geophys. Res.*, 86, 8705-8712 (1981)

――, Schlachman, B., Rogers, D., and Vanous, D. Nimbus 4 Michelson interfer-ometer, *Appl. Opt.*, Vol. 10, 1376-1382 (1971)

Houghton, J., *Global Warming*, Lion Publishing (1994)

Keeling, C. D. *et al.*, ‘Interannual Extremes in the Rate of Rise of Atmospheric Carbon Dioxide since 1980’, *Nature*, Vol. 375, p. 666 (1995)

Interanational Energy Agency (IEA), “Renewables Information 2019” (2019)

Interanational Energy Agency (IEA), “Energy balance of OECD Countries, Non-OECD Countries,

2009 edition" (2009)

International Renewable Energy Agenoy (IRENA),"Renewable Energy Statistics 2020" (2020)

——,"Reaching Zero with Renewables" (2020)

IPCC, "Special Report on climate change and land", IPCC (2019)

IPCC, "Special Report on the Ocean and Cryosphere in a Changing Climate", IPCC (2019)

——,"Special Report ; Global Warming of 1.5℃ ", IPCC (2018)

——,"Climate Change 2013: The Physical Science Basis" (2013)

——, "Climate Change 2007: Syntgesis Report", IPCC (2007a)

——, *Climate Change 2007: The Physical Science Basis*, Cambridge University Presss (2007b)

——, *Climate Change 2007: Impacts, Adaptation and Vulnerability*, Cambridge University Presss (2007c)

——, *Climate Change 2007: Mitigation of Climate Change*, Cambridge University Presss (2007d)

——, "Climate Change 2001: Syntgesis Report", IPCC (2001a)

——, *Climate Change 2001: The Physical Science Basis*, Cambridge University Presss (2001b)

——, *Climate Change 2001: Impacts, Adaptation and Vulnerability*, Cambridge University Presss (2001c)

——, *Climate Change 2001: Mitigation of Climate Change*, Cambridge University Presss (2001d)

——, *Climate Change 1995-The Science of Climate Change*, Cambridge University Press (1996)

——, *Climate Change 1995-Impacts, Adaptations and Mitigation of Climate Change*, Cambridge University Press (1996)

——, *Climate Change 1995-Economic and Social Dimensions of Climate Change*, Cambridge University Press (1996)

IPCC (環境省訳)「変化する気候下での海洋・雪氷圏に関するIPCC特別報告書」2020年

——「第5次評価報告書、第1作業部会報告書　政策決定者向け要約」2014年; https://www.data.jma.go.jp/cpdinfo/ipcc/ar5/ipcc_ar5_wg1_spm_jpn.pdf

Jupiter, "Preliminary results of the Voyager infrared investigation", *Geophys. Res.*, 86, 8705-8712.

Kvenvolden, K.A, "Methane hydrate-a major reservoir of carbon in the shallow geosphere ?", *Chem. Geol.*, 71 (1988)

Lyman, J. M., Masayoshi Ishii, *et al.*, "Robust warming of the global upper ocean", *Nature*, 465 (2010)

Lindsey, R., "Climate Change: Global Sea Level", *NOAA* (2020); https://www.climate.gov/news-features/understanding-climate/climate-change-global-sea-level

Mark J. L, "Nutrient Release From Permafrost Thaw Enhances CH4 Emissions From Arctic Tundra Wetlands, *J. Geophys. Res. Biogeosci* (2019); https://agupubs.onlinelibrary.wiley.com/doi/abs/10.1029/2018JG004641

Matthias, M. B. *et al.*, "Unprecedented BurnArea of Austrarian Mega Forest Fires", *Nature Climate Change*, 24 (2020)

Natali, S. M. et al., "Large Loss of CO_2 in Winter Observed across the Northern Permafrost Region", *Nature Climate Change*, Vol. 9, 852-857 (2019); https://www.nature.com/articles/s41558-019-0592-8.epdf

Ohmura, A., "Changes in mountain glaciers and ice caps during the 20th century", *Annals of Glaciology*, Vol. 43 (2006)

Orr, J. C. *et al.*, "Anthropogenic ocean acidification over the twenty-first century and its impact on calcifying organisms", *Nature*, Vol. 437, No. 7059, (2005)

O'Riordan, T., and Jager J, *Politics of Climate Change, A European Perspective*, Routledge (1996)
OWLconnected, (2020); http://owlconnected.com/archives/bubble-bubble-soil-trouble-methane-siberia
Oskin, B., "Twicw as Much Methane Escaping Arctic Sea Floor", *Live Science*, No. 24, (2013); http://www.livescience.com/41476-more-arctic-seafloor-methane-found.html
Petit, J. R. *et al.*, "Climate and atmospheric history of the past 420,000 years from the Vostok ice core, Antarctica", *Nature*, 399: 429-436, (1999)
Powering Past Coal Alliance (PPCA; 脱石炭グローバル連合); https://poweringpastcoal.org/about/who-we-are
Rignot, E. et al., "Four decades of Antarctic Ice Sheet mass balance from 1979–2017", *Proceedings of the National Academy of Sciences* (2019); https://www.pnas.org/content/pnas/early/2019/01/08/1812883116.full.pdf
Romm, J., "7,000 massive methane gas bubbles under the Russian permafrost could explode anytime", (2017); https://archive.thinkprogress.org/methane-bubbles-arctic-769bf3f1b099/
Sasgen, I. *et al.*, "Return to rapid ice loss in Greenland and record loss in 2019 detected by the GRACE-FO satellites", *Communication Earth and Environment*, Vol. 1, Article No. 8 (2020); https://www.nature.com/articles/s43247-020-0010-1
Scripps CO_2 Program,"Atmospheric CO_2 Data, 2020" (2020); https://scrippsco2.ucsd.edu/data/atmospheric_co2/primary_mlo_co2_record.html
Shakovha, N. *et al.*, "Methane release on the Arctic East Siberian shelf", *Geophysical Research Abstracts*, Vol. 9 (2007); https://www.cosis.net/abstracts/EGU2007/01071/EGU2007-J-01071.pdf
Shakhova, N. *et al.*, "Extensive Methane Venting to the Atmosphere from Sediments of the East Siberian Arctic Shelf", *Science*, Vol. 327, 1240-1252 (2010); https://science.sciencemag.org/content/327/5970/1246.full
Stern N., "The Stern Review on the Economics of Climate Change", *British Government* (2006)（国立環境研究所訳「スターン・レビュー：気候変動の経済学」2007年）; http://www-iam.nies.go.jp/aim/stern/SternReviewES (JP).pdf
The Climate Group," 50 Member Companies now! RE100 goes from Strength to Storength in but Govermental Action still needed "(2021)
The IMBIE Team, "Mass Balance of the Greenland Ice Sheet from 1992 to 2018", *Nature*, Vol. 579, 233-239 (2020); https://www.nature.com/articles/s41586-019-1855-2
United Nations Framework Convention on Climate Change (UNFCCC), "GHG data from UNFCCC" (2010); http://unfccc.int/ghg_data/ghg_data_unfccc/items/4146.php
U.S. Geological Survey (USGS), "Gas Hydrate: Where is it found?" (2011); http://woodshole.er.usgs.gov/project-pages/hydrates/where.html
Walter, H. M. *et al.*, "Methane bubbling from Siberian thaw lakes as a positive feedback to climate Warming", *Nature*, Vol. 443, 71-75 (2006); https://www.nature.com/articles/nature05040
World Glaciers Monitoring Service,"Global Gracier State,2020"; https://wgms.ch/global-glacier-state/
WMO, "Greenhouse Gas Bulletin" (2009); http://www.wmo.int/pages/prog/arep/gaw/ghg/documents/ghg-bulletin2008_en.pdf
――, "Greenhouse Gas Bulletin 2010" (2010); http://www.wmo.int/pages/prog/arep/gaw/ghg/documents/GHG_bull_6en.pdf
大村纂「観測時代の氷河・氷床の質量収支と気候変化について」『地学雑誌』119 (3)、2010年; https://

www.jstage.jst.go.jp/article/jgeography/119/3/119_3_466/_pdf)。
海洋研究開発機構「シベリアの凍土融解が急激に進行」2008年; http://www.jamstec.go.jp/j/about/press_release/20080118/index.html#image1
環境省『環境白書・循環型社会白書・生物多様性白書』(各年版); http://www.env.go.jp/policy/hakusyo/
気象庁「世界の年平均気温」2020年; https://www.data.jma.go.jp/cpdinfo/temp/an_wld.html
——「日本の年平均気温」2020年; https://www.data.jma.go.jp/cpdinfo/temp/an_jpn.html
——「海氷域面積の長期変化傾向(北極)」2020年; https://www.data.jma.go.jp/gmd/kaiyou/shindan/a_1/series_arctic/series_arctic.html
——「地球温暖化が進行、2019年の海洋の貯熱量は過去最大に」2020年; http://www.jma.go.jp/jma/press/2002/20a/20200220_OHC.pdf
——「年ごとの異常気象」2020年; https://www.data.jma.go.jp/gmd/cpd/monitor/annual/annual_2019.html
——「海洋酸性化」2020年; https://www.data.jma.go.jp/gmd/kaiyou/db/mar_env/knowledge/oa/acidification.html
厚生労働省「人口動態統計」2020年; https://www.mhlw.go.jp/toukei/saikin/hw/jinkou/tokusyu/necchusho18/dl/nenrei.pdf
国立環境研究所「環境研究総合推進費 S-8 2014年報告書 温暖化影響評価・適応政策に関する総合的研究」2014年; https://www.nies.go.jp/whatsnew/2014/20140317/20140317.html
国立国会図書館調査立法考査局「特集・環境法1(環境税・環境アセスメント)」『外国の立法』31巻6号、1993年
酒井広平ほか「附属議定書I国の京都議定書(第1約束期間)の達成状況」『地球環境研究センターニュース』35巻4号、2014年; https://www.cger.nies.go.jp/cgernews/201407/284004.html
新宮原ほか「北極域陸域生態系の炭素循環とメタン動態」『地球化学』53巻、2019年
地球温暖化対策法制研究会「先進国における温暖化関連法制度」『環境研究』101号、1996年
新エネルギー財団「デンマーク・オランダ・ドイツ・スイスの新エネルギー政策に関する調査報告書」1994年、「第14回新エネルギー産業シンポジウム」1994年、「第15回新エネルギー産業シンポジウム」1995年
スティーブン・H・シュナイダー/内藤正明、福岡克也監訳『地球温暖化の時代』ダイヤモンド社、1990年
日本環境学会温室効果ガス排出実態分析委員会「日本環境学会温室効果ガス排出実態分析委員会報告」2010年; http://jaes.sakura.ne.jp/archives/768
原沢英夫『地球環境研究センターニュース』16巻6号、2005年
松本良、角和善隆「カンブリア紀の生物進化と環境変動——イラン・エルブールズの3億年連続地層記録を読む」『科学』9号、1998年
文部科学省、気象庁、環境省「日本の気候変動とその影響」2009年; http://www.env.go.jp/earth/ondanka/rep091009/full.pdf
横畠徳太ほか「永久凍土は地球温暖化で解けているのか?」『地球環境研究センターニュース』29巻8号、2018年

第4章
大気汚染と酸性雨、深刻化する浮遊粒子状物質被害

地球の大気は、陸上のすべての生物が生きていくうえで不可欠の存在であるが、人類はこの生存基盤を汚染している。大気中のさまざまな汚染物質が、人間の健康を脅かし、生態系にも悪影響をもたらしている。発電や工業用、輸送用の主要なエネルギー源としての石炭や石油の利用は、温暖化の主因である二酸化炭素（CO_2）以外に、硫黄酸化物、窒素酸化物、浮遊粒子状物質などの有害物質を生みだし、加えてオゾン濃度の増加もあり、世界各地で大気汚染被害をもたらしてきた。日本でもかつて石油コンビナートを中心に排出された二酸化硫黄などが、多くの大気汚染公害患者を生みだす原因となった。

さらに、大気汚染物質は大気中で化学変化し、硫酸や硝酸、あるいはそれらの塩となり、湿性降下物（酸性雨や酸性雪など）や乾性降下物として地上に降りそそぎ、土壌や淡水系を酸性化させる。その結果、北米やヨーロッパでは、魚がまったくいなくなった「死んだ湖」や森林の樹木の枯死、衰退、生育不良などが見られた。現在は中国やインドなど工業化の進行しつつある発展途上国とその周辺地域で酸性雨が観測されており、大気汚染の広がりとともに地球規模に拡大している。さらに、農地や牧草地、河川など、地表のあらゆる淡水系にまで影響が及べば、人類や生態系に重大な被害をもたらしかねない。

近年、日本を含む先進国の大気環境はしだいに改善されてきているが、工業化やモータリゼーションが進行する途上国を中心に汚染とその被害が拡大している。1990年代になると、大気汚染物質のなかの浮遊粒子状物質が健康に重大な影響を与えることが明らかにされた。とくに微細な粒子PM2.5が健康や寿命に大きい影響を与えることが判明し、しかもその汚染が世界中に拡大していることが問題になっている。現在、その汚染により世界で年間数百万人が死亡していると推定されている。今後、その排出を抑制する対策が急務である。

1　大気汚染と酸性雨、酸性降下物

化石資源の燃焼で生じる大気汚染物質と酸性雨

石油、石炭、天然ガスなどの化石資源を燃焼して発生する排気ガス（一次物質）、それが大気中での化学反応によって生成する二次物質、二次物質が大気中の水分（雲や雨など）に溶解、捕捉されたのち酸性雨や酸性雪として降りそそぐ過程を図4-1に示す。

石炭や石油を燃焼した際に発生する一次物質には、主成分の二酸化炭素（CO_2）と水蒸気（H_2O）のほかに、化石燃料中の硫黄や窒素が酸化されて生じる二酸化硫黄（亜硫酸ガス; SO_2）や一酸化窒素（NO）、さらに一酸化炭素（CO）、炭化水素（CmHn）、塩化水素（HCl）なども含まれる。一酸化窒素は、高温燃焼の際に空気中の酸素と窒素の反応によっても発生する。また、煤のようなさまざまな物質の凝集体である浮遊粒子状物質（SPM）も排出される。

一次物質から、太陽光線の作用などによる酸化反応で、三酸化硫黄（SO_3）、二酸化窒素（NO_2）、五酸化二窒素（N_2O_5）、オゾン（O_3）、アルデヒド（RCHO）といったさまざまな二次物質が生まれる。浮遊粒子状物質（SPM）は、一次的に生成するだけでなく、気体物質の光化学反応により二次的にも生成される。こうした一次物質や二次物質は、二酸化炭素と水以外は、いずれも人間や生

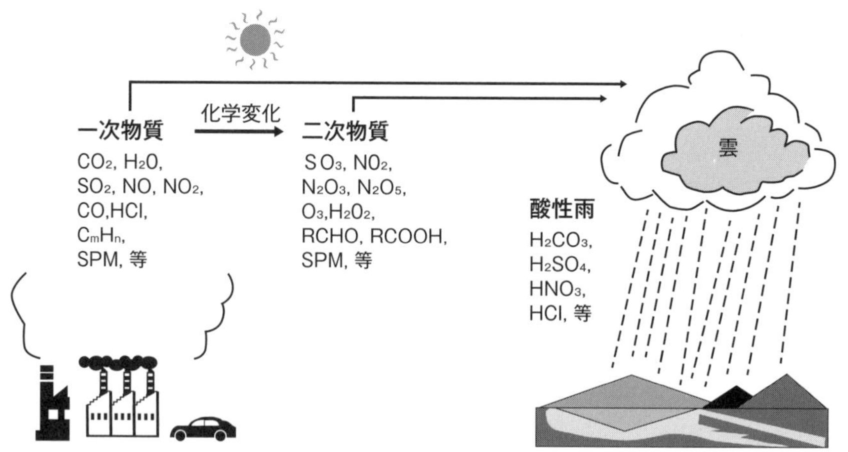

図4-1　大気汚染物質と酸性雨の発生過程

物に有害である。

これらの物質のうち、三酸化硫黄と五酸化二窒素が雲などの水滴に溶解すると、硫酸と硝酸になる。二酸化硫黄や二酸化窒素が水滴に溶解したあとで酸化されても硫酸や硝酸が発生する。これらの硫酸や硝酸を含む雨が酸性雨なのである。

主な大気汚染物質

（1）　**二酸化硫黄**（SO_2）　刺激臭のある有毒気体で、吸入すると鼻や気管支に作用し、気管支喘息や気管支炎を引き起こすが、高濃度になると呼吸困難に陥り、ときには死亡する。植物にも有害で、ひどい場合は枯れる。産業革命以後、化石燃料の燃焼や銅の精錬によって発生した二酸化硫黄が数多くの大気汚染公害を引き起こしてきた。明治時代の足尾銅山や住友銅山の煙害をはじめ、高度成長期の四日市や川崎などの大気汚染公害は二酸化硫黄が主因であった。石油や石炭には0.5～１％程度の硫黄が含まれるので、１トンの石油や石炭を燃焼すれば10～20kgの二酸化硫黄が発生する。

（2）　**窒素酸化物**（NOx; ノックス）　窒素と酸素の化合物の総称で、一酸化窒素（NO）、二酸化窒素（NO_2）、三酸化二窒素（N_2O_3）、五酸化二窒素（N_2O_5）、亜酸化窒素（N_2O）がある。一酸化窒素は、窒素を含まない燃料であっても、高温燃焼の際に空気中の窒素と酸素が反応して生じる。一酸化窒素は無色の気体であるが、容易に空気中で酸素と反応して赤褐色の二酸化窒素に変わる。二酸化窒素は人体に有害で、気管支や肺に炎症などを引き起こす。二酸化硫黄よりも水に溶けにくいため、吸入すると肺にまで到達し、肺に悪影響をもたらす。エンジンなどの内燃機関中では高温燃焼が起きるため、自動車、船舶などの輸送機関が主要な排出源になる。

（3）　**浮遊粒子状物質**（SPM）　浮遊粒子状物質とは、大気中に浮遊する粒径が10μm以下の粒子状物質（PM10）のことである。人工的には、工場などからの煤塵や粉塵、ディーゼル車から排出される黒煙などが発生源であるが、火山や砂漠などの自然起源のものもあり、多様な一次的汚染物質から大気中の化学反応によって二次的に生成する粒子もある。構成成分は、発生源などで異なるが、炭化水素、炭素、硫酸塩、硝酸塩、アンモニウム塩、鉛などの金属類、砂など、さまざまな物質からなる。炭化水素類は、石炭や石油などの不完全燃焼によって発生し、発がん性のベンゾピレンのような多環芳香族化合物を多く含む。

粒径が2.5μm以下のものをPM2.5と呼ぶが、微小なため呼吸により肺まで入りこむ。その結果、鼻、喉、気管、肺に沈着し、喘息や気管支炎、肺がん、心肺疾患などの健康被害を起こし、死亡原因にもなる。大気汚染物質のうち、人間に健康被害をもたらす主因はPM2.5であることが判明している。さらに小さい粒径0.1μm以下のPM0.1も存在する。PM0.1は肺から血液中に入って全身に回るため、健康への悪影響が懸念されている。なお、これらの微小粒子は人工起源のものが多い。

(4) オゾン（O_3） オゾンは生臭い匂いがする酸化能力の高い有毒気体である。オゾンは生体物質を酸化するため、目、喉、皮膚などの痛みや炎症を引き起こし、ときには呼吸困難、手足の痺れ、意識障害といった重症状態に陥ることもある。オゾン層破壊により地球の表層部に届く紫外線が増加しており、その作用で大気中のオゾンが発生しやすくなっている。また、大気中に窒素酸化物や炭化水素が増加すると、紫外線の作用でオゾンなどからなる光化学オキシダントが生成し、これと浮遊粒子状物質が混合して光化学スモッグが発生する。

(5) 一酸化炭素（CO） 無色、無臭、可燃性の気体で、吸入すると一酸化炭素中毒を起こす。高濃度では死亡にいたる。化石燃料などの不完全燃焼や森林火災の際に発生する。大気中では徐々に酸化されてCO_2に変化する。1970年代初めには、日本の大気中濃度は2～5ppmあったが、最近は0.5ppm以下で環境基準を満たしている。

酸性雨と酸性降下物

酸性、アルカリ性を示す指標に水素イオン指数（略号; pH）が使われる。中性の水溶液のpHは7で、pHが7より小さくなるほど酸性が強く、大きいほどアルカリ性が強い。大気中の窒素や酸素は水に溶けにくいが、二酸化炭素は比較的溶けやすく薄い炭酸水が生じ、汚染されていない地域で降る雨のpHは5.65くらいの弱酸性になる。酸性雨や酸性雪は、pHがこれより低い5.6以下のものを指し、硫酸や硝酸などを含む。

二酸化硫黄が大気中に放出されると、光の作用などにより酸化されて三酸化硫黄（SO_3）になり、これが大気中の水分に溶解して硫酸（H_2SO_4）を含む水滴や雲ができる。また、大気中の二酸化硫黄が水分に溶解して亜硫酸水になったあと、それが酸化されて硫酸水になることもある。窒素酸化物も類似の過程を経て硝酸の水滴や雲になる。このように酸性雨の主因は硫酸と硝酸であるが、海水の飛沫が大気中に入り込んだ風送海塩粒子が硫酸と反応して塩酸(HCl)が生じることもある。硫酸や硝酸、塩酸などは炭酸よりも強い酸で、pHが4〜5、ときにはpH 2〜3の霧や雨が発生することもある。

2　地球規模の大気汚染、酸性雨問題

地域の大気汚染公害から越境大気汚染へ

大気汚染による被害が世界的に注目されはじめるのは、化石燃料消費と自動車が急増した20世紀後半になってからである。産業革命以降、石炭をはじめ化石燃料の消費量が増加し続け、二酸化硫黄と窒素酸化物の排出量は、1950年頃にはそれぞれ硫黄と窒素に換算して約3,000万トンと700万トンまで増加していた。化石燃料の大量利用による地域被害の典型例として、1950年代までたびたび冬季に発生したロンドン・スモッグ事件を挙げることができる。最も被害が大きかった1952年12月のロンドン・スモッグ事件では、酸性霧などで約12,000人もの死者を出している。暖房や石炭火力発電に加えてディー

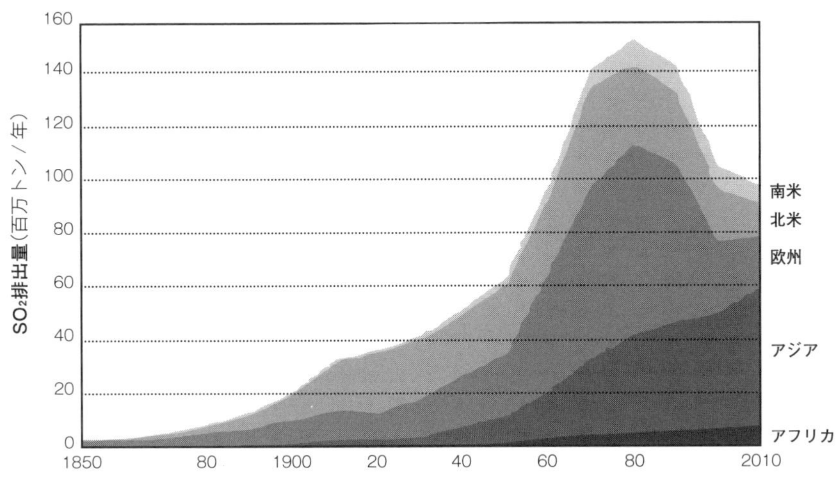

図4-2　世界の二酸化硫黄の排出量の推移

出典：Our World in Data (2014)

ゼルバスから二酸化硫黄や微粒子などの汚染物質が大量に排出され、前方が見えないほどの濃いスモッグや硫酸を含む酸性霧が町全体を覆い、住民は気管支炎、肺炎、心臓病の悪化などで死亡した。

世界の二酸化硫黄の排出量の推移を図 4-2 に示したが、1950 年半ば過ぎから急増しはじめ、1980 年初頭にピークに達したのち、減少傾向に転じている。地域別に見ると、ヨーロッパでは急増期に最も排出量が多く、ピーク時には世界の半分近くを排出していた。ピーク後からの減少は、ヨーロッパと北米が減少したことによるものであり、アジアでは現在も増え続けている。

二酸化硫黄の排出量がヨーロッパで急増しはじめた頃、発生地周辺ばかりでなく、国境を越えて広がる越境汚染をもたらすことが、1955 年に初めて発表された。スカンジナビア半島の片田舎で、遠方の工業地帯を起源とする二酸化硫黄から生じた酸性雨が観察されたのである。イギリスでも同様の現象により、湖沼地帯における酸性雨と湖の酸性化が 1957 年に報告されている。1959 年にはダンネヴィッグがノルウェーでの淡水魚の減少を観察し、その原因が越境汚染で発生した酸性雨によるものと結論づけている。湖の生態系に対する酸性化の影響について論じた最初の研究である。

1960 年には、世界の二酸化硫黄と窒素酸化物の排出量はともに 1950 年の 1.5 倍強になり、60 年代には北米大陸においても酸性化が観察されはじめた。ゴーハムとゴードンは、カナダのオンタリオ金属製錬所近くの湖沼群において、酸性化により水生植物が非常に被害を受けていることを見出した。また、スウェーデンのスバンテ・オーデンは、1968 年、イギリスやヨーロッパ大陸中央部からの国境を越える大気汚染の拡大により、スカンジナビア半島に酸性雨による広範囲な生態系破壊が起きていると報告した。

1972 年に最初の環境問題を主題とする「国連人間環境会議」がストックホルムで開催されたが、スウェーデンで越境大気汚染と酸性雨による被害が顕在化し、環境保全には国際協力が不可欠であるという認識が高まっていたことが開催の契機となった。その後、欧米を中心に酸性雨による森林や湖沼の生態系への影響が活発に研究され、1976 年にはアメリカのコロンバスで最初の「酸性降下物と森林生態系に関する国際シンポジュウム」が開催されるなど、酸性化による環境破壊の実態が明らかになってきた。このような動きのなか、先進国では排ガス規制などの対策がとられるようになり、二酸化硫黄、窒素酸化物の排出量は 1980 頃から減少に転じた。

ヨーロッパの酸性雨とその被害

世界で最も早く酸性雨被害が現れたのは、ヨーロッパである。1950年代から被害が散見されるようになり、80年代にはヨーロッパ全域に広がり、きわめて深刻な状態となった。とくに東欧を中心に中欧から北欧にかけて、pHが4.5以下の降雨地域が広がっていた。ポーランド、チェコ、旧東ドイツなどでは、社会主義時代にエネルギー源として自国の褐炭を使用する政策がとられたため、大気汚染物質の排出量が多く、強い酸性雨が降った。とりわけ3ヵ国の国境線が交わる「黒い三角地帯」の森林被害はきわめて深刻で、イゼルスケ・ホリー山地では樹木の大部分を占めるトウヒが広範囲に立ち枯れた。スカンジナビア諸国にも酸性雨が降りそそいだが、原因物質の大部分は中東欧地域から越境してきたのである。

ヨーロッパの森林被害は、国連ヨーロッパ経済委員会（UNECE）の1991年の森林調査結果によれば、樹木の落葉率25％以上の森林が全体の30％以上を占めたのが4ヵ国（地方）、20％以上を占めたのが7ヵ国（地方）、10％超の落葉率被害を受けている森林が全体の半分以上に及んでいる国がほぼ半数に達した。最も被害が大きかったポーランドやベラルーシでは80％以上の森林が落葉した。

また、淡水系における被害も進行した。森と湖の国といわれるノルウェーやスウェーデンでは1950年代から湖の生物の減少が観察された。図4-3にスカンジナビア半島の2,850の湖のうち、ベニマスのいなくなった湖の割合を示す。1940年には、マスのいない湖は1割に満たなかったのに、1960年頃から急増し、1975年には半分に達した。サケやマスはとくに酸性に弱いのである。

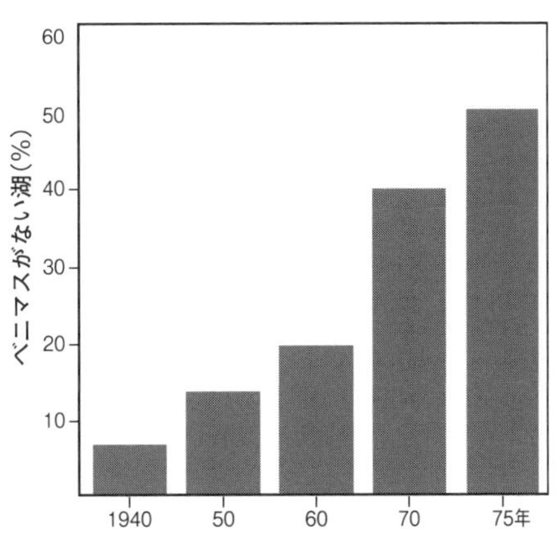

図４-３　スカンジナビア半島の2850の湖のうちベニマスの生息していない湖の比率の推移

出典：Wellburn (1988)

ノルウェーにある約1,000の湖が1974～75年と1986年の秋の２回にわたって調査された。1986年には湖の半分以上に酸性雨の影響が認められ、魚が死滅した「死の湖」と魚種が減少した湖がともに全体の4分の1を占め、11～12年間で倍増した。死の湖は、最南端の2州はほぼすべて、南部の3州で半分以上になった（Henriksen *et al.* 1989）。スウェーデンでは、1990年に4,000の湖を任意に抽出して大規模な調査が実施された。85,000の湖のうち13,700（17％）が「死の湖」となり、85年の約5％から急増した。フィンランドでも、1984年にヘルシンキ周辺の湖107の約半数で酸性化が進み、魚の全滅も推測された。被害湖沼は、酸の中和能力が低い花崗岩などに富む地帯に集中していた。

ヨーロッパの二酸化硫黄と窒素酸化物の排出量は、2017年には1990年比でそれぞれ9％と42％にまで低下しており、雨のpHも上昇しつつある。また、被害湖沼に石灰で中和するといった試みも実施されているが、破壊された生態系の回復には長期間を要するようである。

北米の酸性雨

北米大陸の場合もアメリカ北東部とカナダ南東部一帯での酸性雨が日常化し、事態はかなり深刻化した。その背景には、北米で二酸化硫黄の年間排出量が約2,470万トン（1985年）、1,530万トン（2005年）、窒素酸化物が約2,050万トン（85年）、1,930万トン（05年）、もあるという実態があった。

北米の酸性雨問題の発端になったのは、トロント大学のハーヴェイの研究である。彼は1966年に五大湖の一つヒューロン湖の北部にある湖でサケ4,000匹の放流実験を行ったが、翌春、サケがいなくなっていることに気づいた。その後、五大湖の北部にあるカナダのオンタリオ州やケベック州で湖の酸性化が進行し、「死の湖」のような深刻な被害実態が明らかになった。オンタリオ州環境省の1974～76年に調査では、任意抽出した209の湖のうち、20％がpH5以下でサケが棲めない状態であった。

アメリカでは1984～86年にかけて湖沼と河川の調査が行われた。湖沼ではpHが5.0以下の酸性湖沼が2％、5.5以下が5％、6.0以下が9％であった。河川では、pH5.0以下が7％、5.5以下が12％、6.0以下が22％であった。アメリカ北東部のニューイングランド周辺では、2万近い湖のうち半数以上が酸性雨の影響を受け、2割近い湖が深刻な状態であった。

北米の酸性雨は、最近、改善の兆しがあるが、被害を受けた湖沼の生態系は十分に回復していないようである。

アジアの大気汚染と酸性雨

欧米の大気汚染や酸性雨は回復傾向にあるが、アジアは必ずしもそうではない。中国や東南アジア諸国などでの工業化の進展にともない、これらの国での石炭利用の増加や自動車の急増が続いているためである。

1995年の東アジアにおける硫黄酸化物（SO_2とSO_3）の経緯度0.5度のグリッド毎の発生量を見ると、中国、朝鮮半島、台湾には10g/m^2以上の発生地域が数多く存在し、中国は日本の22倍の硫黄酸化物を排出していた。窒素酸化物も、工業化と都市化の拡大によって中国大陸、朝鮮半島、台湾でも排出量が増加している。

大気汚染の広がりとともに、酸性雨も東アジア地域（日本、中国、韓国）を中心に広範な地域で日常的に観察されている。2001年から東アジア酸性雨モニタリングネットワークが日本など13ヵ国で観測した結果、2000～04年における降雨の年平均pH値4台の地域が、大気汚染の激しい重慶など中国南西部の工業地帯周辺、朝鮮半島、東南アジア諸国を中心に広がっていることが判明した。中国の国土面積の30～40%が酸性雨の被害を受け、とくに工業化が進む南部地域に被害が集中した。

四川、貴州、雲南の各省、広西・チワン族自治区などを中心に農業被害や森林被害も目立ってきている。穀物や野菜の減産が生じており、病虫害被害も広がった。四川省の蛾眉山では、高度2,500m以上で冷杉と呼ばれるもみの1種の被害が大きく、頂上付近ではほとんど枯死していると報告された。重慶市南部の森林1,800haの46%が枯死し、樹種も激減した（中国環境科学学会, 1989; 徐ら, 1997）。

ただし、湖沼などの淡水系の酸性雨による生態系への影響は欧米ほど現れていない。石灰岩のような炭酸塩などに富んだ地域では、酸性化を抑制することが影響していると思われる。しかし、アジアでの二酸化硫黄と窒素酸化物の排出量はまだ増加傾向にあり、対策を怠ることは許されない。

日本の大気汚染と酸性雨

日本でも1960年代の高度成長期に、各地の石油コンビナートを中心に二酸化硫黄を含む排気ガスによる大気汚染公害が続出した。四日市、川崎、西淀川（大阪）などはその典型的な例であり、1964年に四日市で最初の死者が出ている。このような状況のなか、水俣病やイタイイタイ病などとともに大気汚染公害訴

表 4-1　日本の大気汚染物質の環境基準

大気汚染物質	1日平均1時間値	1時間値
SO_2	≦ 0.04ppm	≦ 0.1ppm
NO_2	≦ 0.06ppm	
SPM	≦ 0.1mg/m³	≦ 0.2mg/m³
PM2.5	≦ 35μg/m³	≦ 15μg/m³ (*)
光化学オキシダント（Ox）		≦ 0.06ppm
CO	≦ 10ppm	≦ 20ppm (**)

注：＊1年平均1時間値。＊＊1時間値の8時間平均値。

訟などの公害反対運動が全国各地で起きた。四日市大気汚染訴訟は1972年に原告側が勝訴し、加害企業と国などの行政責任が認められた。1978年の一次訴訟から92年の四次訴訟まで続いた西淀川（大阪）大気汚染公害訴訟は、阪神工業地帯を発生源とする二酸化硫黄に加えて、阪神高速道路からの窒素酸化物などの自動車排ガスをも対象とするもので、最終的には企業責任とともに、国と阪神高速道路公団の責任を認める判決が下された。

このような大気汚染公害の深刻化と住民の反対運動を背景に、1963年に大気汚染防止法の施行、1970年に公害対策基本法制定、1973年に大気汚染物質の環境基準制定などの規制が採られた。日本の大気汚染物質の環境基準は表4-1のとおりである。

規制が実施されると、二酸化硫黄については、火力発電所や工場の煙から除去する排煙脱硫装置が普及した。窒素酸化物についても、主な排出源である自動車への窒素酸化物を除去する排煙脱硝装置の設置や燃費性の高い自動車の普及が推進されてきた。全国に地域全体の汚染状況を把握するために設置された一般環境大気測定局（一般局; 2017年1581ヵ所）と、自動車排出ガスの影響が最も強く現れる道路端またはこれにできるだけ近接した場所に設置された自動車排出ガス測定局（自排局; 451ヵ所）での測定結果を図4-4に示したが、二酸化硫黄の大気中濃度は1967～68年頃をピークに低下しはじめ、現在では全国の測定局の平均値でピーク時の20分の1の0.003ppm程度になっている。窒素酸化物も、二酸化硫黄ほどではないが、減少している。両者とも、最近はほとんどの測定局で環境基準を達成できている。

全国的な酸性雨の状況は、1983年から環境庁による酸性雨対策調査が実施され、欧米並の酸性雨が降っていることが判明した。その後も酸性雨調査は継続されており、小笠原などの島部以外の大部分の観測地点ではpH 4台の半ばから後半の値で変化はほとんどない。

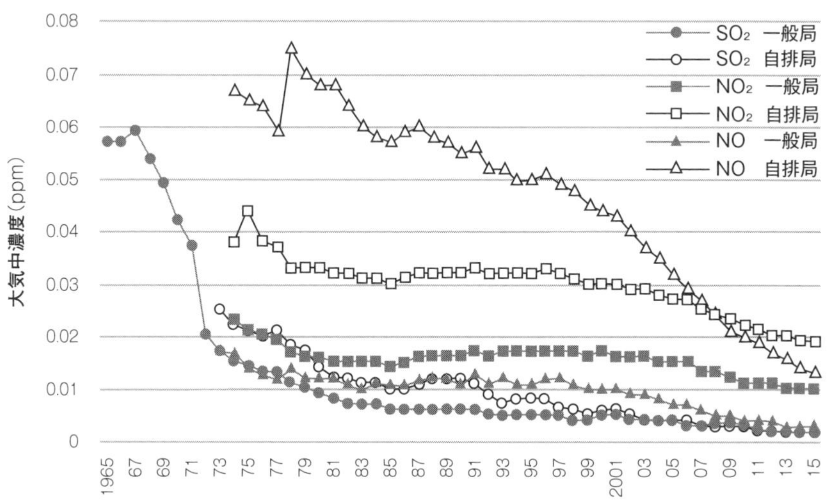

図4-4　日本の自動車排出ガス測定局と一般環境大気測定局での SO_2、NO、NO_2の平均大気中濃度

出典：環境省のデータに基づき作図

国立環境研究所によると、日本列島に降下する硫黄酸化物は115万トンのうち、国内からの21％と火山からの13％以外の約3分の2が外国由来（中国49％、朝鮮半島12％、東南アジア2％、台湾1％、その他2％）であるとしている。日本も、越境大気汚染や酸性雨の影響を受けているのである。

その結果、酸性雨や大気中の二酸化硫黄、窒素酸化物などによると考えられる被害が各地で観測された。1990年代には全国的に松、杉などの針葉樹の枯死が広がった。森林総合研究所が行った関東を中心とする調査によれば、千葉と茨城を除き、東京湾を中心とする半径60kmの円内では、杉のほとんどが被害を受けていた。広葉樹にも被害が拡大し、北関東の高度2000m前後の山岳地帯ではダケカンバなどの広葉樹が多数立ち枯れした。これらの地域ではpHが3前後の強い酸性霧が観測されたこともある。しかし、最近は二酸化硫黄や窒素酸化物の排出量が低下し、改善の方向に進んでいる。

なお、日本では湖沼や河川の顕著な被害は報告されていない。アルカリ性の乏しい中部山岳地帯の河川上流域ではpHが32年間で0.3～0.8低下し、2003年に6.5前後になっていたが、明確な生態系への影響はない（栗田ら，1990）。中性やアルカリ性の地質を基盤とする河川ではpHの低下は観察されていない。

一方、光化学オキシダント（Ox）や浮遊粒子状物質（SPM, PM2.5）については、環境基準を満たしていない測定局が多い。最近の光化学オキシダント濃度は、年平均では0.05ppm以下であるが、環境基準である1時間値0.06ppm以下を達成している測定局は0～0.1％とほとんどない状況である。1970年から1980年頃までは濃度が減少したが、その後は、むしろ微増傾向か横ばい状態で推移している。オゾンなどの光化学オキシダントは、大気中の炭化水素や一酸化二窒素の増加によって発生しやすくなるので、これらの濃度を低下させていく必要がある。

なお、浮遊粒子状物質については後述する。

3　環境の酸性化による生物への影響

湖沼や土壌の酸性化と生物種

酸性雨などの酸性降下物により、淡水系や土壌の酸性化はどのように進行しているのであろうか。スウェーデンの西海岸近くの湖について1万5千年ほど前からのpHが調査されている（図4-5）。過去のpHは湖底の藻類などの堆積物から推定された。20世紀半ば頃までは長期的には徐々に変化し、急激な変化はなかったが、大気中の二酸化硫黄濃度が急増した影響（図4-2、115頁）で1960年以降にpHは約6から4.5まで急低下し、急速に酸性化していることが判明した。

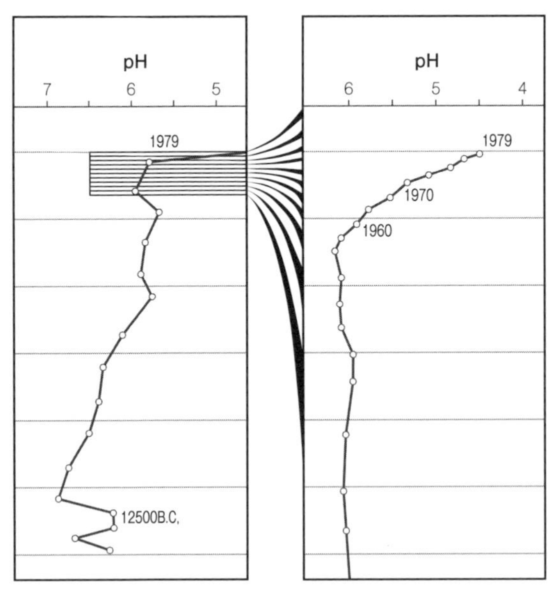

図4-5　スウェーデンのGardsjon湖の氷河期からの湖水のpHの変化

出典：スウェーデン農業環境委員会（1982）

水生生物の生存可能な

水のpH範囲を図４-６に示した。中性付近では大部分の動物が生存できるが、pH６以下になると多くの生物の生存が困難となり、pH５以下では特殊な種を除き、ほとんどの動物が生存できなくなる。土壌の酸性化も同様に生物に被害をもたらす。

酸性化による生物への作用機構として、生体有機化合物が酸によって加水分解されたり、酸化されたりすることで直接分解される場合と、水の酸性化が土壌中の有害成分を溶出させ、それによって間接的に生物が影響を受ける場合とがある。

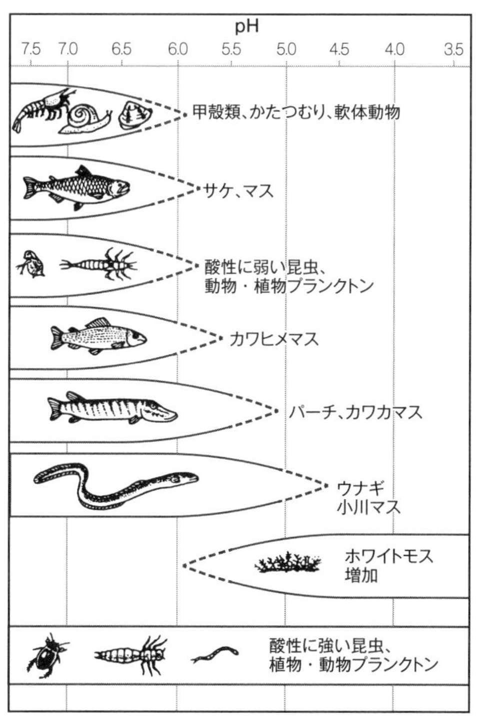

図４-６　水生生物の生存できるpH範囲

出典：スウェーデン農業省（1983）、村野（1993）

生物に対する直接的作用

生体有機化合物のなかには酸性が強いと分解されやすくなる物質があり、それによって生物に悪影響が生じる。たとえば、穀物類の葉はpH3.4以下で障害が現れる。アサガオの花は酸に敏感で、pH4.3程度で脱色される。しかし、雨の酸性度が高くなくても葉に溜まった水滴が、蒸発による濃縮で酸性度が上昇し、上皮のろう質組織にある脂肪酸エステル類が酸化や加水分解され、葉の上皮が破壊される。植物の葉の上に見られるきれいな水玉は、上皮にある長鎖の脂肪酸エステル類が水をはじくからである。これが分解、脱離すると、葉の撥水性が低下して濡れやすくなり、ますます酸性雨による被害を受けやすくなる。

このような酸による直接的影響は、動物でも起きる。とくに粘膜組織は敏感で影響を受けやすい。1950年代のロンドン・スモッグ事件の際に発生した多数の死者は、pHの非常に低い酸性霧のような微小水滴で喉や眼の粘膜組織の成分が直接分解され、破壊されていた。

魚の場合、酸性化は体内の塩分濃度の低下をもたらす。一般に淡水魚の血漿中に含まれるナトリウムイオンと塩素イオンの濃度は、軟水の1,500倍と著しく高い。そこで魚は塩分を補給するために、体内外の濃度差に抗してえらから塩分を吸収している。つまり、魚のえらの膜は、体内のナトリウムイオンを高濃度に保つために、陽イオンを取り込みやすく、水素イオンも取り込みやすい。水素イオン濃度が高い酸性水中では、魚の体内で水素イオンが増加する分、ナトリウムイオンの取り込み量が低下する。その結果、血漿中の塩分濃度が低下して体細胞の膨張が起こり、神経細胞や筋肉細胞に異常をきたすのである。

間接的作用による動物への影響

湖沼、河川、土壌中の水が酸性化すると、カルシウムやマグネシウムが少ない花崗岩地域などでは、酸性化やアルミニウムの溶出が起こりやすい。アメリカやカナダ、北欧の湖の被害は花崗岩地域で起きた。一方、土壌や岩石中にカルシウムやマグネシウムなどが多量に含まれる石灰岩地域では、それらが溶出することで中和され、アルミニウムの溶出も抑制される。しかし、カルシウムやマグネシウムが存在する地域でも、酸性雨が降り続くとそれらが減少し、土壌や岩石中のアルミニウムなども溶出しはじめる。

水中のアルミニウムイオンの増加は、えらの膜の透過性調節機能、えらの筋肉運動、呼吸作用など、カルシウムが関わる調節機能を妨害することが報告されている。魚の脊椎やひれの奇形なども酸性化と関係があると考えられている。さらに、魚の受精卵への影響も危惧され、卵や幼魚の発育も阻害されることが知られている。

酸性化がさらに進行すると、水銀やカドミウムなどの有害な重金属が溶出する。スカンジナビア半島やカナダでは、食物連鎖を通じて魚の水銀濃度が高まっているという報告もある（Weston *et al.*, 1983）。

地下水が酸性化して地下にあるアルミニウムだけでなく、カドミウム、水銀、亜鉛などの有害な重金属が溶出すると、樹木が根から重金属を吸い上げ、それらを含む葉や実が落下して表土に入る。また、表土には人間活動がもたらす重金属も含まれる。これらが酸性雨によって、河川や湖沼などの淡水系に入る。このように酸性化は地表部の重金属汚染を拡大する可能性ももっているのである。

無脊椎動物や鳥類にも酸性化の影響が現れる。カゲロウやトビゲラの幼虫、淡水の海老類、貝類、甲虫の幼虫などはpH5.4以下の酸性では生きていけない。また水の酸性化により、湖沼や河川のプランクトンなどの微生物が死滅する。こうして酸性化は、微生物や無脊椎動物、魚などへの悪影響、さらに食物連鎖によって鳥類や哺乳動物にも影響をもたらすことも危惧される。

植物に対する間接的影響

酸性雨の影響を受けて発育が低下した樹木を分析すると、アルミニウムの含有量が増加していることが知られている。土壌が酸性化してアルミニウムが溶出すると、植物の根による養分や水分の吸収能が低下して成育障害が起こる。実際に、酸性雨により衰弱、枯死した樹木は毛根が少なくなっていることが多い。また、アルミニウムが増加した土壌の水分には、カルシウムやマグネシウムなどの植物に必須の金属が少なく、成育不良をもたらす。さらに、土壌の酸性化は微生物を減少させ、地表の有機物の分解や窒素固定などが起こりにくくなり、植物に必要な養分がそれによっても不十分になる。

このような養分不足による植物被害だけでなく、逆に養分過多による悪影響もある。酸性雨中に含まれる硝酸やその塩は土壌中の窒素過剰をもたらし、栄養や生理バランスの崩壊により樹木の衰退が起こる（梨本ら, 1989）。酸性化は、大気汚染とともに植物を疲弊させるのである。

人類に対する酸性化の影響

環境の酸性化は、当然、人類にも影響をもたらす。直接的には、水質変化に注意する必要がある。酸性雨中に含まれる硝酸イオンは、体内で発がん性のニトロソ化合物に変化することが知られており、胃がんの発生に結びつく。日本の飲料水基準では硝酸性窒素は10ppm以下であるが、世界ではより高い基準や、自然水を飲料にしているところも多い。アルミニウム濃度の増加も骨を劣化させる病気につながる。日本の飲料水基準ではアルミニウム濃度を0.2mg/ℓ以下に規制している。

さらに食糧生産に関わる影響も懸念される。第一に、土壌の酸性化が進行した場合、農産物の生産低下が危惧される。土壌がpH 5になると、水稲、小麦、裸麦の光合成が阻害され、pH 4の硫酸水溶液では水稲や裸麦の収量が減少する。土壌のpHが、現在、世界各地で降っている雨のpH並になれば、農産物に影響が出ることを示しており、酸性雨が続けばその可能性もないとはいえない。

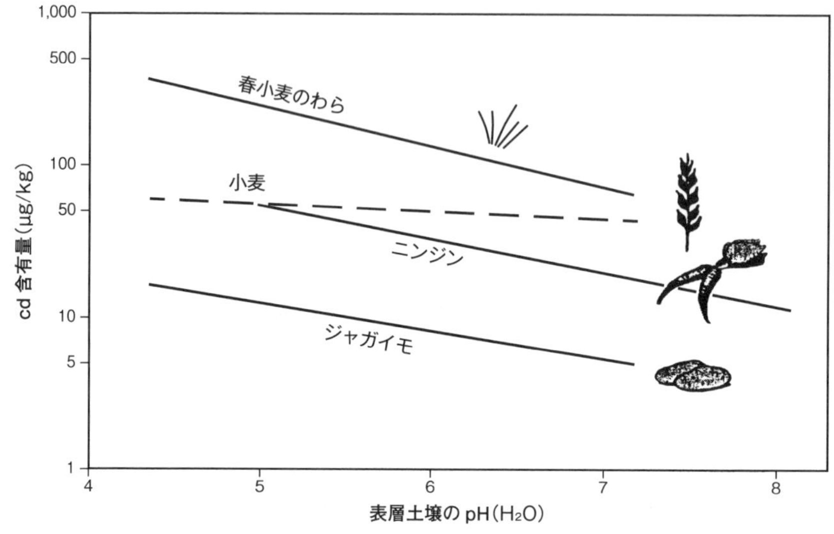

図 4-7　表層土壌の pH と農産物中のカドミウム濃度
（生鮮農産物の重量 1kg 当たりの含有量）の関係

出典：Oskarsson, *et al.* (1996)

第二に、酸性化が進行して土壌からのアルミニウム溶出が起きると、農作物をつうじて摂取し、障害が起きるおそれがある。すでに、アルミニウムが原因と見られているアルツハイマー性認知症の発症率が酸性降下物の多い地域で高くなるという関係が指摘されている（Perl, 1985）。また、カドミウム、水銀、鉛などの重金属類の溶出が、土壌の酸性化の進行とともに増加する。図 4-7 は農産物中のカドミウム濃度が指数関数的に表層土壌の pH の低下とともに増加することを示している。ニッケル、亜鉛、マンガンなどの濃度もあらゆる農産物中で増加することが確認されており、酸性化の進行は広範な健康障害を招きかねない（Oskarsson *et al.*, 1996）。しかも、金属が地表付近に拡散した場合、除去がきわめて困難であることを留意しておかねばならない。

4　酸性化防止のための国際的取り組み

欧米での取り組み

ヨーロッパでは、早くから酸性雨防止のための取り組みがはじまった。1972

年６月のストックホルムでの国連人間環境会議においてスウェーデン政府は「大気中および降水中の硫黄による環境への影響」に関する報告を行い、環境の酸性化問題への国際的取り組みの必要性を訴え、議論が開始された。1977年には、ノルウェーが酸性雨防止のための国際条約を提案した。

1979年１月に国連欧州経済委員会の環境大臣会議がウィーンで開催され、この問題に関する最初の国際条約として「長距離越境大気汚染条約」が採択され、1983年３月に発効した。この条約では、加盟国に最善の越境大気汚染防止政策をとるよう求めるとともに、汚染物質の除去技術の開発、酸性雨の影響研究、実態調査と情報交換、国際協力などの推進をうたった。現在では、欧州諸国を中心にアメリカとカナダを含む49ヵ国・機関が加入している（日本は未加盟）。

その後、この条約に基づき、硫黄酸化物と窒素酸化物の削減を目的とする議定書が締結された。1985年には硫黄の排出量について、1993年までに1980年比で30％削減することを定めた「ヘルシンキ議定書」が締結された。21ヵ国が加盟したが、日米英などは入らなかった。この目標は、1990年に前倒し達成された（UNECE, 1992）。さらに、1988年には、アメリカとカナダを含む49ヵ国が加盟した「ソフィア議定書」が締結され、1994年までに窒素酸化物の排出量を1987年の排出量に凍結することを定めた。また、二酸化硫黄や窒素酸化物を含む大気汚染物質を監視するために「ヨーロッパモニタリング評価計画議定書」が実施され、加盟23ヵ国の約100ヵ所で測定している。

北米でも、大気汚染・酸性雨防止に関しては、1980年にアメリカとカナダの間で「越境大気汚染に関する合意覚書」を取り交わして、条約締結交渉を行うための調整委員会の設置に合意したが、当初、アメリカは消極的な姿勢をとっていた。1989年２月に行われた両国首脳会談では、カナダのマルニーニ首相はアメリカのブッシュ大統領に対し、五大湖工業地帯からの排気ガスの改善を要求し、アメリカは1990年に大気浄化法を改正した。それによって火力発電所から排出される二酸化硫黄の排出量を2000年には半減、窒素酸化物については2005年までに約20％削減する計画が進められた。

■ アジアでの取り組み

欧米に比して、アジアでの酸性雨防止対策は遅れた。「東アジア酸性雨モニリングネットワーク（EANET）」が日本の提唱で組織され、1998年４月からの試行ののち、2001年１月から本格稼動が開始され、現在にいたっている。現在、

13ヵ国の参加のもと、大気中の二酸化硫黄や二酸化窒素などの濃度、雨水のpHや硫酸・硝酸イオン濃度、土壌や陸水のpHなどが47地点で定期的に観測されている。

膨大な人口を有するアジア各国で大気汚染や酸性雨問題に対する取り組みを強化するために、日本の援助や協力は欠かせない。現存する石炭火力発電所などに日本の排煙脱硫・脱硝などの公害防止技術を近隣諸国に対して普及することは必要であるが、最終的にはアジア全体で化石資源の消費量を削減できる状況をつくるために貢献すべきである。そういう意味で、地球温暖化防止のための取り組みと共通の方向性をもつものであり、温室効果ガス削減の国際的枠組みづくりを急がねばならない。

5　浮遊粒子状物質による大気汚染と人間の健康被害

20世紀には、上述のように大気汚染問題の主役は二酸化硫黄や窒素酸化物と酸性雨であった。浮遊粒子状物質も汚染物質ではあるが、それほど重視されておらず、アメリカでも環境基準として、全浮遊粒子状物質を対象に1971年に年平均75μg/m^3、1987年からは直径10μmのPM10を対象に50μg/m^{3}という高い濃度が定められていた。ところが、20世紀終盤になってから直径2.5μm以下のPM2.5による死亡リスクの重大性が科学的に認識されはじめたのである。ここでは、PM2.5に関する研究の経緯やそのリスク、さらにそれがもたらす健康被害状況と防止対策について論じる。

PM2.5と死亡率に関する疫学的研究

PM2.5による健康影響研究については、1993年に発表されたハーバード大学の疫学的調査が最初である（Dockery, 1993）。6都市の8,111人について14～16年の追跡調査をし、大気中のPM2.5濃度と、その長期的暴露を受けた住民の肺がんや心肺疾患による死亡率とのあいだに図のような相関関係があることを見出した。PM2.5濃度が最も高い都市（PM2.5濃度; 29.6）の調整死亡率（喫煙など別の原因での死亡を考慮した死亡率）は、最も低い都市（PM2.5濃度; 11）の1.26倍であった。

この研究結果を受けて、1997年にアメリカ政府はPM2.5の環境基準として年平均濃度15μg/m^{3}を設定した（その後の研究を受けて、2013年には12μg/m^{3}に変更)。また、1982～89年の期間にアメリカがん協会のPopeらにより154都市の55万人余の成人を対象にした大規模調査が実施され、あらゆる死因がPM2.5濃度と相関することが報告された。さらに、これらの結果を再解析したKrewskiらの研究でも同様の結果が得られ、PM2.5の高い健康リスクが確認された。

その後、世界各国で多くのPM2.5と死亡率や健康影響に関する疫学的研究が実施されている。これらの研究から、長期暴露だけでなく、当日または数日間のPM2.5汚染による短期暴露でも、全死亡率や循環器系と呼吸器系疾患による死亡率を上昇させることが判明している。

日本でも、国立環境研究所グループによって2010年から開始された常時監視局におけるPM2.5濃度データによる長期暴露と、国内の20万人以上の都市の死亡データを用いた統計解析が行われ、PM2.5濃度が10μg/m^3上昇すると、死亡率が1.3％増加することが明らかにされた。やはり、循環器疾患や呼吸器疾患による死亡に影響があると考えられている。日本の呼吸器疾患と肺がんによる死亡率は、PM2.5濃度が10μg/m^3上昇すると、それぞれ16%と24％上昇することが報告されている。

さらに、新型コロナウイルスCOVID-19による世界的流行に、大気汚染が関係している可能性が指摘されていたが、ハーバード大学グループは、PM2.5濃度が1μg/m^3高い地域に居住していた住民のCOVID-19による死亡率が8%も高いことを確認した。これは上記の10μg/m^3上昇で死亡率1.3％増加と比較すると、60倍も死亡率を高めていることになる。長期間にわたるPM2.5汚染によって損傷を受けた肺などの呼吸器がCOVID-19の攻撃を非常に受けやすくなるからと推察されている。

PM2.5大気汚染による健康影響とそのメカニズム

現在、WHOのPM2.5の環境基準値10μg/m^3以上の地域の人口は世界の92%を占めている。WHOは、これらの大半の人々が有害な大気を呼吸している結果、年間700万人が死亡しているとしている。とくに低開発国の5歳以下の子供の98%が有毒な空気を吸い、毎年15歳以下の子供の60万人が死亡しており、その主因がPM2.5であると推定している。

世界全体の各死因に対して、PM2.5の大気汚染は、慢性閉塞性肺疾患死の43%、肺がん死の29%、急性下気道炎死の17%、脳梗塞死の24%、虚血性心疾患死の25%の割合で関与していると見られている。つまり、呼吸器系の肺や気道の疾患に加えて、血液に関係する循環器系の疾患に対する関与度も非常に高いのである。また、子供の健康影響が大きいのは、肺の表面積に対する呼吸量が成人より多いためである。

PM2.5は微小であるために、呼吸により肺の最深部にまで入り込んで沈着する。肺胞に沈着した粒子は排除されにくく、血液やリンパ液に移行する。こうして肺に沈着したり、血液に入り込んだりすると、PM2.5の有害な成分が種々の生体反応を引き起こすと考えられている。呼吸器系では、肺がん、気道や肺の炎症や障害、喘息やアレルギー鼻炎の悪化、感染症への高い罹患率が見られ、循環器系では、不整脈や心機能の異常、血管系の構造変化、冠動脈などの血管狭窄（脳梗塞など）などを引き起こす。

PM2.5大気汚染の現状

図4-8に世界のPM2.5大気汚染濃度分布を示す。北米と大洋州、北極圏に近いロシアや北欧を除く地域の大半が、健康に無害とされるWHOの環境基準値10µg/m^{3}を超えている。とくにアジアから中東、アフリカにかけてはほぼ全域が25µg/m^{3}以上、その半分以上が35µg/m^{3}以上の高濃度汚染地域

PM2.5による大気汚染の詳細を知るうえでは「世界大気質指数プロジェクト」のデータが有効である。このプロジェクトは、2007年に北京のNPOが立ち上げ、132ヵ国以上、1000の主要都市に設置された3万以上の測定局で大気汚染状況を常時測定している。測定対象汚染物質はPM2.5、PM10、O_3、NO_2、SO_3、COであるが、PM2.5はほとんどの局で測定されている。各測定点の場所とデータはインターネット上にリアルタイムで公開されており、誰でも見ることができる。なお、このプロジェクトは、世界中の多くの国、自治体をはじめ、NPO、企業、約1万5千人の市民の支援、協力で実施されている。

大気質指数は国によって異なるが、表4-2にはPM2.5の濃度に対応した0～500の数値をそれぞれの健康影響に応じて6段階の危険度レベルに区分したアメリカの指数で示した。なお、WHOでは、大気質ガイドライン（AQG）に基づいて、健康影響をもたらさない基準としてPM2.5濃度を10µg/m^{3}以下としている。

このプロジェクトの測定結果に基づく2019年の報告書では、PM2.5による国別、都市別の人口加重平均濃度がまとめられている。なお、測定局が少ない

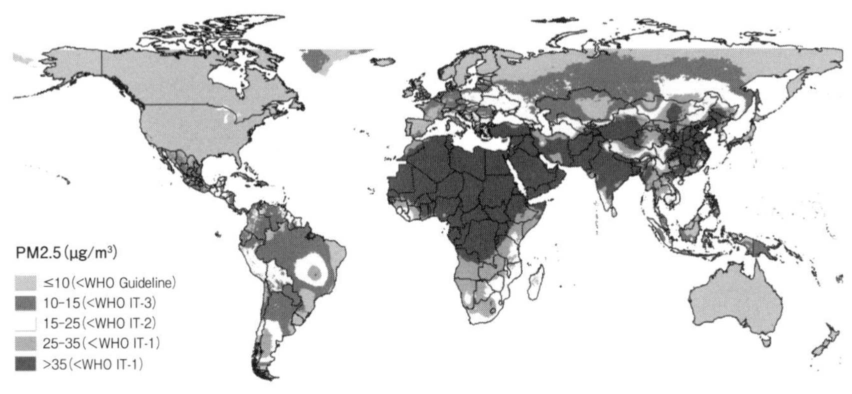

図4-8　世界のPM2.5濃度分布(2017年)

出典：State of Global Air (2019)

アフリカ諸国のデータはない。国別では最も高い汚染国はバングラデシュでPM2.5濃度（μg/m^3）が83.3、以下パキスタン、モンゴル、アフガニスタン、インドの5ヵ国が危険度「有害」に区分され、すべての人が心臓や肺を悪化させる可能性がある段階にある。次いで、インドネシア、バーレーン、ネパール、ウズベキスタン、イラク、中国、アラブ首長国連邦、クウェートの8ヵ国が「やや有害」ですべての人が鼻、喉、気管支などに刺激を感じ、呼吸器系に問題が生じる可能性がある。また、これらに続く14位から72位までは危険度「並」であるが、WHOのPM2.5基準濃度の10μg/m^{3}を超えており、呼吸器関係の患者は戸外での活動を回避したほうが良い状況にある。

各国の首都の汚染状態については、インド、バングラデシュ、モンゴル、ア

表4-2　アメリカの大気質指数、PM2.5濃度と健康に対する危険度

危険度	大気質指数	PM2.5濃度(μg/m^3)	備考
良好	0~50	0~12.0	なし。すべての人が健康を維持
並	51~100	12.1~35.4	呼吸器患者は戸外での活動を回避
やや有害	101~150	35.5~55.4	すべての人が刺激と呼吸器影響
有害	151~200	55.5~150.4	すべての人が心肺悪化の可能性
非常に有害	201~300	150.5~250.4	すべての人が顕著な悪影響
危機的	301~500	250.5以上	すべての人に健康危機をもたらす

表 4-3　大気中の PM2.5 濃度が高い国とその首都の濃度

	国名	PM2.5 濃度（μg/m³）	首都名	PM2.5 濃度（μg/m³）
1	バングラデシュ	83.3	ダッカ	83.3
2	パキスタン	65.8	イスラマバード	35.2
3	モンゴル	62.0	ウランバートル	62.
4	アフガニスタン	58.8	カブール	58.8
5	インド	58.1	デリー	98.6
6	インドネシア	51.7	ジャカルタ	49.4
7	バーレーン	46.8	マナマ	46.8
8	ネパール	44.5	カトマンズ	48.0
9	ウズベキスタン	41.2	タシュケント	41.2
10	イラク	39.6	バグダッド	39.6
11	中国	39.1	北京	42.1
12	アラブ首長国連邦	38.9	アブダビ	38.4
13	クウェート	38.3	クウェート市	38.3
73	日本	11.4	東京	11.7

フガニスタンの4首都が「有害」、インドネシア、ネパール、ベトナム、バーレーン、中国、ウズベキスタン、イラク、アラブ首長国連邦、クウェートの9首都が「やや有害」であった。

このように、国別と都市別の高い汚染度の13位までのうち12が同じ国であった。地域別に見ると、南アジアの諸国に高濃度汚染国が多く、東南アジア、中東、中国などのアジア諸国もかなりの汚染状態にあることがわかる。世界の国別濃度分布を世界地図上に示したが、WHOの基準値10μg/m³以下を達成できているのは米加豪露にスペインと北欧諸国などだけで、日本や欧州主要国でもそれを少し上回っている。それでも、これらの先進国は12μg/m³以下であるのに対し、大半の途上国はそれ以上であり、現在の大気汚染が途上国を中心に進んでいることがわかる。

先進国では、大気汚染防止政策の採用で、汚染物質を減少させてきたが、1960年から2009年までにPM2.5は中国やインドを中心に38%も増加し、その結果として世界全体では死亡数が12.4%増加した。

PM2.5大気汚染による寿命短縮

PM2.5濃度が10μg/m³高い地域に長期間滞在すると、平均寿命が0.98年短縮することが判明している。したがって、上述のような世界のPM2.5大気

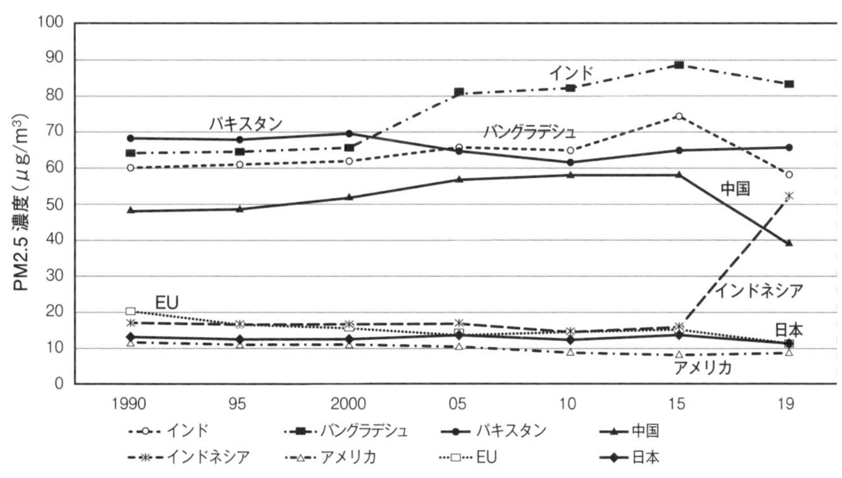

図4-9　各国、地域のPM2.5の大気中濃度の推移

出典：Health Effect Institute (2017), IQAir (2020) などのデータに基づき作図

汚染状況に応じて、世界の人類全体の寿命が1.9年も短く、喫煙（1.8年）を上回ることが報告されている。また、寿命を短縮している主な原因とされる飲酒と薬物使用（11ヵ月短縮）、劣悪な飲料水・衛生状態（6ヵ月）、交通事故（5ヵ月）、エイズ（4ヵ月）、マラリア（3ヵ月）などをはるかに上回っている(Greenstone and Fan, 2020)。

国別では、インドでは寿命が5.2年も短縮しているとされ、上述の汚染上位にあるバングラデシュ、パキスタン、モンゴル、アフガニスタンも同様と推定される。東南アジア11ヵ国は、平均1.4年短縮していると推計されている。

一方、ドイツのマックスプランク研究所員たちは、PM2.5とオゾンによる大気汚染の2015年以降のデータを用いた主要地域ごとの分析に基づき、世界全体での過剰死亡は年間880万人(711万～1,041万人)、寿命の短縮は2.9年(2.3～3.5年）と従来の推計よりも高く、まさにパンデミック状態にあると警告している。また、人口密度の高い日本のような国では、汚染度が相対的に低くても、面積当たりの寿命短縮総年数は非常に高いことも報告している（Lelieveld *et al.*, 2020)。

世界のPM2.5汚染の現状とそれによる寿命短縮について述べてきたが、これまでの記述からは地域ごとの汚染と被害が中心の印象を与えたのではないかと思う。たしかに、排出源地域が最大の汚染地域になるが、PM2.5は大気中を拡散し、周辺地域を含む広範な汚染ももたらす。たとえば日本では、東日本より西日本のほうがPM2.5濃度の高い場合が多いが、これは中国などの大陸からの越境移動があるからである。そういう意味では、PM2.5汚染も地球規模の広がりをもち、国際的に解決すべき課題なのである。

日本のPM2.5大気汚染

2010～18年における日本のPM2.5による大気汚染の推移を図4-10に示した。PM2.5の年平均濃度は低下傾向を示し、2018年には一般環境大気測定局（一般局）で11.2μg/m^3、自動車排出ガス測定局（自排局）で12.0μg/m^{3}であった。また、表4-1に示した日本の環境基準の達成率も上昇傾向にあり、2018年には一般局で93.5%、自排局で93.1%に達した。しかし、WHOの環境基準である10μg/m^{3}は、まだ達成できてはいない。

全国的に、工場や自動車の排ガス規制の効果が徐々に現れていると思われるが、地域別に見ると関東や関西の都市部、瀬戸内海沿岸地域、中国、九州地方の北部での環境基準達成率は低い傾向にある。海洋研究開発機構によれば、西日本でのPM2.5の約7割を大陸由来（中国6割、朝鮮半島1割）が占めているとのことで、今後、国内の排出抑制のさらなる強化とともに、これまでも行われてきた「日中韓環境大臣会合」などによる日中韓での国際協力を通じて越境汚染を減らしていくことが重要である。

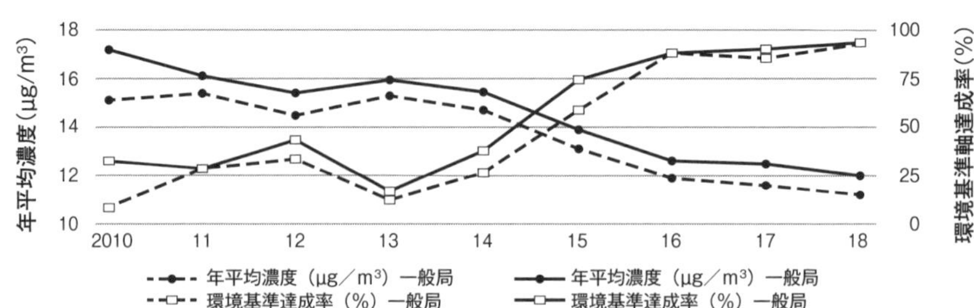

図4-10　日本のPM2.5の年平均濃度と環境基準達成率

注：一般局：一般環境大気測定局、自局：自動車排出ガス測定局
出典：環境省HPの大気汚染状況のデータにより作図

6　浮遊粒子状物質による大気汚染の防止

各国におけるPM2.5の環境基準

非常に深刻な状況にある大気汚染を防止するには、各国の政策転換が必要である。とりわけ排出量が多い新興国や途上国では、経済成長重視より環境保全を重視しつつ、経済発展をめざすことが求められる。具体的な施策としては、まずPM2.5の環境基準を設定し、その達成をめざす対策を取りはじめることである。表4-5に主要な国のPM2.5の環境基準をまとめたが、WHOの基準と同等またはより厳しいレベルの基準をもつ国はオーストラリアだけで、日本も含めてほかの国はすべてWHO基準を満たしていない。

オーストラリアの研究によると、PM2.5汚染によるリスクが無視できる程度（100万人に1人以下の死亡）はPM2.5の年平均濃度が0～0.02μg/m^{3}であり、0.02～0.17で10万人から100万人に1人の死亡、0.17～1.7で1万人から10万人に1人の死亡、1.7以上で1万人に1人が死亡すると結論づけている（Capon, 2019）。

したがって、WHOや日本を含む先進国の環境基準を達成していても、毎年PM2.5汚染によって相当数の犠牲者が数発生し続けていることになる。今後、日米欧の先進国も少なくともWHO並の基準に改正することが重要である。

表4-5　WHOと主要な国のPM2.5の環境基準

国、地域、機	PM2.5の環境基準（μg/m^3）	
	年平均値	日平均値
WHO	10	25
日本	15	35
アメリカ	12	35
オーストラリア	8	25
EU	20	-
パキスタン	15	35
バングラデシュ	15	65
インドネシア	15	65
モンゴル	25	-
韓国	25	50
タイ	25	50
ベトナム	25	50
中国（1級）注	15	35
中国（2級）注	35	75
インド	40	60

注：1級は自然保護区などの基準、
　　2級は居住地域などの基準。

新興国や途上国では、PM2.5汚染はWHO基準からかけ離れた状況にある。WHOはそういう現状を踏まえて三つの暫定目標を設けている。暫定目標1は35μg/m^3、暫定目標2は25μg/m^3、暫定目標3は15μg/m^{3}である。これらの目標からそれぞれの国の現状に応じた基準を採用し、数年後にはより厳しい基準にレベルアップし、最終的に10μg/m³まで修正していけばよい。インドは暫定目標1より高い年平均40を直ちに35にすべきであろう。また、改善しつつある中国は暫定目標2の25μg/m³に修正する時期に来ている。

PM2.5基準達成のための施策

先進国では、浮遊粒子状物質の発生源である石炭や石油をエネルギーとする工場や火力発電所、自動車や船舶などからの排出規制を法的に整備し、技術的対応も含めて実施してきた。このような従来型の方法を、新興国や途上国でも推進していくことがまず必要である。これらの国では、家庭の調理用あるいは暖房用の燃料に石炭や乾燥動物糞を利用によって室内外の大気が汚染されているため、その対策が必要である。さらに野焼きや道路の粉塵も浮遊粒子状物質を発生させており、これらを抑制する手段も講じなければならない。

このような従来の手段を講じつつ、最も重視すべきは、エネルギー源を再生可能エネルギーに転換し、汚染源をなくしていく政策を各国が採用することである。単に大気汚染防止だけでなく、地球温暖化防止や持続可能な社会実現の方向性を追求していくことが重要な時代になっている。従来手段のほうが即効性があるが、エネルギー転換には一定の時間を必要とするので、これまでは大気汚染防止手段としてはあまり重視されてこなかった。ところが、すでに第3章で述べたように、最近は再生可能エネルギーのコスト低下が進んでおり、その普及を急速に推進できる客観的条件が整いつつある。従来の手段より安価な太陽光発電や風力発電の普及によりエネルギー中の電力比率を高め、工場や家庭、輸送手段の電力利用比率を高めていくことを、各国政府が財政的負担なしに推進することが可能になっているのである。また、調理や暖房用の熱エネルギーについても、石炭とか動物糞や農業廃棄物といった伝統的な固体バイオマスからバイオガスに転換することも実現しやすくなっている。

現在、インドの大気汚染状況は、デリーなどの大都市を中心に、自動車の急増が主因になって世界で最悪レベルに位置している。インドは環境基準が最も甘いことに加えて、従来型の手段を有効に発揮できていないためであるが、一方で再生可能エネルギーへの転換により根本的な大気汚染防止をめざすという点では、新興国や途上国の参考になる取り組みを展開している。したがって、少し時間がかかるが、インドでも大気汚染状況が徐々に改善していくとともに、地球温暖化防止の推進や持続可能な社会構築でも前進していく可能性が高いと思われる。

筆者が各地の現地調査も含めて実施してきた研究結果も踏まえて、インドの再生可能エネルギー利用について紹介しておこう。インドは国際太陽同盟の盟主として国際的な太陽エネルギー普及に尽力しつつ、国内での太陽光発電や太陽熱発電を急速に普及し、地下鉄の動力なども含めて広く活用している。太陽熱の産業利用や温水器、ソーラークッカーの普及もめざましく、太陽熱冷房システムを新たに開発し、その普及を推進している。風力発電の導入量も日本の９倍に達している。また農村部を中心に、牛糞や人間の糞尿なども原料にしたバイオガスプラントを500万基も導入し、家庭の調理用や工業用に広く活用している。生活に根ざした再生可能エネルギー導入は、地域レベル、市民参加で展開し、家庭内外の大気汚染を改善して呼吸器疾病を減らすとともに、女性が普及の主役となることで、女性の社会的地位の向上にもむすびついている。

またインド政府は2030年までに電気自動車（EV）の普及率を30％に高める方針を掲げており、二輪車（バイク）や三輪車（タクシー用）も含むEV化が進めば、大気汚染の改善が期待できる。

従来手段と再生可能エネルギー普及を推進することで、大気汚染による健康被害や犠牲者を減らすとともに、持続可能な社会づくりに向けて、各国が尽力するとともに国際協力も強化していかねばならない。

［参考文献］

Barrett, E., Brodin G., "The acidity of Scandinavian precipitation", *Tellus*, Vol. 7, No. 2 (1955)

Brimblecomb, P., *Air Composition and Chemistry*, Cambridge Univ. Press (1986)

——, *The Big Smoke*, Methuen (1987)

Brown, L. R., C. Flavin and H. Kane, *Vital Signs*, W. W. Norton (1996)

Capon, A.,"An Australian incremental guideline for particulate matter (PM 2.5) to assist in development and planning decisions", *Public Health Res Pract*, 29 (4), (2019); https://www.phrp.com.au/issues/december-2019-volume-29-issue-4

Climate and Clean Air Coalition (CCAC), UNEP, "Air Pollution in Asia and the Pacific: Science-based solutions" (2019); https://www.ccacoalition.org/en/resources/air-pollution-asia-and-pacific-science-based-solutions-summary-full-report

Canter, L.W., *Acid Rain and Dry Deposition*, Lewis Publishers (1986)

Dockery, D.W. *et al.*, "An association between air pollution and mortality in six U.S. cities", *New England J. Medicine*, No. 329 (1993)

ECE, "Air Pollution Studies 5. The State of Transboundary Air Pollution, Effects and Control", United Nations (1989)

Galloway, J. N., *The Biogeochemical Cycling of Sulfer and Nitrogen in the Remote Atmosphere*, D. Reidel Publishing (1984)

Hameed, S. and J. Dignon, "Giobal Emission of Nitrogen and Sulfer Oxides in Fossil Fuel Combustion 1970-1986", *Journal of the Air and Waste Management*, February (1992)

Henriksen A. *et al.*, "Lake Acidification in Norway: Present and Predicted Fish Status", *AMBIO*, Vol. 18, 314 (1989)

Isom, B.G. *et al.*, "Impact of Acid Rain and Deposition on Aquatic Biological Systems", Astm Intl (1984)

Katanoda, K. *et al.*, "An Association Between Long-Term Exposure to Ambient Air Pollution and Mortality from Lung Cancer and Respiratory Diseases in Japan", *J. Epidemiology*, Vol. 21 (2011); https://www.ncbi.nlm.nih.gov/pmc/articles/PMC3899505/

Krewski, D. *et al.*, "Reanalysis of the Harvard Six Cities study and the American Cancer Society study of particulate air pollution and mortality", Health Effects Institute (2000); https://www.healtheffects.org/system/files/Reanalysis-ExecSumm.pdf

Klimont, Z., S J Smith and J Cofala,"The last decade of global anthropogenic sulfur dioxide: 2000–2011 emissions", *Environmental Research Letters*, Vol. 8, No. 1 (2013); http://iopscience.iop.org/article/10.1088/1748-9326/8/1/014003

Lelieveld, J. *et al.*, "Loss of life expectancy from air pollution compared to other risk factors: worldwide perspective", *Cardiovascular Research*, Vol. 116, Issue 11, 1 (2020)

Greenstone, M. and Fan C., "AIR QUALITY LIFE INDEX 2020 Annual Update " (2020); https://aqli.epic.uchicago.edu/wp-content/uploads/2020/07/AQLI_2020_Report_FinalGlobal-1.pdf

Ministry of New and Renewable Energy (MNRE)," *Annual Report 2019-20* (2020)

Our World in Data; https://ourworldindata.org/grapher/so-emissions-by-world-region-in-million-tonnes

OECD, How Was Life? Global Well-being since 1820 (2014); http://www.oecd.org/statistics/how-was-life-9789264214262-en.html

Perl D.P., "Relationship of aluminum to Alzheimer's disease", *Environmental Health Perspective*, Vol. 63, 149 (1985)

Pope, C.A., 3rd. *et al.*, "Particulate air pollution as a predictor of mortality in a prospective study of U.S. adults", Am J. *Respir Crit Care Med*, 151. (1995); https://pubmed.ncbi.nlm.nih.gov/7881654/

OECD "Environmental Data Compendium 2006/2007 (2007)

Oskarsson, A., I. Oborn *et al.*, "Adverse Health Effects Due to Soil and Water Acidification: A Swedish Research Program", *AMBIO*, Vol. 25, 527 (1996)

Shaddick, G,. *et al.*, "Half the world's population are exposed to increasing air pollution", Climate and Atmospheric Science, Vol. 3, No. 23, (2020); https://www.nature.com/articles/s41612-020-0124-2

Smith, S. J. *et al.*, "Anthropogenic sulfur dioxide emissions: 1850–2005", *Atmospheric Chemistry and Physics*, 11 (2011); http://www.atmos-chem-phys.net/11/1101/2011/

UNECE, "Strategies and Policies for Air Pollution Abatement, 1992 Reviews" (1992)

Wellburn, A., "Air Pollution and Acid Rain", Longman Scientific & Technical (1988)

Wu X *et al.*, "Exposure to air pollution and COVID-19 mortality in the United States: A nationwide cross-sectional study", *medRxiv* (2020); https://www.medrxiv.org/content/10.1101/2020.04.05.20054502v2

IQAir, "2019 World Quality Report. Region and City PM2.5 Ranking" (2020)

World Air Quality Index Project; https://aqicn.org/contact/jp/
WHO, "Ambient air pollution: A global assessment of exposure and burden of disease", WHO (2016)
石垣政裕、北条祥子「黒い三角地帯を視察して」『人間と環境』23巻1号、1997年
上田かよ、新田裕史「PM2.5の健康影響と環境基準」『ファルマシア』47巻3号、2011年; https://www.jstage.jst.go.jp/article/faruawpsj/47/3/47_KJ00009649256/_pdf
内山厳雄「PM2.5の健康影響と注意喚起のための暫定指針」『大気環境学会誌』49巻1号、2014年; https://www.jstage.jst.go.jp/article/taiki/49/1/49_A9/_article/-char/ja/
遠藤真弘「PM2.5による大気汚染の現状」『調査と情報』866号、2015年; https://dl.ndl.go.jp/view/download/digidepo_9275297_po_0866.pdf?contentNo=1
表寿一「酸性降下物による水生態系の破壊」『公害研究』16巻、1987年
環境省『平成18年版 環境白書』2006年
環境省水大気環境局『平成21年度大気汚染状況について』2010年
環境庁大気保全局大気課監修／溝口次夫編『酸性雨の科学と対策』1994年
栗田秀美、植田洋匡「中部山岳地域上流域における陸水pHの長期的低下――過去30年間のpHの低下と酸性雨の状況」『大気環境学会誌』41巻2号、2006年
国立環境研究所「東アジアの広域大気汚染の研究」『環境儀』12号、2004年; http://www.nies.go.jp/kanko/kankyogi/12/10-11.html
国立環境研究所「微小粒子の健康影響」『環境儀』22号、2006年; http://www.nies.go.jp/kanko/kankyogi/22/22.pdf
坂本充「酸性雨と水環境」『水質汚濁研究』14巻9号、1991年
徐開欽、須藤隆一「中国における酸性雨の分布特性、影響とその対策」『用水と廃水』39巻35号、1997年
関根嘉香、「微小粒子状物質（PM2.5）の健康影響について」『Indoor Environment』Vol. 17, No. 1, 2013; https://www.jstage.jst.go.jp/article/siej/17/1/17_19/_pdf
高橋啓二、梨本真「酸性雨によるスギ衰退の原因を考察する」『資源環境対策』29巻145号、1993年
高見昭憲、古山昭子、藤谷雄二、山崎新、道川武紘「PM2.5の現状と健康影響」『国立環境研究所ニュース』38巻6号、2019年; https://www.nies.go.jp/kanko/news/38/38-6/38-6-02.html
西村定一「淡水魚と酸性環境」『中央水研ニュース』17号、1997年; http://nrifs.fra.affrc.go.jp/news/news17/nisimura.htm
日本環境衛生センター・アジア大気汚染研究センター「東アジア酸性雨モニタリングネットワーク（EANET）」ホームページ, 2011; http://www.eanet.cc/jpn/index.html
野村総研「中国及びインドにおける大気環境規制等動向」2019年; https://www.meti.go.jp/policy/voc/r1kaigai_taikikisei.pdf
野村総研「中国及びインドにおける大気環境規制等に関する動向」2020年; https://www.meti.go.jp/shingikai/sankoshin/sangyo_gijutsu/sangyo_kankyo/pdf/008_s03_00.pdf
広瀬弘忠『酸性化する地球』NHK出版、1988年
ロス・ハワード、マイケル・パーレイ／田村明監訳『酸性雨』新曜社、1986年
和田武、小堀洋美『現代地球環境論』創元社、2011年

第5章
残留性汚染物質とプラスチックによる海洋汚染

海洋は、地球の表面積の71%、陸地の2.4倍に当たる3.6億km^2の広さと3.7kmの平均水深があり、13.5億km^3もの莫大な水量をもっている。人間社会で利用される物質を環境中に廃棄すると、その一部はさまざまなルートを通じて海に到達する。以前は、巨大な海洋にごみが侵入しても薄まってしまうか、いずれ消えてしまうだろうと思われていた。人間が、木材、紙、天然繊維、動物の皮革などの生物由来の天然高分子材料や動植物などから得られる食物や油などの有機物のみを利用していた時代には、これらを環境に廃棄しても、水中でも土壌中でも微生物がCO_2や水などに分解して、長期的で広範な汚染にいたらなかった。しかし、人工合成された有機化合物には、微生物が分解できないうえに有害な物質も存在するため、地球規模の海洋汚染が生じている。

合成有機化合物は数万種もあり、生活を便利に豊かにしてきた物質が多いが、そのなかには人間や生物に有害で、現在は規制対象となっている「残留性有機汚染物質（Persistent Organic Pollutants; POPs）」もある。POPsは、塩素をはじめ臭素やフッ素のハロゲン元素を含む有機化合物で、以前は殺虫剤や農薬などへの利用目的で製造されたり、廃棄物の焼却過程で発生したりした化合物である。現在は、生産規制されているが、以前に排出されたPOPsは自然界に残留している。また、一部の物質は現在も途上国で限定的使用が認められている。その結果、地球規模に汚染が広がり、海洋生物への悪影響も現れている。

最近は、プラスチック（合成樹脂）、合成繊維、合成ゴムといった合成高分子化合物による海洋汚染も新たな地球環境問題として顕在化してきた。これらもPOPsと同様に、難分解性、蓄積性、長距離移動性、有害性があるが、現在も世界中で大量生産および利用が続いており、廃棄量も多く、海洋生態系に重大な影響をもたらしつつある。さらに、これらの合成高分子化合物は海水中でPOPsを吸着しやすく、両者による生態系や人間への複合的影響も危惧されはじめており、今後、国際的に真剣に対応していかねばならない。

なお、筆者の若い頃は高分子化学が専門で、1970年代にはさまざまな高分子化合物を合成する析出系放射線重合に関する基礎研究、優れた汚水処理能力をもつポリアクリルアミド高分子凝集剤や最高の耐熱性をもつエコノール（現在の商品名は「スミカスーパーLCP」）の開発研究などに携わり、*Journal of Polymer Science*などに多数の論文を発表した経験をもっている。その当時、各地で公害問題が発生していたこともあって、石油化学工業や高分子材料の生産、利用による環境問題にもずっと関心を払っていた。

本章では、まずPOPsによる海洋汚染の現状、次いでプラスチックを中心とする合成高分子材料による汚染の現状を紹介するとともに、汚染防止のための今後の課題についても考察する。

1　残留性有機汚染物質（POPs）

残留性有機汚染物質の特性と有機ハロゲン化合物

残留性有機汚染物質（POPs）は、ストックホルム条約（POPs条約; 2001年採択、2004年発効、2009年7月時点で164ヵ国とECが締約）で認定され、人間や生物に健康被害を与える毒性、環境中で分解されにくい難分解性、生物の体内に蓄積されやすい生物蓄積性、広範囲に拡散される長距離移動性、の四つの特性をもつ物質である。そのすべてが、塩素、臭素、フッ素などのハロゲン元素を含む有機化合物であるが、塩素含有化合物が最も多い。

ストックホルム条約では、POPsを3分類してそれぞれについての対応を定めている。「附属書A（廃絶）」に分類され、以前に製品として製造されていたHCH（ヘキサクロロシクロヘキサン）、PCB（ポリクロロビフェニル）、HCB（ヘキサクロロベンゼン）、クロルデン、ディルドリン、アルドリン、ヘプタクロルなどの28種については製造・使用、輸出入を原則禁止。「附属書B（制限）」に分類されたDDT（ジクロロジフェニルトリクロロエタン）などの3種は製造・使用、輸出入を制限。「附属書C（非意図的生成物）」に分類された、廃棄物焼却やほかのPOPs生産の際に意図せずに生成されたダイオキシン類と呼ばれているPCDD（ポリクロロジベンゾパラジオキシン）、PCDF（ポリクロロジベンゾフラン）などの7種については排出を削減し、廃絶をめざすことになっている。なお、「附属書C」の7種のうち5種は「附属書A」の28種中にも入っている。また、メトキシクロルなどの3種は、2020年2月時点でPOPsとしての追加を審議中である。また、ここで示した種とは、一つの化合物を表す場合（DDTなど）もあるが、

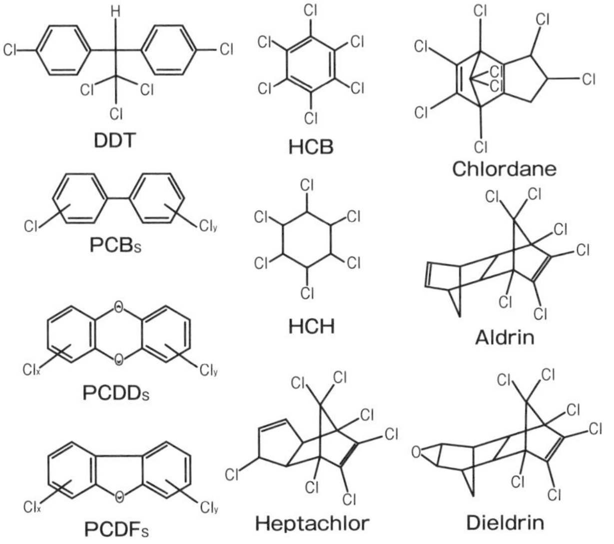

図 5-1　代表的な有機塩素化合物の分子構造

注：Clx、Cly はベンゼン環の炭素に PCB では 1 ～ 5 個の塩素、PCDD と PCDF では 1 ～ 4 個の塩素が結合することを意味し、塩素の数と結合位置が異なる化合物が、PCB では 209、PCDD では 75、PCDF では 135、存在する

多数の化合物からなるグループを表す場合（PCB、PCDDなど）もある。

図 5-1 に代表的な有機塩素化合物の構造式を示す。いずれも多数の塩素(Cl)原子を含むことが共通の特徴である。ここに示していないPOPsも分子中に塩素または臭素（Br）あるいはフッ素（F）を含んでいる。

有機ハロゲン化合物は、微生物によって分解されにくく、揮発性が高く大気中に拡散しやすいため、地球規模での海洋汚染を起こしている。海洋中のプランクトンなどに取り込まれ、食物連鎖を通じて魚や海鳥、哺乳動物などの生物体内で濃縮され、海洋生態系に悪影響をもたらしているのである。人間に対しては、発がん性や神経障害、催奇形性、免疫毒性、ホルモン異常、肝臓障害などをもたらすものが多い。

DDT、HCH、2, 4, 5-T による汚染

DDT はPOPsのなかでは最も早い 1873 年に合成されたが、1939 年にP・H・ミュラーによってその殺虫効果が発見され、1943 年頃からアメリカで生産さ

れはじめた。それまで世界中で多数の死者を出していた、ハマダラ蚊が媒介するマラリアを劇的に減少させるなどの効果を発揮し、やがて世界中で広く農薬としても利用された。その功績が評価され、1948年にミュラーはノーベル賞を受けた。

日本でも戦後の衛生状態の悪い時代に、ノミやシラミを駆除するために家庭も含めて広く利用された。当時は人体に無害であるとされていたので、毎年夏の家の大掃除の際、DDTの白い粉末を畳の下に散布したり、小学校では女子児童の髪に直接振りかけたりしていたことを筆者も記憶している。

1950年代から、HCHもDDTと同様に殺虫剤として広く使用された。その後も除草剤として2, 4, 5-T（2,4,5-トリクロロフェノキシ酢酸）、2, 4-D（2,4-ジクロロフェノキシ酢酸）、PCP（ペンタクロロフェノール）、CNP（クロロニトロフェン）などが生産、使用された。いずれも発がん性や催奇形性を有するが、製造過程で猛毒のダイオキシン類を副生する。したがって除草剤散布ではダイオキシンも環境中に放出されることになるため、後述するようにそれによる被害も発生した。また、農薬やシロアリ駆除剤、殺鼠剤などとしてCHL（クロルデン）、ディルドリン、アルドリン、エンドリン、ヘプタクロルなどが開発されるなど、多くの有機塩素化合物がさまざまな目的で生産、使用された。

ところが1962年、DDTなどの農薬汚染に警告を発したレイチェル・カーソンの『沈黙の春』が出版され、農薬類が生態系に重大な影響をもたらしていることが社会的に認識されはじめた。DDTも発がん性が危惧され、環境ホルモン作用があることも判明した。その後、ほかのPOPsも、発ガン性、催奇形性など、健康に悪影響をもたらすことが判明した。

1970年代になると、先進国で一部の物質に生産規制がされるようになり、1992年の国連環境開発会議などでの議論を経て、2001年に採択されたストックホルム条約（2004年発効）によって、DDTなどのPOPsの製造および使用が国際的に規制されるようになった。しかし、それまでに使用されたPOPsも多い。また、条約に基づくDDTの生産、使用の禁止後、マラリアがふたたび増勢に転じたために、途上国でのDDTの製造や使用が限定的に認められることになった。2007年まで中国も生産していたが、現在はインドのみで生産され、他国にも輸出されている。DDTの世界の累積生産量は、約300万トン、HCHは100万トン以上になっている。

クロルデンやディルドリンについては、1971年に使用が禁止されるまで、

1950～60年代に農薬やシロアリ駆除剤などに日本で広く利用され、農耕地の土壌中に残留していることが確認されている。

2, 4, 5-Tは、1967年に林野庁が国有林の除草用に導入を決定したことにより、全国の営林署を通じて2万ha近くの国有林に散布された。その後、山林労働者や地域住民の間に健康異常が現れ、除草剤散布への反対運動が高まって1971年に国有林への散布が中止された。しかし、農薬としての使用が禁止される1975年まで、総量にして約140トンの2, 4, 5-Tが生産、使用された。国有林への散布を中止したあと、地下埋め込み処分を採用したため、のちに容器が腐食して2, 4, 5-Tが漏出し、周囲の土壌に2, 4, 5-TとTCDDの高濃度汚染が発生した地域もある。

一方、日本で1980年代あるいは90年代まで使用されたPOPsもある。PCPは1955年頃から1983年頃まで16.4万トン、CNPは1965年から1994年まで7.8万トンが、水田の除草剤として利用された。その際、これらの生産の副生成物であるダイオキシン類も水田に放出された。アルドリンは1954年から1981年に全面禁止されるまで、約3,300トンが農薬、殺虫剤として使用された。また、ヘプタクロルは1,500トンが農薬として1972年まで使われたが、それ以降、シロアリ駆除剤としては1986年まで使用された。

PCBによる汚染

PCBは1881年にドイツで合成され、1929年にアメリカで生産が始まった。日本でも鐘淵化学工業が1954年に製造を開始した。図5-1（143頁）に示したようにベンゼン環に塩素が結合した分子構造をもつ209種（塩素の数や結合位置が異なる種）の化合物の総称で、ダイオキシン並みの高毒性をもつコプラナPCB12種類も含まれる。市販製品は塩素数が3～5個からなる混合物が主体の無色高粘性の液体である。電気絶縁性や化学的安定性などのすぐれた性質ゆえに、コンデンサーやトランスの電気絶縁油、工場などで使用される熱媒体、ノンカーボン紙塗布剤などに世界中で使用された。日本では1972年に生産が中止されるまでに、累計で約6万トンのPCBが生産された。

日本で1968年に発生したカネミ油症事件は、製造工程で熱媒体に使用されていたPCBが漏出、混入した食用油を購入、摂取した1万3千人の市民が皮膚の黒変や吹き出物の発生、肝臓障害などの被害を受けたものである。現在ではPCBの発がん性も確認されており、ラットを使った動物実験で半数ががんになるTD50値は1.7mg/kgである。

1970年頃まで世界中で使用されていたために、地球規模に汚染が広がっていることも判明しており、種々の生物や人体、母乳などからも広く検出された(Tanabe *et al.*, 1980)。日本でも広く環境中や人体でも検出されたため、1972年に生産・使用が禁止されたが、それまでに約1.5万トンが環境中に放出されたと推定されている。さらに、使用禁止後も回収が不完全で、PCB入りの古いコンデンサーやバッテリーがいまだに放置されていたりして、これらによる汚染がなお続いている可能性もある。

ダイオキシン類による汚染

有機ハロゲン化合物のなかでも高い毒性物質として知られるダイオキシン類には、ポリクロロジベンゾジオキシン（PCDD; 75種類）やポリクロロジベンゾフラン（PCDF; 135種類)、ダイオキシン様ポリクロロビフェニル（コプラナPCB; 12種類）があり、いずれもいくつかの塩素が結合したベンゼン環を二つ含むという共通した分子構造をもつ。すべてが、発がん、遺伝障害、肝臓障害、甲状腺機能低下、精子数減少、免疫機能低下などを引き起こす。これらのうちPCDDやPCDFは有用物質として製造されたわけではなく、ほかの有機塩素化合物の製造や廃棄物などの燃焼の際に意図せずに発生する。

ダイオキシン類のなかでも、TCDD（テトラクロロジベンゾジオキシン）は最強の毒性物質として知られ、急性毒性として致死量（LD50）は、動物実験では体重1kgあたり0.5μg（モルモット）から70μg（アカゲザル）という微量である。青酸カリの人の致死量は0.15gなので、TCDDはその数百倍から数万倍高い毒性をもつと考えられる。また、TCDDの慢性毒性として、半数にがんを発生させるTD50は0.083μg/kgで、PCBの2万倍も強い発がん性を有する。

猛毒物質であるダイオキシンが広く知られるようになったのは、ベトナム戦争後、ベトナムで奇形児の出産が増加したことによる。1961年から1973年に及ぶベトナム戦争で、米軍はベトナム兵士が隠れていた森林に大量の除草剤を散布し、枯らして焼き払う「枯葉剤作戦」を展開した。散布された除草剤は7200万リットルにおよび、1回以上散布された地域は、森林全体の約14％、農地の約8％にも及んだ。用いられた除草剤の約60％を占めた「オレンジ剤」のなかに副生物としてダイオキシンが含まれていたため、多くのベトナム兵が被曝し、高濃度のダイオキシン汚染が広がった。その影響として、ベトちゃん、ドクちゃんに代表される二重胎児、無脳症、口蓋裂などの先天奇形や、死産、流産、胞状奇形などの出産異常が被曝した人の子供に多く発生したのである。

しかし、TCDDの最初の被害は、消毒殺菌剤のヘキサクロロフェンを製造していたアメリカのモンサント社での1949年の爆発事故による228人の患者発生である。ヘキサクロロフェンや2, 4, 5-Tなどの製品を製造する過程でTCDDが副生するのである。これまでにそれらの製造現場の労働者の被曝や工場爆発による被曝事件が世界で20回ほど起き、1000人以上が被害を受けている。また、1976年のイタリアのセベソで発生したTCP（2, 3, 5-トリクロロフェノール）工場の爆発事故で、多数の住民にダイオキシン汚染による被害が出た。

その猛毒のダイオキシンが地球環境全域に広がり、世界中の人々の体内汚染を引き起こしている。1985年代後半から1990年代初頭の各国のダイオキシン類の人体汚染の測定結果によると、日本は非常に高かった（Kashimoto *et al.*, 1980; Ryan, 1986, 1987; 平岡, 1993）。日本では廃棄物焼却によるダイオキシンの高汚染が進行していたのである。

日本のダイオキシン汚染と廃棄物焼却

日本のダイオキシン排出量は、かつては世界でもきわめて高い状況にあり、地球規模汚染の一端を担ってきた。1995年12月に環境庁が公表した1994年度の大気環境モニタリング結果によると、大気中の平均ダイオキシン濃度は、工業地域近傍の住宅地帯で0.63pg-TEQ/m^3（TEQはダイオキシン類全体の毒性と同じ毒性に相当するTCDDの重量を表す単位で「毒性等量」という。pgはピコグラム、pは10^{-12}）、大都市地域で0.37pg-TEQ/m^3など、欧米諸国と比較して２～10倍程度も高かった。

日本がとくにダイオキシン汚染がひどくなった理由は、第一に廃棄物焼却処理量が主要先進国全体の約７割を占めるほど大量であり、第二にポリ塩化ビニルやポリ塩化ビニリデン（サランラップ）を原料とする使い捨て製品が広く使用、廃棄され、第三に既設焼却炉の排ガス規制基準が排煙1m^3中80ng（ngはナノグラム、n（ナノ）は10^{-9}）で、欧州各国の0.1ng、アメリカやカナダの0.14ngに比して格段に高かったことである。

ポリ塩化ビニルやポリ塩化ビニリデンのような塩素含有物質を含む廃棄物を焼却すると、必ずダイオキシンが発生する。1996～97年に厚生省が実施した自治体調査によると、回答705施設のうち、高い暫定基準（排出ガス中のダイオキシン濃度80ng/m³以下）をも上まわる焼却炉が52（7.4％）あり、兵庫県下にある施設では990ng/m³（基準の12倍強）にも達していた。その結果、日本の自治体のごみ焼却炉から発生していたダイオキシン総量は、1997年には8kgTEQもあったのである。ダイオキシン類の1日摂取量も体重1kg当たり2.4pg-TEQでドイツの2倍以上であった。また、女性の体内に入ったダイオキシン類は母乳を通じて排出されやすいが、日本の母乳中濃度は1974年には86pg-TEQで、世界でも最高レベルであった。このような状態が続けば、ベトナムで起きたことが日本でも現実になる可能性も危惧されるほどであった。

ごみ焼却炉では燃焼とともにさまざまな反応が進行し、塩素を含む廃棄物が混入していると、ほぼ確実にダイオキシンが生成する。したがって、都市の生活ごみを低温で焼却した場合には、大量のダイオキシンが発生するのである。

日本のダイオキシン汚染による健康影響への危惧が高まるなか、1991年にやっとダイオキシン類対策特別措置法が成立し、2000年から運用されるようになった。この法律では、ダイオキシン類の1日摂取量を体重1kg当たり4pg-TEQとし、それに見合った大気、水質、土壌の環境基準を定め、廃棄物焼却炉の排出ガスの基準を以前より厳しく設定した。焼却規模が大きい4t/h以上の既設炉では1pg-TEQ/m³、新設炉では0.1pg-TEQ/m³、中規模の2～4t/hでそれぞれ5pg-TEQ/m³、1pg-TEQ/m³、小規模の2t/h以下でそれぞれ

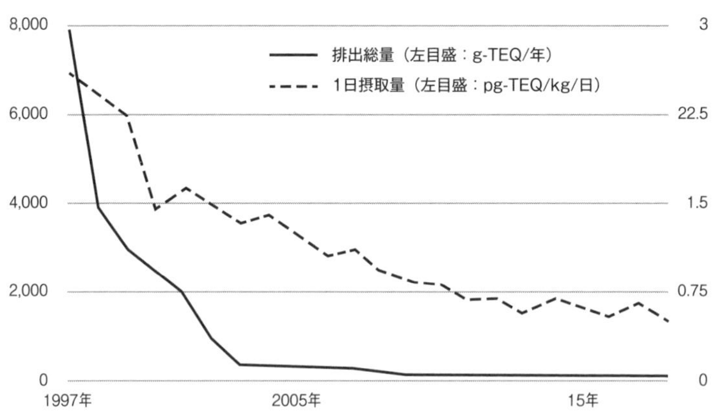

図5-2　日本のダイオキシン類の年間排出総量と
日本人の1日平均摂取量の推移

出典：環境省、厚生労働省のデータに基づき作図

10pg-TEQ/m³、5pg-TEQ/m³に設定された。製鋼用電気炉などにも新基準が策定された。

これに沿って、廃棄物焼却炉は800℃以上での高温燃焼や大型化が進められ、その後、ダイオキシン類の発生量は減少に転じた。図5-2から、特別措置法に基づく対策によって、日本のダイオキシン類の年間排出総量と日本人の食物からのダイオキシン類1日摂取量がいずれも改善され、最近の1日摂取量は体重1kg当たり1pg-TEQ以下となった。また、母乳中のダイオキシン濃度も改善され、いまでは欧米諸国並みになった。

2　POPs汚染の地球規模汚染と生物影響

POPsによる地球規模汚染のメカニズム

有機塩素化合物は、現在では地球上のあらゆる地域で検出され、地球規模の汚染を起こしていることが判明している。田辺と立川（1982）は、太平洋、インド洋、南極海の各地で大気中および表層海水中のDDTとHCHを検出した。その後、多くの研究者による世界各地での調査でPOPsの汚染が地球規模

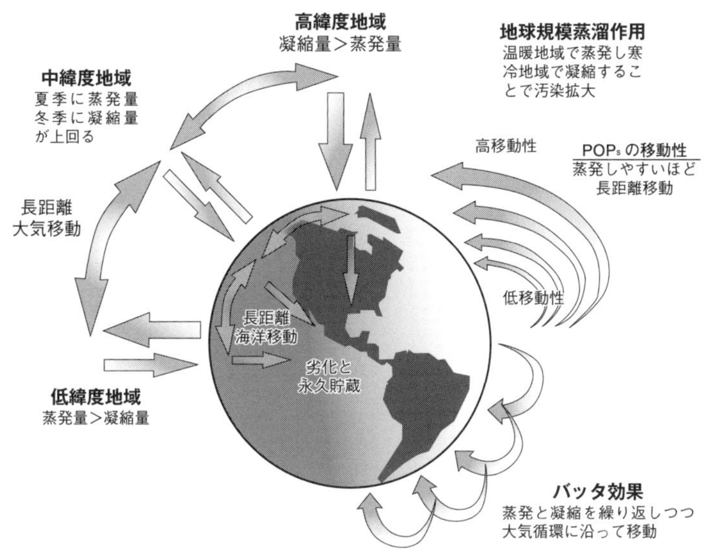

図5-3　POPsの地球規模汚染をもたらすプロセス

出典：Wania and Mackay (1996)

に拡大していることが明らかになった。

このような地球規模に汚染が拡大するプロセスを図5-3に示す。陸地から水とともに海水に流れ込み、海洋全体に長距離移動するだけでなく、大気中に蒸発し、大気大循環を通じて地球規模に拡散しつつ、土壌や海洋に凝縮する動きをくり返している。POPsは、低緯度の高温地域では蒸発しやすく、凝縮しにくいので、大気を通じて長距離移動して地球規模に広がり、高緯度の北極の海洋などの低温地域で凝縮して溜まりやすい。POPsは、温暖地域で蒸発し寒冷地域で凝縮して移動する「地球規模蒸留作用」、または温暖地域から寒冷地域に向かって蒸発と凝縮をくり返しながら移動する「バッタ効果」によって、低緯度地域から高緯度地域まで広範囲に拡散する。このような大気を通じての移動は、蒸発性の高い物質は長距離移動しやすく、蒸発性が低い物質は「バッタ効果」によって移動する。蒸発性はHCBやHCHは高く、次い

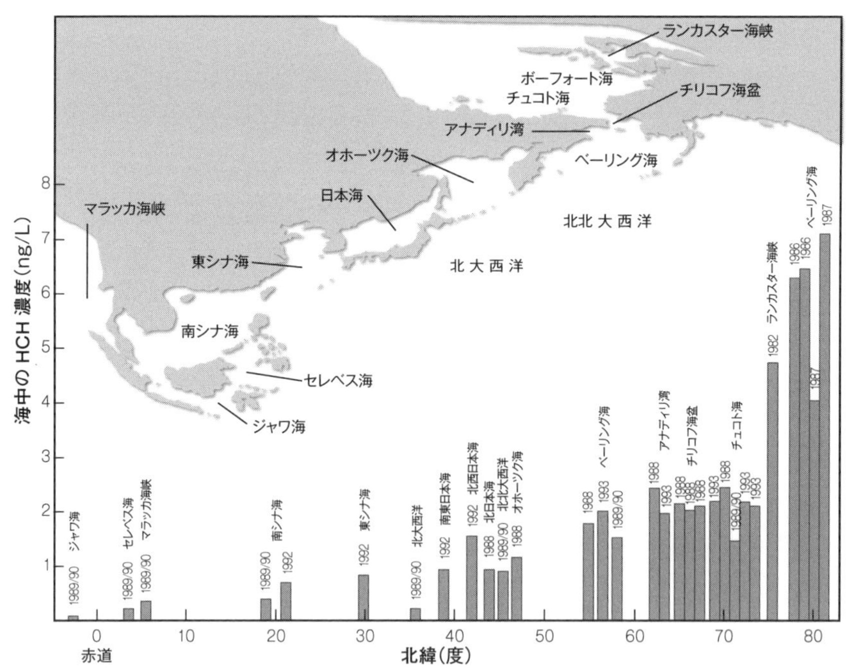

図5-4　太平洋における北緯0〜80度に位置するアジアの海岸付近の海水中HCH濃度

出典：Wania and Mackay (1996)

でPCB、DDT、ダイオキシン類（PCDDやPCDF）などは低い。

太平洋におけるアジアの海岸付近の海水中のHCH濃度の測定結果を図5-4に示した。赤道の北緯0度付近から北極圏の80度付近へ緯度が高くなるにつれ、濃度が上昇していく傾向が見られる。「地球規模蒸留作用」や「バッタ効果」が反映しているのである。

では、海洋の表層部から深海に向かうPOPsの移動はどうであろうか。大西洋から北極海へのグリーンランドとスヴァールバル諸島の間にあるフラム海峡の深海におけるPOPs汚染についての調査研究によると水深1,000mでのPCBとDDTの濃度がそれぞれ1.3～3.6pg/ℓと5.2～9.1pg/ℓと非常に高い濃度であった（Ma *et al.*, 2018）。また、深さ1万mを超える海溝底に棲むヨコエビの体内から高濃度のPCBなどが検出されたことが発表されている（Jamieson A., 2015）。したがって、深海にもPOPs汚染が広がっていることは間違いない。

POPsは、生分解性はなく、太陽光（紫外線）によって分解、劣化するが、表層部以外は紫外線が届かないため、光分解も起きにくい。いったん海洋に入り込んだPOPsは、長期間にわたり蓄積されることになる。POPsの海洋や土壌中の特定の場所の濃度が変動しても、主原因は移動によるもので、総量はあまり変化していないと推定される。

海洋中のPOPsの生態系への影響

環境中に放出された物質が、海水中や大気中に検出されるとはいえ、それを直接飲んだり、吸ったりしても、影響が出るほどの濃度ではない。しかし、生物の食物連鎖を通じて汚染物質が生物体内に濃縮されていく「生物濃縮」が起こり、食物連鎖の頂点に近い生物ほど、濃縮度は高くなり、汚染の影響を受ける事になる。図5-5にアメリカのロングアイランド沿岸の海水と海洋生物体内のDDT濃度を示す。食物連鎖によって生物体内濃度が増大する傾向が明らかである。

西部太平洋の外洋生態系の有機塩素化合物の濃度測定結果（立川, 1988）からも、同様の傾向が見られる。この場合、海の表層水中のPCBとDDT濃度はそれぞれ0.28、0.14ng/ℓであったが、動物プランクトンの体内濃度は1.8、1.7μg/kgで、海水中のおよそ6,400倍と1万2,000倍に濃縮される。さらに、プランクトンを食べるハダカイワシやスルメイカでは体内濃度は海水濃度の17～24万倍と16～31万倍、イワシやイカを餌とするスジイルカの場合は体

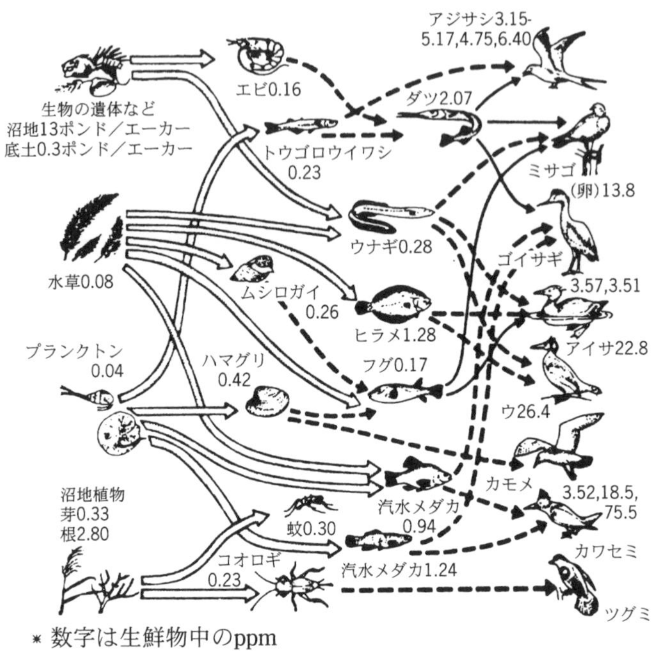

図5-5　アメリカ・ロングアイランド沿岸域の食物連鎖と生物体内のDDT濃度

出典：Woodwell (1967)、宮崎（1992）

内濃度が海水濃度の370万倍と520万倍、シャチのPCBの体内濃度は海水中の4,100万倍にも達した。ただし、生物濃縮の度合いは汚染物質の種類によってかなり異なり、HCHの場合はPCBやDDTほど濃縮されず、スジイルカの体内濃度は海水濃度の3万7,000倍で、PCBやDDTの数百分の1から千分の1程度の濃縮係数を示した。

広範な有機塩素化合物汚染と生物濃縮の影響を示す代表的な出来事として、1988年の春頃から1年ほどにわたって、北海に面するスウェーデン、デンマーク、ドイツ、ノルウェー、イギリス、オランダなどの海岸に大量のアザラシの死骸が漂着した不気味な事件がある。約1年間で打ち上げられた死体は1万8千頭に達し、アザラシが全滅してしまった生息地もある。死因調査の結果、直接的な原因は犬のジステンバーウイルス類似の感染と推定されたが、その背景には、海洋中のPOPsが食物連鎖によってアザラシの体内に濃縮され、アザラシの免疫力が低下したと推定された。このような海洋哺乳動物の大量死はその後も起きており、今後もくり返される可能性がある。

日本の周辺海域に棲息する動物では、シャチやイルカ、アホウドリなどはアザラシより体内PCB濃度が高いことが報告されている（鈴木聡、2009年）。

人間も魚類や汚染土で栽培された農作物の摂取を通じて、自ら放出したPOPsを取り込むことになる。人間の脂肪や母乳中にPOPsが検出されている。DDTの場合、先進国でも途上国でも人の脂肪組織や母乳中にDDTが検出され、現在もDDTを使用しているインド人は高い傾向がある。このような汚染が地球的規模でさらに拡大すれば、人間を含む陸上の生態系にも重大な影響をもたらす可能性は否定できない。今後も有機ハロゲン化合物のような毒性で長寿命の物質の利用は禁止し、ダイオキシンの発生源となる廃棄物焼却も抑制しなければならない。また、食物中のPOPs濃度に関する情報を開示するなど、人間への影響を小さくする対策をとることが望ましい。

3　POPs汚染の軽減・防止対策

ストックホルム条約の継続強化

ストックホルム条約は2004年に発効したが、その後の締約国会議でも規制対象となるPOPsが追加されている。毒性、難分解性、生物蓄積性、長距離移動性の四つの特性をもつことが判明した物質については、今後も追加していくことが重要である。同時に、これらの物質のうち現在も製造されている「附属書B（制限）」に属するDDTや「附属書C（非意図的生成物）」に属するダイオキシン類などは、たとえ少量であっても排出されれば、その分だけ環境中に蓄積されていくので、これらも排出ゼロをめざさねばならない。

「附属書B（制限）」のDDTについては、前述のように使用禁止後にマラリア患者が増加したために、ハマダラ蚊の防除用に限定的な使用が認められるようになった。WHOによると、2018年の世界のマラリア患者数は推定2.3億人、死者数40.5万人で、以前よりは減少しているとはいえ、アフリカを中心になお多数にのぼっている。しかし、DDTに耐性をもつ蚊が増加しているうえに、マラリアの感染予防に有効な防蚊対策（虫除けスプレーや蚊帳の利用など）、予防薬や治療薬も使われるようになっており、DDTが不可欠という状況ではなくなってきている。DDT以外の手段でマラリアを根絶できるようにし、DDTを廃絶できるようにすることが望ましい。

DDT以外に「附属書B（制限）」に、フッ素化合物であるパーフルロオクタンスルホン酸（PFOS）とその塩、パーフルオロオクタンスルホニルフルオリド（PFOSF）が属している。フッ素化合物は安定で揮発しやすく、北極圏の野生動物から高濃度のPFOSが検出されている。また、これらは人間や野生動物に免疫異常をもたらすことが危惧されている。これらの物質は、半導体用途や写真フィルム用途などに製造・使用などが限定的に認められているが、代替物質を使用して「附属書A（廃絶）」に移すべきである。

ダイオキシン類など非意図的生成物による汚染の防止

ストックホルム条約における「附属書C（非意図的生成物）」に属するPOPsついても、可能なかぎり廃絶することが望ましい。ここには七つの化合物が挙げられているが、そのなかでも廃棄物焼却過程で生成する猛毒のダイオキシン類などのPCDDやPCDFについては、発生源を根本的に断つことをめざさねばならない。日本は世界で最も廃棄物焼却場が多い国であるが、ダイオキシン類の発生削減のために高温焼却と焼却場の大型化を実施してきた。その結果、前述のように以前よりも発生量を削減することができた。しかし、発生をゼロにできたわけではない。

発生をさらに削減するために、ポリ塩化ビニルやポリ塩化ビニリデンのような塩素を含むプラスチックを廃棄物に混入してはいけない。これらを原料とするラップのような包装材料や使い捨て製品を減らし、焼却処理ではなく可能な限りリサイクルするべきである。まず、デンマークなどが実施しているように、使い捨て容器などへの有機塩素系材料の使用は早急に禁止すべきである。それでも少量のダイオキシンが発生する可能性があるが、焼却炉のフィルターで捕集した飛灰などはドイツなどで実施しているように十分に安全な場所に保管する必要がある。

しかし、それらが実施されるまで放置しておくわけにはいかない。筆者は京都生協の環境審査委員長を務めたことがあり、その際、「プラスチック委員会」を設置して、生協で使用されているポリ塩化ビニルやポリ塩化ビニリデンを利用した包装や容器類をすべて廃絶した。食料品を販売する店舗でこのような取り組みが広がることを期待したい。また私たち市民も、ポリ塩化ビニル製の使い捨て手袋や傘、農業用フィルムなどやポリ塩化ビニリデン製ラップなどの購入や使用を控えることが望ましい。市民、消費者サイドがそのような行動をとることで、生産を廃絶する方向にもっていく必要があろう。

4　合成高分子材料の種類と特性

次に、海洋汚染の主因となってきたプラスチックなどの合成高分子材料について、種類と特性について解説しよう。

合成高分子材料とは

人間がさまざまな製品に使用している固体の材料には、金属やセラミックス類に代表される無機材料と炭素を骨格とする分子構造をもつ有機材料がある。固体の有機材料は分子量が大きい高分子材料であるが、それは生物由来の天然高分子材料と石油などを原料に化学的に合成された合成高分子材料がある。

合成高分子材料を特性や用途によって分類すると、プラスチック（合成樹脂）、合成繊維、合成ゴム、合成皮革、合成塗料、合成接着剤などがある。その中でプラスチックが最大の生産量で、合成繊維、合成ゴムが続くが、この三つで大半を占め、大量に廃棄されて海洋や土壌の環境汚染をもたらしている。

汎用プラスチックとエンジニアリングプラスチック

プラスチックは合成樹脂とも呼ばれるように、石油などから得られる原料から人工的に合成した樹脂状の高分子材料のことである。プラスチックには、熱をかけると溶融して成型しやすい熱可塑性樹脂と、熱をかけると硬化する熱硬化性樹脂がある。また、特性や機能によって、価格が安く日用品などに広範囲に利用されている汎用プラスチックと、高強度や高耐熱性などの高度な機能を有するエンジニアリングプラスチック（エンプラ）に分類される。エンプラよりさらに高度な機能をもつものはスーパーエンジニアリングプラスチック（スーパーエンプラ）と呼ばれている。

汎用プラスチックの大半は熱可塑性でである。製造コストが安価で、軽量かつ水や空気を通しにくく、衛生的でもあるので、レジ袋をはじめ、食品や飲料を含むさまざまな製品の包装材や容器など、使い捨てプラスチックとして大量に生産、使用されてきた。その代表的なものとして、低密度ポリエチレン（LDPE）、高密度ポリエチレン（HDPE）、ポリプロピレン（PP）、ポリスチレン

（PS）、ポリエチレンテレフタレート（PET）などがある。これらは、すべて石油化学製品である。LDPEとHDPEはエチレン、PPはプロピレン、PSはスチレンいう低分子の単体（モノマー）を数多く（通常、数十から数万個）結合して得られる鎖状の高分子（ポリマー）である。

低密度ポリエチレン（LDPE）と高密度ポリエチレン（HDPE）は製造方法が異なり、前者は分岐が多い高分子なので結晶性や融点が低く、柔らかいのに対し、後者は直鎖状高分子なので結晶性や融点、強度も高い。PETはエチレングリコールとテレフタル酸の縮合重合により製造される。これらの高分子材料はいずれも熱をかけると溶融して液状になるので、それを溶融成型後に常温に戻してフィルム、シート、ボトルなどに製品化できる。

一方、耐熱性や耐摩耗性、強度に優れたエンプラには、ナイロンに代表されるポリアミド（PA）、ポリカーボネート（PC）、ポリアセタール（POM）、ポリブチレンテレフタレート（PBT）などがある。さらに、エンプラより高い機能をもつスーパーエンプラとして、ポリエーテルイミド（PEI）、ポリスルホン（PSU）、ポリアミドイミド（PAI）、液晶ポリマー（LCP）、ポリテトラフルオロエチレン（PTFE）などがある。

これらは、それぞれの特性を生かして、自動車、電気電子製品、工業機械などの部品に利用されている。たとえば、筆者が研究開発に携わった全芳香属ポリエステルのスミカスーパーLCP（旧エコノール）は、400℃の高温でも溶融せず、耐熱性（260℃での長期使用可能）、難燃性、耐薬品性、高精度成型性を有し、高価ではあるが、その特性を生かして電子部品の検査治具、ガラス製造治具、高温軸受、電気絶縁部品などの特殊用途に使われている。そのため、生産量は汎用プラスチックに比べると格段に少なく、使用期間も長いので、廃棄量も少量である。

合成繊維、合成ゴムなど

繊維やゴム、皮革、塗料、接着剤も昔は天然由来のものが利用されていたが、現在では石油などを原料とする合成高分子材料が数多く利用されている。

合成ゴムと合成繊維は、プラスチックよりも早く合成方法が発見され、生産、利用されはじめた。最初の合成ゴムは1930年に米デュポン社の研究員コリンズが開発したポリクロロプレン（商品名「ネオプレン」）で、最初の合成繊維は1935年に同研究員のカロザースが開発した商品名「ナイロン」のポリアミドであり、工業生産されるようになった。とくにナイロンは滑らかな肌触りと美しい光沢を備え、染色性もよいうえに強度も強く、「絹よりも美しく鋼鉄よりも強い」のキャッチフレーズで衣類に使われはじめた。このため合成繊維や高分子材料に対する世界の注目度が急速に高まり、プラスチックの生産、利用が拡大していく契機となった（『ナイロンの発見』）。

現在では、合成繊維はナイロンに加えて、ポリエステルやポリアクリロニトリル（アクリル繊維）、京大の故桜田一郎教授が生み出したビニロン、ポリエチレン繊維、ポリプロピレン繊維などのさまざまな繊維が生産され、それぞれの特性に応じて衣類などに利用されている。これらの繊維となる合成高分子材料はいずれもプラスチックの原料にもなるもので、繊維の形状で利用するか、プラスチック成型品として利用するかが違うだけである。たとえば、ポリエチレンテレフタレート（PET）という合成高分子材料を繊維状にすればポリエステル繊維であり、飲料容器に成型したものがPETボトルである。余談であるが、筆者の学生時代の恩師である故岡村誠三教授は桜田教授の教え子であり、筆者は桜田教授の孫弟子に当たる。

合成ゴムには、汎用ゴムとして、上記のネオプレン（クロロプレンゴム; CR）以外に、スチレン・ブタジエンゴム（SBR）、ブタジエンゴム（BR）、イソプレンゴム（IR）、エチレン・プロピレン・ジエンゴム（EPDM）、アクリロニトリル・ブタジエンゴム（NBR）があり、タイヤや生活用品などの大量用途の材料になっている。また、耐熱性や耐油性などの特性をもつ特殊ゴムには、アクリルゴム（ACM）、フッ素ゴム（FKM）、シリコーンゴム（Q）などがあり、自動車や工業機械の部品などに利用されている。なお、タイヤなどの高強度が求められる用途に使用されるゴムは、鎖状の高分子に硫黄などを使って網目状の三次元構造にしているため、自然界に廃棄されるときわめて分解しにくい。

合成皮革は、主として合成繊維で織った布の上にポリ塩化ビニルやポリウレタンのようなプラスチックを溶融して塗布したもののことであり、やはり合成高分子材料から製造されている。また、合成塗料や合成接着剤も石油原料からの化学合成高分子物質が多い（なお、塗装や接着以前には高分子でなく、その原料の低分子であって、塗装や接着以後に高分子になる場合もある）。

海洋汚染物質の主流はプラスチックであるが、合成繊維や合成ゴム由来のものがかなりの比率を占めている。たとえば、廃棄された漁網や釣り糸などは合成繊維からの製造物であり、衣類やマスクなどの布製品も廃棄されている。合成ゴムから製造された多数の古タイヤで人口魚礁が造られ、放置されたりしている。また、自動車のタイヤは利用中につねに摩耗して粉塵となり、風で運ばれて海に落ちたり、雨水で河川に流れ込んで海に入りこんだりして、マイクロプラスチックの一定部分を構成していると考えられている。

合成高分子材料の特性

これらプラスチックなどの合成高分子材料は、すでに述べたように、その種類ごとに異なる特性があり、それに応じたさまざまな用途に使い分けられている。ところが、種類に関わらない共通の特性もある。それは、微生物により分解（生分解）されにくいという特性である（ただし、紫外線による光分解は起きる）。この特性は、材料として利用する際には、きれいで腐らず、長持ちするといった利点になるが、廃棄した場合、太陽光が届きにくい海洋や土壌中に入り込むといつまでも残留し、環境を汚染してしまうのである。

一方、自然由来の天然樹脂、木綿や麻、羊毛、絹などの天然繊維、天然ゴム、木材、紙などもプラスチックと同様に高分子化合物であるが、これらの物質は環境中に放出されても、微生物によって徐々にCO_2や水などの低分子物質に分解されて消滅するので環境を汚染しにくい。

5　合成高分子材料の生産と利用の問題点

プラスチックなどの合成高分子材料による環境汚染は、これまでの生産と利用のあり方にある。そこで、これらの生産と利用の状況を分析し、問題点と課題を考察する。

世界のプラスチック、合成繊維の生産と廃棄

図 5-6 に示すように、世界のプラスチック生産量は増加し続けている。2018 年にはプラスチックが 3.6 億トン、合成繊維を加えると 4.3 億トンにもなる。1940 年代以降 2018 年までの累積総生産量は 91 億トンに達している。この膨大な合成高分子材料の利用方法や利用後の処理方法が不適切であるため、環境への廃棄量が増加し、海洋汚染をはじめ、地球環境に重大な影響を与えている。

では、どのような種類や用途のプラスチックがどのような割合で生産され、廃棄されているのであろうか。Geyer らの研究成果をもとに分析してみよう。

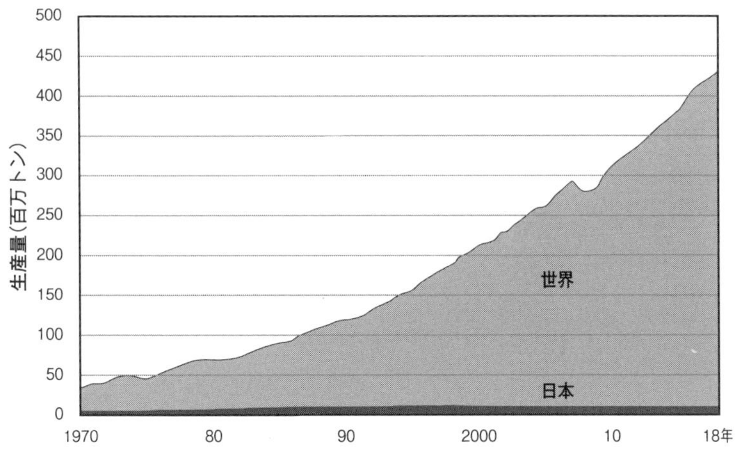

図５-６　世界と日本のプラスチック(合成繊維を含む)生産量の推移

図５-7、5-8 にプラスチックと合成繊維の生産量（左）と廃棄量（右）の種類別内訳と用途別内訳を示した。

生産量の種類別内訳では、PP が 17％、LDPE が 16％、繊維が 14％、HDPE が 13％と高く、PVC、PET、PU、PS などが続く（図 5-7 左）。廃棄量の内訳でも、種類別の比率の順番はほぼ生産量と同様であるが、PP、LDPE、PET の比率が生産量のそれよりも高くなっており、PVC や PU の比率が低下していることがわかる（図 5-7 右）。PP、LDPE、PET の合計比率は、生産量の 41％に対して廃棄量は 47％と廃棄量のほうが

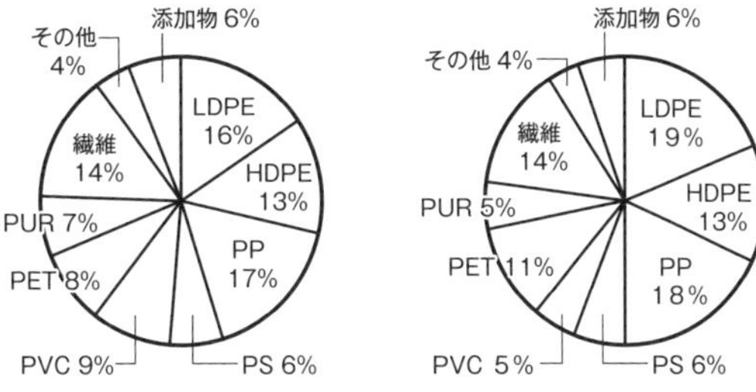

図５-７　プラスチック(合成繊維を含む)生産量(左)と廃棄量(右)の種類別内訳(2015 年)

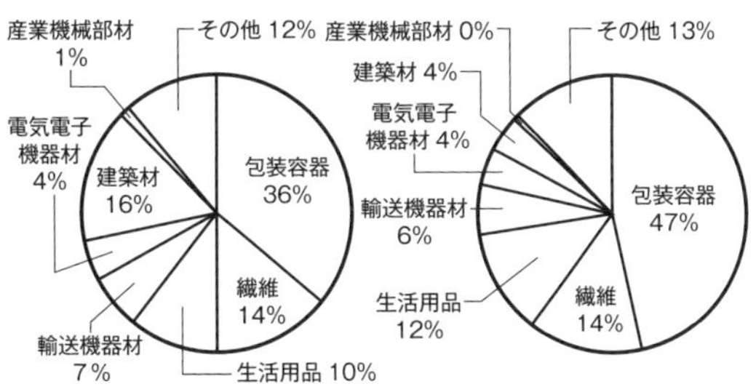

図５-８　プラスチック(合成繊維を含む)生産量(左)と廃棄量(右)の用途別割合(2015 年)

高い。汎用プラスチックと繊維を合わせると。生産量でも廃棄量でも90%を占めており、その他に入るエンプラやスーパーエンプラは少なく、全体の4%に過ぎない。

用途別の生産量では包装容器が36%と3分の1以上を占め、次いで繊維と建築材が16%、生活用品が10%と高く、輸送機器、電気電子機器、産業機器の部材の比率は低い（図5-8左）。一方、用途別の廃棄量では容器包装が47%と生産量より高く、生活用品も12%と高いが、建築材は生産量での比率の4分の1に低下し、主としてエンプラやスーパーエンプラが使われる輸送機器部材や産業機械部材も低下していることがわかる（図5-8右）。生産量と廃棄量での比率の差は、それぞれの利用期間の相違を反映している。

合成高分子材料の利用期間と廃棄率

これらの用途ごとに廃棄されるまでの利用期間（ライフタイム）は、平均で包装容器が半年、次いで生活用品が3年、繊維が5年、電気電子機器部材が8年、輸送機器部材が13年、建築材が20年、産業機械部材が35年となっている（Geyer *et al.*, 2017）。つまり、包装容器や生活用品、繊維は短期間で廃棄され、建築材や機器部材はそれらより長期間使用されている。その結果、上述のように、廃棄物のうち包装容器や生活用品などの比率が高くなっているのである。

PPの主用途は食品のパッケージやラップ、LDPEの主用途はポリ袋や食品ラップ、農業用フィルムなどである。HDPEはボトルやパイプ、おもちゃなどに使われている。塩ビ樹脂はパイプや電線被覆、建築資材、農業用フィルム、PSは容器やトレー、家電製品や自動車用、PETはボトル、フィルム、繊維、ポリウレタンは発泡製品としてクッションや建設資材などに使用される。したがって、容器包装や生活用品などの短期間で廃棄される用途に主として使用されるPPやLDPEが廃棄されやすく、建築材や機器部材に利用される塩ビ樹脂やPU、その他のエンプラやスーパーエンプラなどは長く使用され、廃棄量が少ない。

プラスチック（合成繊維も含む）の種類別・用途別の1年間の生産量と廃棄量および廃棄率（生産量に対する廃棄量の割合）を図5-9、5-10に示した。

図5-9から主要な原料のうち、PVC以外は生産量の半分以上が廃棄されている。図には示していないが、全体の平均廃棄率は74%にもなる。種類別では、PETは97%、LDPEが82%、PPが81%、HDPEが77%と平均より高い。また図5-10からは、生産量が全体の35%と圧倒的に多い容器包装の廃棄率が97%と最高で、生活用品の88%がこれに続く。使用期間が短い容器包装や生

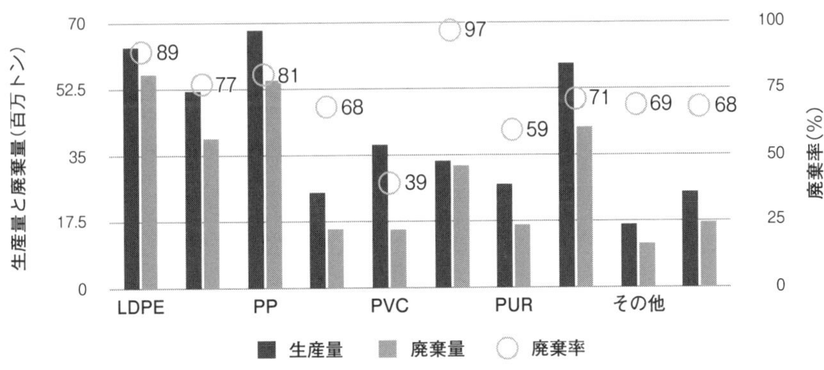

図5-9　プラスチック(合成繊維を含む)の用途別の
生産量と廃棄量、廃棄率(2015年)

出典：Geyer *et al.* (2017) のデータに基づき作図

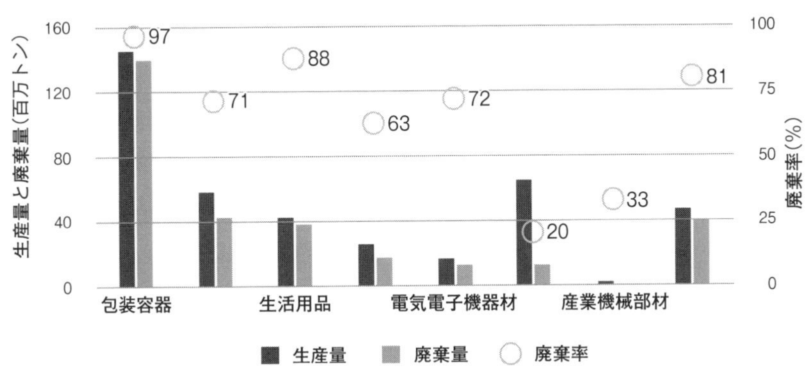

図5-10　プラスチック(合成繊維を含む)の原料別の
生産量と廃棄量、廃棄率(2015年)

出典：Geyer *et al.* (2017) のデータに基づき作図

活用品に利用されている汎用プラスチックの廃棄率が高く、海洋汚染などの環境破壊の要因になっていることが明らかである。

プラスチックの生産から廃棄まで

1950年から2015年までに生産された合成高分子材料（プラスチックや合成繊維）の生産から廃棄までのフローを図5-11に示した。この間、累積での一次

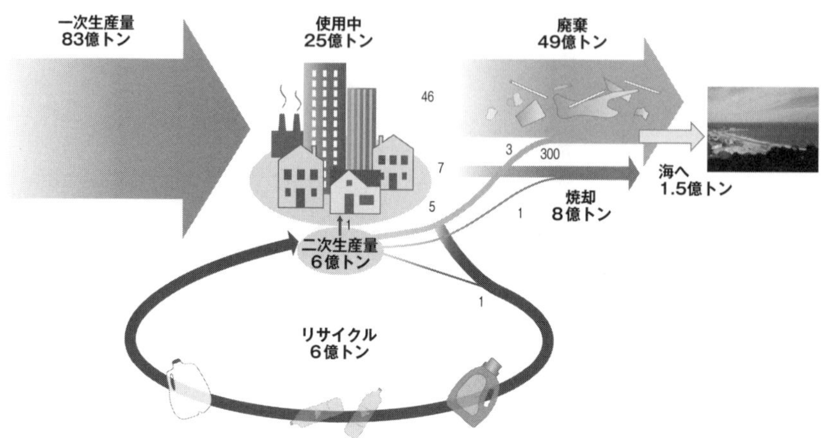

図 5-11　世界の合成高分子材料(プラスチック、合成繊維など)の
1950 年から 2015 年までの生産、使用、廃棄の経緯

出典：Geyer *et. al.* (2017) の図に加筆修正

生産量（石油化学物質を原料に生産した量）は83億トンに達し、そのうち社会内で使用中のものが25億トン（一次生産量の30%)、それらから焼却廃棄した8億トン以外の廃棄量は49億トン（59%）にもなっている。リサイクルした原料から二次生産した製品はわずか6億トン（7%）に過ぎない。廃棄されたうち1.5億トン（2%）が海洋に流れ込んで海洋汚染をもたらしているのである。

最近は、プラスチックだけで世界の沿岸地域（海岸から50kmの範囲）に9,950万トンが廃棄され、そのうち3,190万トンがリサイクルや焼却処理されていない。その結果、約800万トンが海洋に流入している。海洋への流入量は生産量の2.2%に相当するが、これは図の1950～2015年の累積の比率（1.8%）よりもむしろ高くなっている。以前は先進国中心に生産されていたが、最近は途上国が生産量の大半を占めるようになっており、焼却、埋め立て、リサイクルのような適切な廃棄物処理を実施する比率が低下しているからであろう。

6　合成高分子材料による海洋汚染

人間が廃棄した大量のプラスチックなどの合成高分子材料が海洋に残留し、さらに増加しつつある。その結果、美しい砂浜や海岸地域の風景も汚されるとともに、海水中に浮遊し、海底に沈積した無数の大小様々なプラスチックが、海洋の生物に残酷な被害をもたらし続けている。

これらの合成高分子材料は、どのように海に入り、どこに、どのような状態で、どれだけ存在しているのであろうか。また、生物にどのような影響をもたらしているのであろうか。これまでに実施されてきた調査結果に基づいて現状を把握しておこう。

汚染の発生源

まず、海洋のプラスチックなどの合成高分子材料の起源はどこであろうか。海岸地域の住民や海洋で活動する船舶などから海洋に直接投棄する「海洋起源」と、陸上で廃棄されたあと、海洋に移動してくる「陸上起源」がある。

モアの著書では「1975年、アメリカ科学アカデミーは船舶から外洋に毎年635万トンの廃棄物が投棄され、その３分の１がアメリカの船舶からと推定している」。また、1982年の『海洋汚染報告』誌には、毎日63万９千個のプラスチック容器が商船から投棄されていたことも記されている。「船舶による汚染の防止の国際条約（マルポール条約）」が1980年に発効されるまでは、クルーズ船やコンテナ船からも大量のプラスチックを含む廃棄物が海洋に投棄されていたのである。さらに、最近の研究結果からは、漁業などに関連する漁網、ロープ、糸、容器などの合成高分子材料が全体の10％程度を占めることが判明している。このような多様なものを合わせると、海洋起源は全体の２～３割程度を占めると推定されている（Li *et al.*, 2016）。

一方、陸上起源は全体の７～８割を占め、汚染の主因であると推定されている。使用された合成高分子材料が陸上で廃棄されると河川を通じて流れ込んだり、海岸付近に捨てられて風や波で海洋に移動したり、ときには大津波や豪雨水害などの災害の際には陸上から合成高分子材料を含むあらゆる物体が大量に海洋に運ばれる（Li *et al.*, 2016）。

東日本大震災による津波では、膨大な量の建築物、自動車、家具、生活用品など、あらゆるものが太平洋に流れ込んだ。その総量は500万トンで、そのうち金属やコンクリートなどの重量物350万トンは海底に沈み、軽量物150万トンは太平洋に漂流していったと推定されている。漂流物のうち、木や紙などの天然高分子材料はしだいに腐敗して消失していくが、プラスチックや繊維といった合成高分子材料は遠洋まで運ばれ、長期間にわたり海洋を漂うことになる。

実際、2013年になると、発泡スチロールやプラスチックブイなどの物体とそれに付着した日本近海の生物などがアメリカ西海岸に多数漂着したことが報道されている。

河川から海洋へのプラスチック流入

海岸から遠く離れた陸上で廃棄されたプラスチックであっても、河川を通じて海洋に流入する。2015年に世界の河川から海洋への流入量について調査が行われ、年間115万～241万トンに達していると報告されている。海洋に入るプラスチックの年間総量（800万トン）の14～30％が河川由来ということになる。最大が長江（中国）の33.3万トン、次いでガンジス川（インド、バングラデシュ）の11.5万トン、以下10位までに、淮河（中国）の7.39万トン、黄河（中国）の4.08万トン、クロス川（ナイジェリア、カメルーン）の4.03万トン、アマゾン川（ブラジル、ペルーなど）の3.89万トン、ブランタス川（インドネシア）の3.89万トン、パシッグ川（フィリピン）の3.88万トン、エーヤワディー川（ミャンマー）の3.53万トン、ソロ川（インドネシア）の3.25万トンが並んでいる。この研究では、20位までの河川のデータを発表しているが、世界の河川からの総流入量の67％を上位20河川が占めている。(Lebreton *et al.*, 2017)。

20位まではすべて途上国の河川であり、その内訳は、中国が国内のみを流れる6河川と他国と国内を流れる1河川（6＋1）と最多で、次いでインドネシアが4＋0、ナイジェリアが2＋1、コロンビアが1＋1で複数となっている。地域別では、アジアの河川が15で圧倒的に多く、アフリカが3、南米が2である。これらの途上国では、プラスチックの焼却やリサイクルなどの適切な処理がなされておらず、順位はその結果である。すべての調査した河川からの流入量も、アジアが全体の86％を占め、次いでアフリカの8％、南米の5％と続き、先進国が中心の北米（1％）やヨーロッパ（0.3％）、オセアニア（0.02％）は相対的に少ない。

「太平洋ごみベルト」の発見と汚染状況

プラスチック海洋汚染が世界的に注目される契機となったのは、チャールズ・ムーアによる1997年の「太平洋ごみベルト（GPGP）」の発見であろう。北アメリカ大陸から遠く離れた広大な海域に膨大なごみが集積している惨状を目にしたのである。その後、彼は1999年8月に自分のヨットに設置したごみ回収用ネットを使って、この地域の11ヵ所の表層部で最初のプラスチックごみとプランクトンのサンプリングを実施した。その結果、プラスチック片は1 km^2当たり33万4271個で5,114gにあり、重量ではプランクトンの約6倍もあった。プラスチックで最も多かったのは、薄いフィルム、ポリプロピレン繊維（魚網など）と正体不明のプラスチック片であった。

この衝撃的なムーアの調査以降、「太平洋ごみベルト」での数多くの調査が実施されている。2018年に発表されたレブレトンとムーアらの詳細な調査により、以下の事実が明らかになった。

GPGP周辺の海域からトロール船で回収した113万6,145個、668kgのごみの大半99.9%がプラスチックであった。得られたデータから、10kg/km^2から100kg/km^2以上の高いプラスチック濃度のGPGP海域は、160万km^2に及ぶ広大な地域で、西経120～160度、北緯20～45度の範囲の87%程度を占めると推定された（図5-12）。さらに、GPGPの外側には1～10 kg/km^2の濃度の海域が広がっている。北太平洋循環の外の海域は0.1 kg/km^2以下であることも判明した。つまり、GPGP海域には北太平洋循環の外部の500倍以上のプラスチックが存在しているのである。

またGPGPには、総計で1.8兆個（1.1～3.8兆個の範囲）、重量にして7.9万

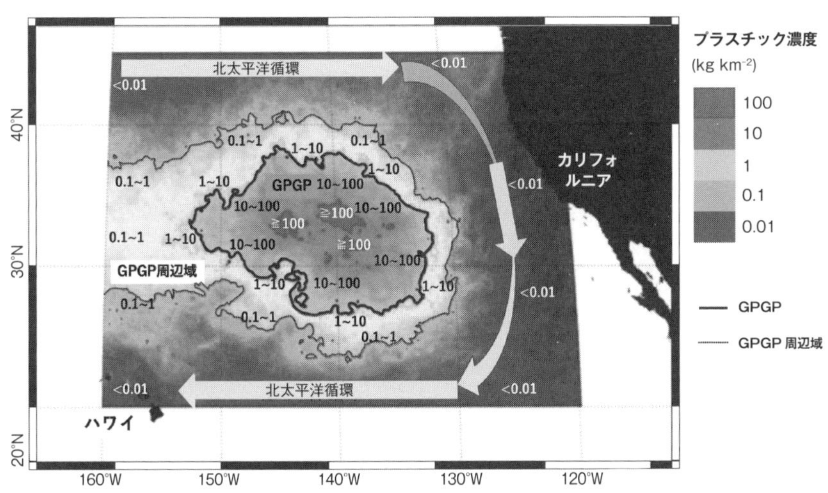

図5-12　太平洋重大汚染海域（GPGP）におけるプラスチック濃度分布

出典：Lebreton *et al.* (2018) の図に北太平洋循環と濃度を加筆

トン（4.5～12.9万トンの範囲）のプラスチック片が存在すると推測された。プラスチック片をマイクロプラスチック（0.05～0.5cm）、メゾプラスチック（0.5～5cm）、マクロプラスチック（5～50cm）、メガプラスチック（50cm以上）に四分類すると、マイクロプラスチックは1.7（1.1～3.5）兆個、6,400（4,100～12,000）トン、メゾプラスチックは560（390～1,040）億個、1（0.69～1.9）万トン、マクロプラスチックは8.21（7.54～9.08）億個、2（1.8～2.2）万トン、メガプラスチック（50cm以上）は320（270～360）万個、4.2（1.6～7.5）万トンのプラスチック片があると推定された。数の上では、大半をマイクロプラスチックが占め、重量ではより大きいプラスチック片が大半を占めていた。

なお、GPGPの存在は、アメリカ海洋大気庁によって1988年にすでに予測されていた。その後、北太平洋環流の影響が指摘されたが、現実にその惨状を明らかにしたムーアの功績は大きい。環流による類似のごみ集積海域がほかに4ヵ所（南太平洋、北・南大西洋、インド洋）存在することも知られている。

世界の海洋における浮揚性プラスチック汚染

世界の海洋全体のプラスチック汚染状況については、エリクセンらが2007年から2013年にかけて南北太平洋、南北大西洋、インド洋、地中海の広範な調査を実施し、その結果から総計で5兆2,500億個、重量にして26万8,940トンのプラスチックで汚染されていると推定している（表5-1）。世界の海洋全域に汚染が拡大していることが明らかになったが、汚染量は海洋に入ったプラ

表5-1　2007～13年に調査された世界の海洋のプラスチック汚染状況

	プラスチックのサイズ	北太平洋	北大西洋	南太平洋	南大西洋	インド洋	地中海	合計
個数（10億個）	0.33-1.00mm	68.8	32.4	17.6	10.6	45.5	8.5	183.0
	1.01-4.75mm	116.0	53.2	26.9	16.7	74.9	14.6	302.0
	4.76-200mm	13.2	7.3	4.4	2.4	9.2	1.6	38.1
	>200mm	0.3	0.2	0.1	0.1	0.2	0.0	0.9
	計	199.0	93.0	491.0	29.7	130.0	24.7	525.0
重量（100トン）	0.33-1.00mm	21.0	10.4	6.5	3.7	14.6	14.1	70.4
	1.01-4.75mm	100.0	42.1	16.9	11.7	60.1	53.8	285.0
	4.76-200mm	109.0	45.2	17.8	12.4	64.6	57.6	306.0
	>200mm	734.0	467.0	169.0	100.0	452.0	106.0	2,028.0
	計	964.0	564.7	210.2	127.8	591.3	231.5	2,689.4

出典：Eriksen *et al.* (2014)

スチック量と比較するときわめて少なかった。

海洋別での比率を計算すると、総重量では北太平洋が36％で最大比率、次いでインド洋が22％、北大西洋が21％、地中海が９％、南太平洋が８％、南大西洋が5％、総個数では北太平洋が38％で最大比率、次いでインド洋が25％、北大西洋が18％、南太平洋が9％、南大西洋が６％、地中海が５％を占めている。人口が多く、プラスチックの利用量も多い北半球の海洋が南半球の海洋より汚染量も多かった。

プラスチックの国別生産量で最大の30％の中国を含むアジアが地域別で最大の51％、北米も18％を占め、北太平洋沿岸地域の生産量は合わせて69％に達し、廃棄量でも同様に多いことが、北太平洋の汚染量が最大である理由である。汚染量がそれに続くインド洋も周囲のインドなどの南アジアの生産量、廃棄量が多いためである。北大西洋の沿岸地域の生産量は北米の18％と欧州の17％を合わせて35％である。沿岸地域の生産量や廃棄量が多い海洋ほど汚染量も多いのは納得できるが、南太平洋や南大西洋の沿岸地域の生産量は世界の数％しかないのを考えると、これらの海洋の汚染度は予想外に多い。後述するように、海流や風によって大量の移動が起きているのである。

エリクセンはプラスチック片のサイズを0.33～1.00mm、1.01～4.75mm、4.75～200mm、200mm超の４区分にしているが、個数では最小の0.33～1.00mmが全体の35％、次に小さい1.01～4.75mmが58％、両者を合わせると93％と大半を占める。一方、重量では最大の200mm超が75％と高比率を占め、0.33～1.00mmは3％以下である。

また、磯辺らは日本周辺海域および南極から東京にいたる太平洋縦断航路でのマイクロプラスチックの調査を2014年に実施し、日本海を中心にした東アジア海洋の浮遊密度が世界平均の27倍と突出して高いことを報告している。さらに、南極海でも浮遊マイクロプラスチックを確認し、マイクロプラスチック汚染が地球規模に広がっていることを示唆した。

海洋プラスチック汚染の拡大と蓄積

上述のように、海洋の合成高分子材料による汚染に関して多くの研究がなされてきたが、それらから推定された海洋に存在する合成高分子材料の量は、流入量よりもはるかに少なく、その差はどうなっているのか、不明であった。

最近、レブレトンら（2019）の研究によって、この疑問について一つの説明が与えられた。彼らは、浮揚性のプラスチック片の地球規模の賦存量について、海岸線沿い（陸上）、沿岸海域（水深200m未満の海洋）、遠洋海域（水深200m以上の海洋）に区分し、プラスチック片については0.5cm未満のマイクロプラスチックと0.5cm以上のマクロプラスチックに分類した調査結果を報告している。図5-13に示したように、海洋に入ったプラスチックは、太陽光が届く水深200m未満の海洋表層部や海岸線地域では、光分解してマクロプラスチックからマイクロプラスチックに変化するとともに、各地域間を移動し、海岸線地域に漂着、沈着して土壌の表層部や内部に貯まり、波などで沿岸海域に再度放出されたりしている。

このモデルでは、毎年、廃棄されたプラスチックのうち「i」の割合で海洋に入り、各地域で「d」の割合でマクロプラスチックからマイクロプラスチックに分解する。また、沿岸海域から「r」の割合で海岸線地域に漂着沈積し、漂着沈積状態から「s」の割合でふたたび沿岸海域に戻る。沿岸海域から遠洋海域へは「t」の割合で移動する。本研究とこれまでの研究結果を踏まえて、i = 1.7 ～ 4.6%、d（ds,dc,do）= 3 %、r= 1 %、s = 97%、t = 33%と設定された。

このモデルに基づいて推定された2015年の海洋環境中の浮遊性プラスチックの存在地域の分布状態は、図5-14に示したとおりである。従来、推定された1950年以降に海洋に入ったプラスチック量（7,000万トンから1億8,900万ト

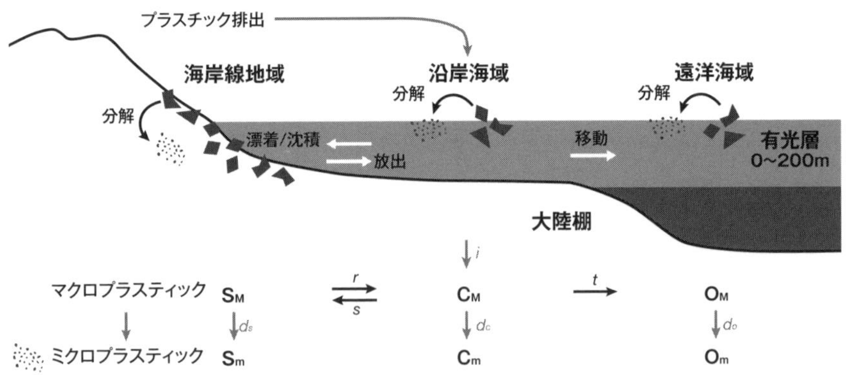

図5-13　海洋各地域でのマクロプラスチックからマイクロプラスチックへの分解と地域間での動きのモデル

出典：Lebreton *et al.* (2019)

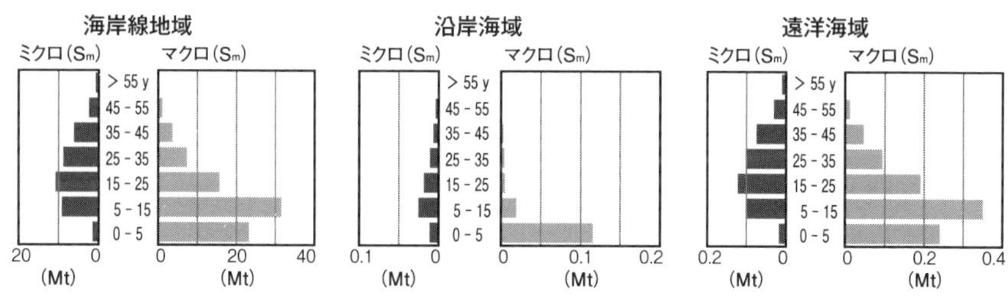

図 5-14　海洋各地域でのマクロプラスチックからマイクロプラスチックのの地域別、廃棄後経年別の重量分布（2015 年）

ン）と海洋中の推定蓄積量（61 万トンから 165 万トン）との間の大きな差は下記のように説明されている。「海洋に入ったマクロプラスチックの大部分(66.8%)が、海岸線沿いの陸域に打ち上げられ、放置されたり埋まったりしており、その重量は 4,670 万～1 億 2,640 万トンに達する。また、自然界でマクロプラスチックが分解されて生じたマイクロプラスチックは海洋に入ったプラスチックの 32.3%を占めており、そのうち 2,230 万～6,040 万トンが海岸線地域に 29～80 万トンが海洋中に蓄積されている」。このように、海洋に入ったプラスチックのうち、その 99%に相当する 6,900 万～1 億 8,680 万トンが海岸線周辺の陸上地域に蓄積されていると推定されるのである。

図 5-14 に示すように、沿岸地域の表層水付近のマクロプラスチックのうち、最も大量に存在するのは廃棄後 5 年以内のもので、約 79%が蓄積されている。一方、遠洋海域には、廃棄後 5 年以内のものはわずか 26%に過ぎず、それより古いものがより多く蓄積されている。また、マイクロプラスチックの大半（74%）が 2000 年以前に廃棄された古いプラスチック由来で、1990 年代のものが 27%、それ以前のものが 47 %を占めている。

こうして海洋に入った合成高分子材料は、海岸線沿いの陸域に大量に蓄積されており、海水中に存在するものと合わせると海洋周辺に残存しており、分解と移動などにより今後も長期間にわたり海洋汚染が続くことが示された。

マクロ合成高分子物質による海洋生態系への影響

合成高分子材料の海洋汚染による野生生物被害のうち、比較的大きい汚染物質による被害については、絡まりと誤食や誤飲が主たる原因である。絡まり被害は、魚網、釣り糸などの繊維、プラスチックやゴム製のブイ、罠、風船、ポリ袋、食品包装類によって起きている。海鳥、亀、海洋哺乳類の誤食や誤飲は、ポリ袋、台所用品（プラスチック製スプーン、ナイフ、フォークなど）、風船、繊維などが原因であった。

とくに魚網による絡まりでは、クジラ、オットセイ、アザラシなどの哺乳動物やウミガメなどが動けなくなって、溺死、餓死、捕食者による攻撃、締めつけ、怪我などで死亡することが多い。北西大西洋での大型クジラの調査から、1970～2009年の間に323頭が絡まりで、船舶との衝突で171頭が死亡したとされている（Van Der Hoop *et al.*, 2012）。これまでの研究結果から、国際捕鯨委員会は、魚網などの合成繊維やプラスチック汚染物による絡まりにより、年間30万頭以上ものクジラやイルカが死亡しているという推定もしている。

合成高分子材料汚染物質の誤食や誤飲による被害も拡大している。野生生物がこれらの物質を餌と間違えるのは、色や形状の類似性（たとえば、ポリ袋はクラゲとよく似ている）やこれらの物質に付着した海藻などの臭いによるものと考えられている。アホウドリのような海鳥の雛の体内から大量の飲料容器の蓋やプラスチック片が見つかったり、死亡したウミガメやクジラ類の体内から大量のポリ袋が見つかったり、という事例は数多く報告されている。

プラスチックや繊維類の誤食や絡まりなどによる被害生物種も増加している（Kuehn. 2015）。被害種数は、1997年の267種から2015年には557種に倍増した。ウミガメ類では1997年の86％から2015年には100％（7種のすべて）、哺乳動物では43％から66％（123種のうち81種）、海鳥では44％から50％（406種のうち203種）に被害種が増加した。なお、2015年に魚類は89種、海洋無脊椎動物（エビ、カニ、イカなど）は92種が被害を受けたが、これらは種数が膨大で調査数は少数なので比率は出ていない。また、ヒゲクジラは69％（13種のうち9種）、アシカは100％（13種のすべて）で魚網や紐、糸類の絡まり被害が観察された。

マイクロ合成高分子物質片による海洋生態系への影響

マクロな汚染物質による被害に加えて、最近は5mm以下のマイクロプラスチックなどによる被害の研究が数多く、発表されている。このような小さい汚染物質は海洋全体に広く分散しており、マクロな物質よりはるかに多くの野生生物種、たとえばサンゴ、植物プランクトン、動物プランクトン、ウニ、貝類、魚類、エビやカニなどがその体内に取り込んでいる。

マイクロプラスチックの摂取による生物影響についてはすでに研究がいくつかあり、たとえばサンゴは、マイクロプラスチックの摂取により給餌能力やエネルギー貯蔵量の低下が起きている（Reichert *et al.*, 2017）。

植物プランクトンの場合、細胞壁からマイクロプラスチックが侵入すると、クロロフィルによる光吸収が低下する（Nerland *et al.*, 2014）。動物プランクトンにとっても、マイクロプラスチックの摂取は健康に悪影響を与えることがわかっている（Chatterjee *et al.*, 2019）。またカキにポリスチレンのマイクロプラスチックを２ヵ月間、与え続けると、卵母細胞数が38％、大きさが５％、精子速度が23％、それぞれ低下し、生殖能力が落ちると報告されている（Sussarellu *et al.*, 2016）。

マイクロプラスチックの生物への影響は、そのものだけでなくマイクロプラスチックに吸着している有毒物質によって強まる場合がある。マクロプラスチックの光分解でマイクロプラスチックが生成する際、プラスチックの添加物が海水中に溶出している。添加物には、柔軟剤としてフタル酸エステル、難燃剤としてポリ臭化ジフェニルエーテル（PBDE）、老化防止材としてノニルフェノール、抗酸化剤や可塑剤としてビスフェノールＡ（BPA）などが使用されているが、フタル酸エステルは生殖毒性があり、ポリ臭化ビフェニル（PBDE）は急性毒性が低いが、光や熱分解で高毒性の臭素化ダイオキシンを発生、ノニルフェノールとビスフェノールＡは内分泌撹乱作用があり、海洋生物への悪影響が危惧される。これらの添加物は海水に溶出後、マイクロプラスチックに再吸着され、生物体内に取り込まれるからである。

さらに、海水中に含まれるDDT、BHC、PCB、ダイオキシン類などの残留性有毒物質もマイクロプラスチックに吸着されやすいので、マイクロプラスチックの誤食によってこれらが生物体内に取り込まれ、食物連鎖による生物濃縮も起きる。このように、有機物である添加物や残留性有毒物質を吸着したマイクロプラスチックが海洋生物体内に入り込むと、食物連鎖を通じて人体にも入り込んでくるため、長期的には人間への悪影響も危惧される（Hermabessiere *et al.*, 2017）。

プラスチック付着生物による海洋生態系の撹乱

プラスチックなどの合成高分子材料による海洋汚染は、生態系に新たな問題をもたらしている。それは、汚染物質に付着した藻類や貝類などの生物種が広大な海洋を漂って、生息域を越えて外来種として拡散することである。陸上生物でも外来種による生態系の撹乱が生じる例は数多くあるが、海洋でも船舶に付着して移動する生物に加え、海洋汚染物質が運び屋となる外来種問題が起きている。

典型例として、2011年の東日本大震災で発生した津波は、東北地方から膨大なごみを太平洋に流入させ、6年間の漂流の末、日本から数千km離れた北米大陸の西海岸やハワイにプラスチックごみなどとともにそれに付着した多数の海洋動物が漂着した。その内訳は、貝類やイソギンチャクなどの無脊椎動物268種、魚2種、ミドリムシなどの原生生物19種、計289種にものぼり、北米では未確認の生物まで含まれていたようである。

7　合成高分子材料による海洋汚染予測と防止対策

現在、すでに合成高分子材料による海洋汚染は、海洋生態系への影響も広がるなど、深刻な状態になっており、生態系や人間にまで悪影響を与える。今後の汚染予測と現在の世界の対応をふまえて、海洋環境の改善対策について考察しよう。

海洋プラスチック汚染の未来予測

レブレトンらは、動的モデルを使って、2050年までの汚染状態の推移を三つの場合、①プラスチックの年間生産量が2005～2015年の平均伸び率で増加する場合、②廃棄量が2020年の予測値でその後も推移する場合、③2020年以降は廃棄量をゼロにする場合、について予測している。図5-15に、2050年までの海洋の表層部のマクロプラスチックとマイクロプラスチックの重量推移を予測した結果を示す。

廃棄量が増加し続けた場合は、いずれも2050年に汚染は数倍に悪化するが、廃棄量を2020年レベルで維持したとしても、マクロプラスチックは2倍以上、マイクロプラスチックでは4倍近く悪化すると予測された。また、2020年以降に廃棄をゼロにした場合でも、マクロプラスチックの汚染は改善していくが、マイクロプラスチックのほうは改善されず、2050年には2倍程度悪化すると予測された。海岸線周辺の陸上地域に蓄積されている大量のプラスチックがふたたび海水中に入り込み、マイクロプラスチックの供給源であり続けるからであ

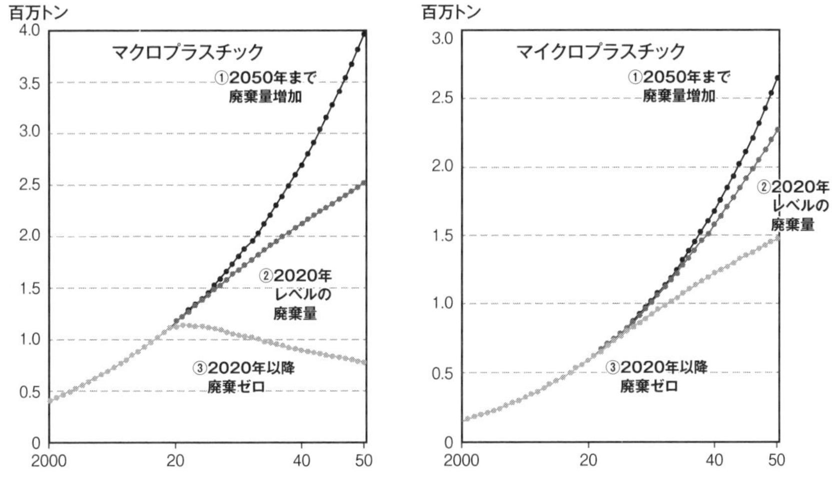

図５-15　海洋表層部のマクロプラスチックと
マイクロプラスチックの汚染量の推移予測

出典：Lebreton, L., Egger, M., & Slat, B. (2019)

る。

この予測研究から、今後、マイクロプラスチックを減少させるためには、プラスチックの使い捨て利用を早急になくして廃棄量を減少させるとともに、海洋や海岸地帯に存在するプラスチックの除去も進めていく必要があることが明らかになった。

さらに、海岸地帯以外の陸上に廃棄されたプラスチックが分解してマイクロプラスチック化し、河川や大気を通じて海洋に入っていることも考えられる。また、津波や水害などの際に陸上から運び込まれるマイクロプラスチックもあるだろう。したがって、あらゆる環境に廃棄されたプラスチックをはじめとする合成高分子化合物を回収していくことも重要であろう。

汚染防止の国際的動向

最終章第５節の「物的生産消費活動」の項で論じるが、あらゆる人工合成化合物については人間がコントロールできないような条件で環境中に廃棄すべきでない。したがって、プラスチックなど合成高分子化合物も３R（リデュース、リユース、リサイクル）に基づいて、廃棄物の約半分を占める使い捨て的な容器包装（レジ袋、食品トレー、飲料ボトルなど）への汎用プラスチック利用を削減し、そのうえであらゆるプラスチックを可能なかぎり再使用（リユース）する。そして、それらが困難な場合には、リサイクルあるいは焼却によってそのエネルギーを発電や熱として回収していくという原則を確立することで、廃棄量ゼロをめざさねばならない。本来、いかなる人工材料も使い捨て的な利用をすべきでないのである。

欧州諸国は、このような持続可能な物質利用システムを世界に先駆けて構築する政策を採ってきた。1971年にデンマークが、プラスチック製や金属製を含め、すべての飲料容器について使い捨てを禁止し、リユースあるいはリサイクルできるもののみを認めた。1993年にはポリ袋も禁止した。それ以外のプラスチック廃棄物は熱電併給の燃料として利用した。

デンマークの取り組みを契機に、1990年代前半までに西欧全体に使い捨て飲料容器の禁止、プラスチックなどのリサイクル、焼却によるエネルギー回収、地下への埋め立てにより環境への排出を抑制するシステムが普及した。この方式は各種材料の使い捨て利用を抑制するうえで重要な役割を果たした。しかし、多くの国が主たる最終処理方式として選択した地下への埋め立ては、環境への溶出を防止できないので、海洋汚染の観点からは完全な対応とはいえない。

その後、グローバリゼーションの進展によりプラスチック製品の生産や利用が世界に拡散するなか、汎用プラスチックを用いた容器包装などの使い捨て利用が欧州以外の地域に拡大していった。その結果、2015年までに生産された世界の容器包装プラスチックのうち、リサイクルされたのは9％、焼却は12％にとどまり、残りの79％が地中への埋め立てや廃棄された。2015年に生産された容器包装プラスチック1億4,100万トンのうち、リサイクルが14％、焼却は14％に増加したが、まだ埋め立てが40％、廃棄が32％もあった。その結果として、海洋汚染が顕在化してきたのである。

こうした状況への国際社会による対応は、2015年のG7エルマウ・サミットでプラスチックごみが重要課題として提起されたことから始まった。EUは同年、2019年までに厚さ50μm未満のポリ袋の年間使用量を一人当たり90枚以下、2025年には40枚以下にするという指令を発表した。2016年の世界経済フォーラム（ダボス会議）では、「世界の海洋に漂流するプラスチックごみは、実効性ある対策を採らない場合には、2050年までにごみ量は魚の量を上回る」と警告を発し、国際的行動の必要性を訴えた。2017年に開催されたG20ハンブルク・サミットでは、各国が「G20海洋ごみ行動計画」に基づきごみ発生抑制や廃棄物管理、研究調査などに取り組むことが合意された。

2018年開催のＧ７シャルルボワ・サミットでは、日米以外の英独仏伊加の５ヵ国とEUが「海洋プラスチック憲章」を承認した。この憲章では、2030年までに包装容器プラスチックの55％以上をリユースまたはリサイクルし、2040年までにすべてのプラスチックを熱回収も含めて回収可能にするなどの目標を掲げた。2019年に行われた国連環境総会では「ワンウエイプラスチックに関する閣僚宣言」が採択され、2030年までに使い捨て利用の大幅削減をめざすことになった。さらに、同年のG20大阪サミットでは、2050年までに海洋プラスチックごみによる追加的な汚染をゼロにすることをめざし、G20各国が、適正な廃棄物管理、海洋プラスチックの回収、革新的解決策の展開、能力強化のための国際協力などの自主的取り組みを推進する「海洋プラスチックごみ対策実施枠組み」を定め、G20以外にも展開することに合意した。

汚染防止のための各国の政策と取り組み

プラスチック容器包装の削減を推進するうえで、消費者である国民だけでなく、生産者や利用者である事業者の意識改革や取り組み姿勢が重要である。それを重視したシステムを早期に取り入れたドイツとフランスの事例をまず紹介しておく。

ドイツでは、製品への生産者の責任がその使用後の段階まで拡大されるとする拡大生産者責任の原則に基づき、容器包装の削減が行われている。1991年に「容器包装廃棄物回避／再利用法令」を制定し、生産者が容器包装材料の種類と利用量に応じた費用を負担し、その資金で運営されるDSD社が、生産者の代わりに使用後のプラスチック製を含む容器包装の収集、再使用や再利用を実施している。ドイツでは普通ごみは自治体が収集するが、容器包装はDSD社が収集も含む実務を担い、材料の有効活用と廃棄物削減を推進する仕組みを作っているのである。この方式では、事業者が負担軽減のために容器包装を削減する動きにつながり、廃棄量も削減される。

フランスでは、日本と同様に自治体が容器包装の収集を行い、再使用や再利用は事業者が行っているが、自治体の収集費用を事業者が負担しており、拡大生産者責任の理念に基づく制度となっている。ほかの多くの欧州諸国も、拡大生産者責任に基づいてドイツやフランスと類似の制度で対応してきた。

海洋プラスチック汚染が顕在化し、上述のサミットや国連などによる防止への動きが活発化するなか、2015年頃から世界各国で汚染防止政策の採用が急ピッチで進んだ。使い捨てプラスチックを抑制する手段として、全面的あるいは部分的に使い捨て製品を禁止する規制的手段と、使い捨て製品に、生産者、販売事業者、消費者のいずれかまたは複数から一定の負担金を徴収する経済的手段、使い捨て製品の利用量を抑制することを官民で合意する手段が採用されている。

2018年にUNEPがまとめた報告書によれば、代表的な使い捨て製品であるポリ袋の利用抑制政策のある国は67ヵ国で、地域別には図5-16に示したとおりである。アフリカでは、21ヵ国が禁止措置をとっているが、ポリ袋を食べた家畜の死亡や、ポリ袋が河川や導管を堰き止める被害が発生するなどが背景にあった。ヨーロッパでは従来のように経済的手段が多く採用され、官民合意は、後述するようにオーストリアなどで実施されている

なお、州、県、都市などの地方自治体レベルでの採用も世界で41あり、国レベルで採用していない北米3ヵ国でも合わせて13自治体にのぼる。

代表的な国の事例を紹介しておこう。エリトリアはアフリカで最も早い2005年にポリ袋の輸入、生産、販売、利用を全面的に禁止した結果、以前に多かった水路や導管の詰まりなどが激減している。ケニアでは、2016年まで年間約1億枚のポリ袋を使用していたが、環境汚染がひどく、牛の胃から多数のポリ袋が発見されたこともあり、政府は2017年から世界で最も厳しい罰

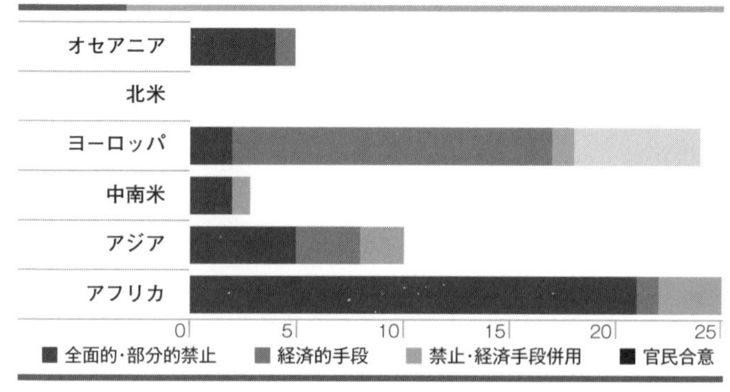

図5-16　使い捨てポリ袋やプラスチック製食品トレーの利用抑制政策の採用国

出典：UNEP (2018)

則付きの全面的ポリ袋禁止に踏み切った。違反者には最長４年の禁固刑か最大約 420 万円の罰金を課す。また、代替品として使用されたポリプロピレン製不織布バッグの利用も 2019 年に禁止し、布製の買い物袋の利用を促している。

かつて中国では毎日 30 億枚のポリ袋が使用され、年間 300 万トン以上のプラスチックごみを排出していたが、2008 年に厚さ 25 μm 以下のポリ袋の使用を禁止し、それより厚い袋は有料化した結果、使用量が 60 ～ 80％削減できたとしている。また、中国は 2018 年に廃プラスチックの輸入を禁止した。インドも 2016 年から厚さ 50 μm 以下のポリ袋の使用を禁止している。

フランスでは、2010 年以降ポリ袋の販売や配布を禁止していたが、2020 年以降はポリ袋を含む使い捨ての容器、タンブラー、コップ、皿なども禁止している。オーストリアでは、ポリ袋の消費量を EU 指令よりさらに厳しい、一人当たり年間最大 25 枚に抑制することをスーパーマーケットなどの大規模小売事業者と合意している。

UNEP が 2018 年３～８月に実施した調査によれば、世界の 192 ヵ国中 120 ヵ国以上で何らかの規制を実施していたが、マイクロプラスチックの汚染は、2020 年に排出をゼロにしても増加傾向は止まらないことが予測されている（図 5-15、173 頁）だけに、世界全体でさらに厳しく排出を抑制しなければならない。

環境中の合成高分子化合物ごみの回収

海洋マイクロプラスチック汚染の改善を進めるには、排出をゼロにするだけでなく、海洋や海岸、さらにあらゆる環境中のプラスチック廃棄物を削減する必要がある。しかし、海洋に入り込んだごみを回収するのはきわめて困難なうえ、膨大な資金を必要とする。実際、オランダの NGO「The Ocean Cleanup」は、2013 年の設立後、44 億円をかけて作った 600 m の長大な網付きの自動海洋清掃システムによる回収を太平洋ごみベルト周辺で試みたが、壊れてしまいうまく行かなかった。

むしろ海岸などに溜まったプラスチックなどを除去する取り組みのほうが、近隣の住民を中心に市民参加で可能な取り組みであり、実効性もある。日本も含む世界各国の多くの海岸や河川敷などでクリーンアップ作戦が取り組まれている。海洋汚染防止にとってきわめて重要であり、今後も継続、拡大していくことが望まれる。

ここでは、インドのムンバイのヴェルソナ海岸での取り組みを紹介し、その

写真 5-1　インドのヴェルソナ海岸の清掃前（上）と後（中）、きれいになった海岸で孵化した小亀（下）（シャー撮影）

効果を確認しておこう。この海岸は、以前はプラスチックごみが溢れていた（写真5-1上）が、2015年にこれを見た弁護士で環境主義者のアフローズ・シャーと、84歳だった隣人が砂浜の清掃を決意したシャーは住民たちに海洋汚染が引き起こしている被害を説明し、海岸清掃を実施する「海の日」への参加を呼びかけた。2年にわたる活動でプラスチック中心の1万3千トンのごみを人力やトラクターなどで除去した。海岸は美しい砂浜を取り戻し（写真中）、ウミガメが産卵にやってきて子亀が生まれた（写真5-1）。(UNEP, 2018)

日本の取り組み

日本のプラスチック容器包装廃棄物は世界的に見て多く、一人当たりの廃棄量ではアメリカに次ぐ。レジ袋に代表される容器包装を大量に利用してきたからである。

日本では「容器包装リサイクル法」（1995年成立、2000年完全施行）と「改正容器包装リサイクル法」（2006年成立、2008年完全施行）のもと、ガラス容器、PETボトル、紙製容器包装、プラスチック製容器包装について、使用後には3R（リデュース、リユース、リサイクル）を推進することになっている。そのために、消費者がこれらを分別排出し、市町村が分別回収、貯蔵し、事業者（容器の製造または輸入事業者と容器包装に入った商品の販売事業者）が引き取ってリサイクル（再商品化）する義務を負っている。

しかし、実際に分別回収を実施している市町村の割合は、PETボトルは全体のほぼ90％、プラスチック容器包装は約80％であり、すべてが回収されているわけではない。プラスチック容器包装については可燃ごみとして回収し、焼却処分あるいはそのエネルギーを回収している自治体が多い。その結果、法施行によって、回収、再商品化などは以前より進んだが、PETボトルの生産消費量はむしろ増加しており、年間約10万トン（2018年）の行方は不明である。また、燃焼処分の際には発電や熱利用にするエネルギー回収を義務づけるべきである。

一方、ポリ袋（レジ袋）の規制は、遅ればせながら2020年７月よりプラスチック製袋（レジ袋）の有料化が実施された。すでに全国の地域生活協同組合では、以前からレジ袋有料化とともにマイバッグ持参運動などを実施することで、レジ袋の大幅削減が行われてきた。筆者が以前に環境監査委員長を務めていた京都生協では、1996年からマイバッグ持参運動を全国に先駆けて全店舗で展開し、組合員にその意義についての理解を広め、持参率90数％を維持している。また、イオンや宮城県、仙台市などでも有料化を先行実施した結果、レジ袋辞退率が80％以上となっている。今後、全国的な有料化でレジ袋の削減が進むことを期待したい。また、汎用プラスチック全体の循環型生産消費体系の確立をめざしていきたいものである。

日本でも数多くの海岸や河川敷などでクリーンアップ作戦が取り組まれている。市町村、市民団体、生協、企業、学校などの地域主体が主催し、市民ボランティアが多数参加する取り組みは、今後も継続していきたいものである。ただ、活動範囲を海岸以外の河川周辺などにも広げていく必要があり、資金面での困難性を抱えていることもある。国や都道府県、プラスチック業界などの支援によって、さらなる活動の拡大、強化を図っていきたいものである。また、日常的に私たち市民がプラスチックごみを除去する心構えをもち、ささやかでも実践していくことも重要である。

［参考文献］

Consumer's Association of Penang, "Development and the Environmental Crisis", Consumer's Association of Penang (1982)

Kashimoto, T. *et al.*, "PCDDs, PCDFs, PCBs, coplanar PCBs and organochlorinated pesticides in human adipose tissue in Japan", *Chemosphere*, Vol. 19, 921 (1989)

Jamieson, A., *The Hadal Zone*, Cambridge Univ. Press (2015)

Liberti, A. *et al.* "Chlorinated Dioxins and Related Compounds: Impact on the Environment", *Pergamon Environmental Science*, Vol. 5, 245 (1982)

Lundgren, L., "Alternative Approaches to Evaluating the Impacts of Radionuclide Release Events: Chernobyl from the Swedish Perspective", *AMBIO,* Vol. 22, 369 (1993)

Ma, Y. *et al.*, "Concentrations and Water Mass Transport of Legacy POPs in the Arctic Ocean", *Geophysical Research Letters*, Vol. 45, Issue 23, 2018; https://agupubs.onlinelibrary.wiley.com/doi/abs/10.1029/2018GL078759

Sahabat Alam Malaysia, "Environment, Development & Natural Resources Crisis in Asia & the Pacific", Sahabat Alam Malaysia (1984)

Thomas, V., "Summary of PCDD/PCDF Emissions in the United States : History and Relationship to Chlorine in Combusted Material", *Organohalogen Comopounds*, Vol. 20, 367 (1994)

Tanabe, S., Tatsukawa R., *et al.*, "Global distribution and atmospheric transport of chlorinated hydrocarbons: HCH (BHC) isomers and DDT compounds in the western Pacific, eastern Indian and Antarctic Oceans", *J. Oceanogr. Soc. Japan*, Vol. 38, 137 (1982)

UNEP, "Stockholm Convention on Persistent Organic Pollutants"; http://www.pops.int

Wania and Mackay,"Tracking the Distribution of Persistent Organic Pollutants", *Environmental Science and Technology*, Vol. 30, No. 9, 1996; https://sites.duke.edu/malaria/files/2012/07/Wania_MacKay19961.pdf

ダイオキシン類対策関係省庁会議「ダイオキシン類」2009年; http://www.env.go.jp/chemi/dioxin/pamph/2009.pdf

磯部友彦、国末達也、田辺信介「アジア太平洋地域の化学汚染」鈴木聡編著『分子でよむ化学汚染』東海大学出版会、2009年

外務省「ストックホルム条約」; https://www.mofa.go.jp/mofaj/gaiko/kankyo/jyoyaku/pops.html

経済産業省「POPs条約」; https://www.meti.go.jp/policy/chemical_management/int/pops.html

田辺信介「生態系高次生物のPOPs汚染と曝露リスクを地球的視座からみる」『日本生態学会誌』66巻1号、2016年; https://www.jstage.jst.go.jp/article/seitai/66/1/66_37/_pdf

永美大志「農耕地土壌中のディルドリン，クロルデン残留」『日本農村医学会雑誌』44巻4号、1996; https://www.jstage.jst.go.jp/article/jjrm1952/44/4/44_4_603/_article/-char/ja/

日本環境化学会『地球をめぐる不都合な物質』講談社、2019年

平岡正勝『廃棄物処理とダイオキシン対策』環境公害新聞社、1993年

益永茂樹「農薬のダイオキシン 不純物」『廃棄物学会誌』13巻5号、2002年; https://www.jstage.jst.go.jp/article/wmr1990/13/5/13_5_247/_pdf

宮田秀明「ダイオキシン類の環境検出事例」第3回環境科学会セミナー講演要旨集『微量汚染物質、その影響と対策』1995年

綿貫礼子、河村宏『毒物ダイオキシン』技術と人間、1986年

渡辺和夫「海洋汚染」大来佐武郎編『講座・地球環境』第1巻、中央法規出版、1990年

Auta H. S. *et al.*, "Distribution and importance of microplastics in the marine environment: A review of the sources, fate, effects, and potential solutions", *Environment International*, Vol. 102 (2017); https://www.sciencedirect.com/science/article/pii/S016041201631011X?via%3Dihub

Carlton J.T. *et al.*, " Tsunami-driven rafting: Transoceanic species dispersal and implications for marine biogeography", *Science*, Vol. 357 (2017); https://science.sciencemag.org/content/357/6358/1402

Chatterjee S. and Sharma S., "Microplastics in our oceans and marine health", *Journal of Field*

Actions, Special Issue 19, 2019; https://journals.openedition.org/factsreports/5257#tocto1n5

Dual System Dentschland GmbH, "Packging Recycling Worldwide" (1995)

Graeme Macfadyen, Tim Huntington and Rod Cappell, "Abandoned, lost or otherwise discarded fishing gear", *UNEP & FAO Report* (2009); http://www.fao.org/3/i0620e/i0620e00.htm)

Eriksen M. *et al.*, "Plastic Pollution in the World's Oceans: More than 5 Trillion Plastic Pieces Weighing over 250,000 Tons Afloat at Sea", *Plos One* (2014); https://journals.plos.org/plosone/article?id=10.1371/journal.pone.0111913

Geyer, R. *et al.*, "Production, use, and fate of all plastics ever made", *Science Advances*, Vol. 3, No. 7, 2017; https://advances.sciencemag.org/content/3/7/e1700782

Hermabessiere, L. *et al.*, "Occurrence and effects of plastic additives on marine environments and organisms: A review", *Chemosphere*, Vol. 182 (2017); https://www.sciencedirect.com/science/article/abs/pii/S0045653517308007

International Whaling Commission, "Whale Entanglement - Building a Global Response" (2020); https://iwc.int/entanglement

Isobe, A. *et al.*, "Microplastics in the Southern Ocean", *Marine Pollution Bulletin*, 114 (2017); https://www.sciencedirect.com/science/article/pii/S0025326X16307755

Isobe, A. *et al.*, "East Asian seas: a hot spot of pelagic microplastics", *Marine Pollution Bulletin*, 101, (2015); https://www.sciencedirect.com/science/article/pii/S0025326X15301168

Kubota, M., A mechanism for the accumulation of floating marine debris north of Hawaii, *J. Phys. Oceanogr*, 24, 1059-106 (1994)

Kuehn, s. *et al.*, "Deleterious Effects of Litter on Marine Life", in Bergman M. *et al.*, 'Marin Anthropogenic Litter', Springer Link (2015); https://link.springer.com/chapter/10.1007/978-3-319-16510-3_4

Lebreton, L. C. M. *et al.*,"River plastic emissions to the world's oceans",*Nature Communications*, Vol. 8 (2017); https://www.nature.com/articles/ncomms15611

Lebreton *et al.*, "Evidence that the Great Pacific Garbage Patch is rapidly accumulating plastic", *Scientific Reports*, 8, Article number: 4666 (2018); https://www.nature.com/articles/s41598-018-22939-w

Lebreton, L., Egger, M., & Slat, B., "A global mass budget for positively buoyant macroplastic debris in the ocean", *Scientific reports, 9* (1), 1-10 (2019); https://www.nature.com/articles/s41598-019-49413-5

Li W.C. *et al.*, "Plastic waste in the marine environment: A review of sources, occurrence and effects", *Science of the Total Environment*, Vol. 566-567 (2016); https://www.sciencedirect.com/science/article/pii/S0048969716310154

Moore C. J. *et al.*, "A Comparison of Plastic and Plankton in the North Pacific Central Gyre", *Marine Pollution Bulletin*, Vol. 42 (12) (2001)

Nerland I. L. *et al.*, "Microplastics in marine environments: occurrence, distribution and effects", project no. 14338 report no. 6754-2014 Oslo (2014)

Reichert, J. *et al.*, "Responses of reef building corals to microplastic exposure, Environmental Pollution", DOI.org/10.1016/j.envpol.2017.11.006 (2017)

Sussarellu R. *et al.*, "Oyster reproduction is affected by exposure to polystyrene microplastics", PNAS (2016); https://www.pnas.org/content/113/9/2430

UNEP, "Single Use Plastics: A Roadmap for Sustainability" (2018); https://www.reloopplatform.org/

wp-content/uploads/2018/06/UNEP-report-on-single-use-plastic.pdf

Van Der Hoop, J. M. *et al.*, "Assessment of Management to Mitigate Anthropogenic Effects on Large Whales", *Consevation Biology* (2012); https://conbio.onlinelibrary.wiley.com/doi/full/10.1111/j.1523-1739.2012.01934.x

Wilcox, C. *et al.*, "Using expert elicitation to estimate the impacts of plastic pollution on marine wildlife", *Marine Policy*, Vol. 65 (2016); https://www.sciencedirect.com/science/article/pii/S0308597X15002985

Wakata, Y. and Y. Sugimori, Lagrangian motions and global density distribution of floating matter in the ocean simulated using ship data, *J. Phys. Oceanogr*, 20, 125-138 (1990); Wada T. *et al.*, "Effect of Dose Rate on the Radiation-Induced Polymerization of Ethylene in tert-Butyl Alcohol", *J. Polymer Science*, A-1, 9, 2659 (1971)

Wada, T. *et al.*, "Radiation-Induced Heterogeneous Polymerization of Ethylene in Ethyl Alcohol", *J. Polymer Science*, Polymer Chem. Ed., 10, 3039 (1972)

Wada, T., "Radiation-Induced Heterogeneous Polymerization of Acrylamide in Acetone and Acetone-Water Mixtures", *J. Polymer Science*, Polymer Chem. Ed., 13, 2375 (1975)

磯辺篤彦『海洋プラスチックごみ問題の真実』DOJIN選書、2020年

高田秀重『プラスチックの現実と未来へのアイデア』東京書籍、2019年

チャールズ・モア、カッサンドラ・フィリップス／海輪由香子訳『プラスチックスープの海』NHK出版、2012年

中嶋亮太『海洋プラスチック汚染』岩波書店、2019年

「プラなし生活」のHP; https://lessplasticlife.com/marineplastic/impact/impacts_organisms_ecosystems/

保坂直紀『海洋プラスチック』角川書店、2020年

和田武、半井豊明『これからのエンジニアリングプラスチック エコノール』『プラスチックス』27巻4号、1976年

第6章
原子力利用と放射性物質汚染

原子力は、原子核の分裂反応や融合反応で発生するエネルギーであり、物質の燃焼エネルギーや風力などの再生可能エネルギーとは桁違いの莫大なエネルギーをもたらす。原子爆弾や原子力発電は、いずれもウランやプルトニウムの核分裂反応のエネルギーを利用したものである。核分裂によって発生する物質はすべて放射性物質であり、環境中に放出されると、それらから出る放射線が人間や生物に有害な影響をもたらす。なお、核融合反応は水素爆弾としての実験は実施されてきたが、発電用などに実用化できる技術は確立できていない。

不幸なことに、人類による最初の原子力利用は、広島と長崎に落とされた原子爆弾であった。大戦後も冷戦時代にアメリカとソビエト連邦を中心に核兵器開発競争が繰り広げられた。1945年から1980年までに500回以上の大気圏核実験が行われ、放射性物質による地球環境汚染が広がった。現在でも高濃度汚染で人間が住めない地域もある。放射性物質は人為的に無害化することはできないので、自然崩壊するのを待つしかないが、半減期の長い放射性物質は長期間にわたって環境中に存在し続けるのである。

1956年から「原子力の平和利用」の名のもとに原子力発電の商業利用が始まった。原子力発電も、大量の放射性物質を生み出すという点では、核兵器とまったく同じである。異なるのは、核兵器は多数の核分裂を一瞬で起こさせるのに対し、原発は時間をかけて徐々に起こさせる点だけである。したがって、運転中の原発には大量の放射性物質が蓄積されており、原発の過酷事故が起きると、重大な放射能汚染をもたらす。チェルノブイリ原子力発電所や福島第一原子力発電所での過酷事故によって、広範囲の放射能汚染が起きた。

本章では、原子力利用がもたらす放射能汚染に関して基礎知識を学ぶとともに、その現状と今後の課題について述べる。

1　放射線と放射性物質、放射能

▌放射線の種類と性質

放射線が人間や生物にとって有害であることは誰もが知っているが、なぜ有害なのであろうか。

放射線とは、高エネルギーをもつ粒子線（粒子の流れ）や電磁波の総称である。陽子線、中性子線、アルファ線、ベータ線などは粒子線、X線やガンマ線は光よりもはるかに波長が短い電磁波である。これらの放射線には、物質の原子から電子をはじき飛ばして陽イオンと電子に分離する電離作用があり、その結果、物質に化学変化を起こす。

しかし、ほかの性質では異なる点が多い。まず、物質に対する透過性が異なる。アルファ線は比較的大きいヘリウムの原子核なので透過能は最も低く、薄い紙１枚でも遮蔽（しゃへい）できる。ベータ線は小さい電子なので紙などを透過するが、人体や金属板などを透過できない。陽子線と中性子線の透過能はこれらの中間である。X線は１pm ～ 10nmの波長の電磁波で、人体は透過するが、金属板やコンクリートは透過しない。ところが、ガンマ線は10pm以下の電磁波なので透過能は最も高く、遮蔽するには分厚いコンクリート壁や鉛板などが必要である。また、電気的性質も異なる。アルファ線と陽子線はプラス、ベータ線はマイナスの電荷をもつが、中性子線、ガンマ線、X線は電気的には中性である。

いずれの放射線も物質に化学反応を引き起こすので、人間や生物に放射線が当たった場合、遺伝子などの生体分子に傷（化学変化）が生じ、細胞の死滅や突然変異が起きるために健康に悪影響をもたらす。

▌自然放射線

自然界には、環境中からの放射線や宇宙線のように地球外からくる放射線があり、私たちは放射線から完全に逃れることはできない。環境中には、放射線を出す能力つまり放射能をもつ多種類の元素が存在する。これらを放射性物質あるいは放射性核種と呼ぶ（放射能と呼ぶこともある）。自然界の放射性物質には、最初から地球にあったものと、宇宙線の作用で生成されるものがある。

放射性物質の原子核は不安定で放射線を出しながら、一定の確率で崩壊して別の原子に変化する。たとえば、ウラン238は自然界にある最も大きな原子で、

92個の陽子と146個の中性子からなる原子核はアルファ線（陽子2個と中性子2個からなるヘリウムの原子核）を放出しながら崩壊してトリウム234（陽子90個と中性子144個の原子核）の原子に変わる。この崩壊は低い確率で起き、もとのウラン238の原子数が半分になる期間「半減期」は45億年である。したがって、地球が誕生した46億年前には、ウラン238は現在の約2倍存在したことになる。

さて、ウラン238の崩壊によって生成したトリウム234も放射性物質で、ベータ線を出して崩壊し、プロトアクチニウム234（原子核は陽子91個と中性子143個）という放射性物質に変化する。こうして、段階的に17種もの放射性物質が生成しては放射線を出しながら崩壊していき、最終的に安定で放射線を出さない鉛206の原子になる。このような放射性崩壊によって連続する放射性物質の系列を崩壊系列という。自然界には、ウラン238以外に、トリウム232、ウラン235、ネプツニウム237から始まる三つの崩壊系列がある。

崩壊系列に属さず、1回の崩壊で安定な原子に変わる自然放射性物質もある。その代表はカリウム40である。カリウム40はベータ線を出して安定なカルシウム40に半減期12.5億年で崩壊する。地球誕生時には現在の約12倍のカリウム40が存在していたことになる。なお、自然界に存在するカリウムの大半は放射性でないカリウム39（原子核は陽子19と中性子20）であり、カリウム40は0.0117%に過ぎない。

さらに宇宙線の作用で生成するトリチウム（3重水素）、炭素14、ベリリウム7、ナトリウム22などの放射性物質もある。これらのうち人工的にも生じるトリチウム以外は、崩壊と生成が釣りあい、ほぼ一定濃度を保っている。

人間は大地や宇宙からの放射線を体外から外部被曝し、さらに体内でも食糧や呼吸で取り込んだ放射性物質からの放射線を内部被曝として受けている。人間が受ける自然放射線の強さは、世界平均で年間2.4mSv（ミリシーベルト）であるが、そのうち半分以上の1.3mSvは空気中にある放射性物質のラドンの吸入、0.35mSvは食物に含まれる放射性物質の摂取による体内被曝である。また、大地から0.4mSv、宇宙線から0.35mSvの外部被曝を受けている。大地からの放射線量には地域差があり、通常の数十〜数百倍という特殊な地域もある。また、宇宙線は極地や上空に行けば強くなる。筆者も航空機中で測定したことがあるが、高度1万m前後を飛ぶ国際線では地上の20〜50倍、高度数千mの国内線では数倍程度の放射線を受ける。

放射線の単位

ここで、放射線の単位について説明しておこう。

まず、放射性物質の量を表す単位としてベクレル（Bq）がある。1Bqは、1秒間に1個が崩壊する放射性物質の量である。

次に、放射線が物質に当たったときに物質が吸収するエネルギー量（吸収線量）の単位としてグレイ（Gy）がある。1kgの物質が放射線から1J（ジュール）のエネルギーを吸収する線量を1Gyと定義する。

さらに、放射線防護のために等価線量や実効線量が用いられ、単位はシーベルト（Sv）である。同じ吸収線量でも放射線の種類によって人体に与える影響が異なり、臓器などの人体組織によっても影響が異なる。等価線量は特定の臓器のための単位で、以下のように定義される。

等価線量（Sv）＝臓器の吸収線量（Gy）×放射線加重係数

実効線量は各臓器の等価線量の総和のことである。

放射線荷重係数は、放射線被曝の大部分を占めるX線、γ線、β線の場合は1、陽子線は5、α線は20、中性子線はエネルギーにより5～20である。組織荷重係数は、皮膚、骨、脳、唾液線が各0.01、甲状腺、食道、肝臓、膀胱（ぼうこう）が各0.04、骨髄、肺、胃、腸、その他が0.12、肝臓や甲状腺などは0.05、生殖腺が0.08であるが、すべての組織の荷重係数の和が1になるように定められている。したがって1Gyのγ線を全身に均等に受けた場合は、1Svの実効線量を被曝したことになる。なお、安全とされる年間基準線量は1mSvである。なお、単位にレム（rem）が使われることもある（1rem＝0.01Sv）。

核分裂反応と人工放射性物質

現在の地球環境には、自然放射性物質に加えて人工放射性物質も存在している。通常の核兵器や原子力発電は、ウラン235やプルトニウム239などの核分裂反応を利用する。ウラン235やプルトニウム239に中性子を衝突させると、その原子核はほぼ瞬時に（1億分の1秒程度で）二つの原子核に分裂するが、核分裂の際、ごくわずかに質量（m）が失われ、その質量分が$E=mc^2$（cは光速）に相当する大きなエネルギー（E）となる 。また核分裂の際、自由になった中性子が2～3個飛び出すので、それが別のウラン235やプルトニウム239に当たって連鎖的に核分裂が次々と起きるようにすれば、莫大なエネルギーを利用できる。

しかし、天然ウランは、ウラン238が約99.3％と大半を占め、中性子の衝突により核分裂を起こすウラン235が0.7％と比率が低いので、核分裂反応が連鎖的に起きない。そこで核兵器には90数％以上の高濃度のウラン235やプルトニウム239が使用され、原子力発電用燃料にはウラン235が3～5％程度含まれる低濃縮ウランが使用される。

図6-1と図6-2に核兵器（原子爆弾）と原子力発電における核分裂連鎖反応を模式的に示した。高濃度のウラン235やプルトニウム239では、一つの核分裂が起きると、ねずみ算的に核分裂反応を引き起こし、瞬時に爆発的なエネルギーを発生させるとともに、核分裂生成物を大量に発生させる（図6-1）。一方、原子力発電では、核燃料中の主成分であるウラン238は中性子を吸収しても核分裂せずにプルトニウム239に変化するだけなので、ウラン235の核分裂は継続するが爆発的に増加せず、制御しながらエネルギーを利用でき、その際に核分裂生成物やプルトニウム239が生成され、蓄積される（図6-2）。これらの核分裂生成物が人工放射性物質で、本来、自然環境には存在しないのである。

広島に投下されたのはウラン235の原子爆弾、長崎はプルトニウム239の原子爆弾である。広島の原子爆弾には約65kgのウラン235が使用され、その1.4％が核分裂反応を起こし、TNT火薬1.5万トン分に相当する莫大なエネルギーが発生した。長崎の原爆では6kgのプルトニウム239が使用され、TNT火薬2.1万トン分に相当する爆発が起きた。現存する核兵器では、原発の使用済み核燃料から比較的容易に得られるプルトニウム239が用いられている。

一方、既存の大部分の原子力発電所はウラン235を燃料とするが、後述する高速増殖炉と呼ばれる原子力発電ではプルトニウム239を燃料に使用する。しかし、高速増殖炉の本格的運転ができていないため、「プルサーマル」と呼ばれる、プルトニウム239とウラン235を混合した「MOX燃料」を普通の原子力発電で使用することも行われている。

原子力発電所を運転すると、必ず大量の人工放射性物質が発生する。100万キロワット級の原発では年間約25トンの核燃料を利用するが、1日運転しただけで、放射性物質が約3kg発生する。広島の原爆で発生した「死の灰」の放射性物質が1kg弱と推定されるので、その3倍に相当する量である。したがって、原発を1年間フル運転した場合、放射性物質の蓄積量は広島原爆の1,000発分に相当する。

主な人工放射性物質（核分裂生成物）の量と性質を表6-1に示した。核分裂

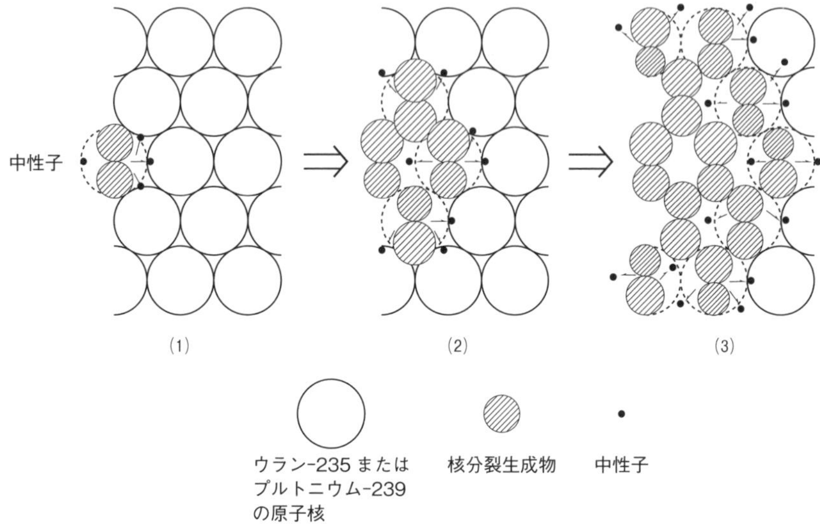

図6-1　原子爆弾における高濃度に濃縮されたウラン235(またはプルトニウム239)の爆発的な核分裂連鎖反応の模式図

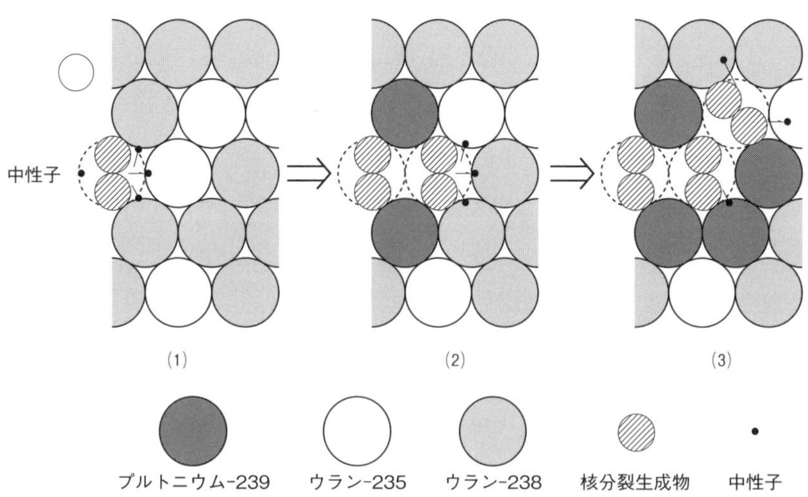

図6-2　原子力発電における適度に濃縮されたウラン235(またはプルトニウム239)の持続的な核分裂連鎖反応の模式図

表6-1　人工放射性物質の半減期と放射線

放射性物質	半減期	放出放射線	内蔵量（百万Ci）*
クリプトン85	10.76年	β	0.6
ストロンチウム89	50.5日	β、γ	110
ストロンチウム90	27.7年	β	5.2
ルテニウム103	39.5日	β、γ	100
ルテニウム106	1.01年	β、γ	19
テルル129	1.1時間	β、γ	10
テルル132	3.24日	β、γ	120
ヨウ素131	8.05日	β、γ	85
キセノン133	5.3日	β、γ	170
セシウム134	2.1年	β、γ	1.7
セシウム137	30年	β、γ	5.8
バリウム140	12.8日	β	160
セリウム141	32.5日	β、γ	160
セリウム144	284日	β、γ	110
プルトニウム239**	24390年	α	0.01

*：100万kW級原発を500日間運転した場合の内蔵量
**：プルトニウム239は核分裂生成物ではない

生成物には半減期の短いものが多いが、セシウム137やストロンチウム90のように約30年のものもあるので、環境中に放出されると長期間にわたって放射線を出し続ける。

原子力利用の過程

現在、原子力は、発電と核兵器に加えて、医療、産業、研究などの分野で広範囲に利用されている。原子力発電を中心に、利用の過程と物質の流れを図6-3に示す。

主要な過程を説明しよう。鉱山から採取した天然ウランは99.3%のウラン238と0.7%のウラン235からなる。これを精錬し、ウラン235濃度を3～5%に濃縮して原子力発電用燃料として利用する。100万kW級の原子力発電所で使用する約25トンのウラン燃料（酸化ウラン）を得るには約10万トンの天然ウラン鉱石を必要とし、濃縮過程で天然ウランよりウラン235濃度の低い「劣化ウラン」が大量に副生する。

稼働率75%で原発を1年間運転すると、800kg強のウラン235が減少し、同量の核分裂生成物と約200kgのプルトニウム239が発生する。燃料はウラン235濃度が約1%になるまで使用されたあと、使用済み核燃料となる。使用済み核燃料は「再処理」と呼ばれる工程で、核分裂生成物、プルトニウム、ウ

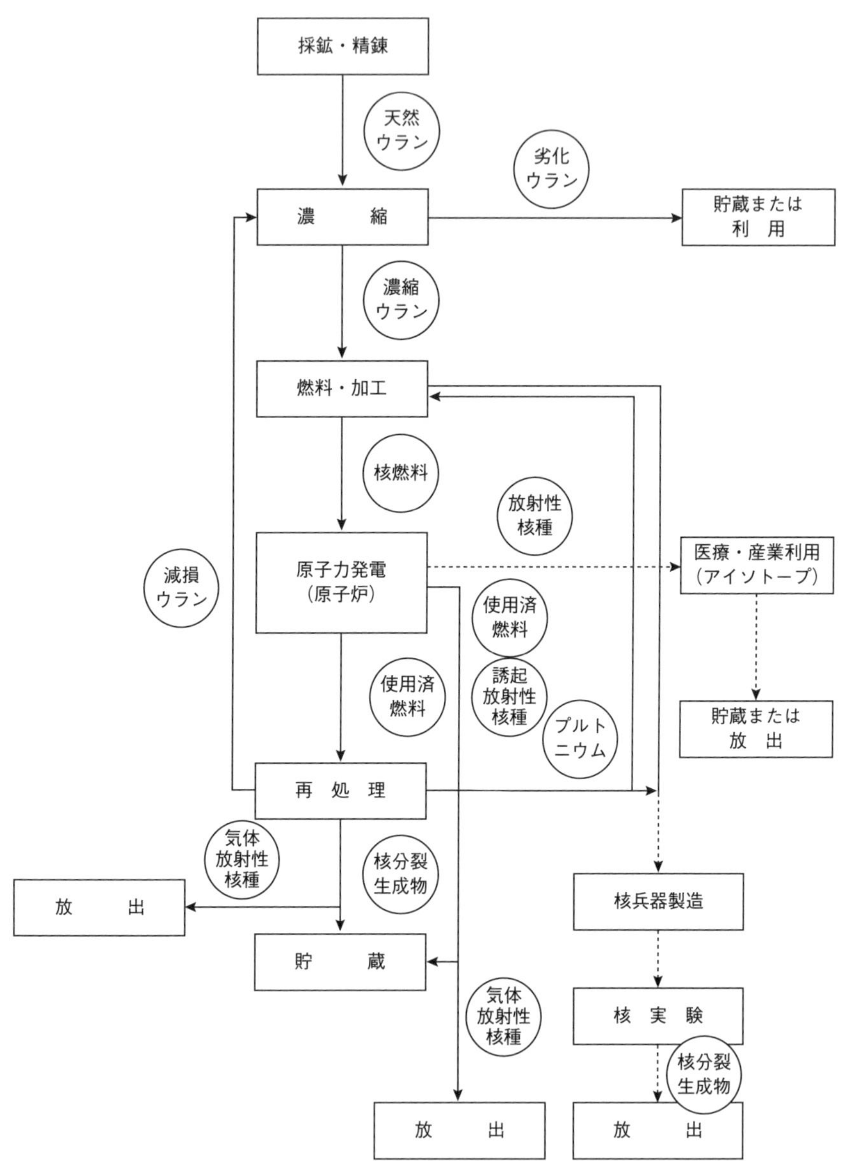

□は過程、○は物質を表す。

図6-3　原子力利用の過程と物質の流れ

ラン（235と238の混合物）の三つに分ける。核分裂生成物（高レベル放射性物質）は強い放射線を放つので、強制冷却しながら30～50年間、一時貯蔵したあと、深層地下に数万年もの長期間にわたって安全に貯蔵しなければならない。プルトニウム239は、通常の原発で使用されるMOX燃料や核兵器生産の原料になる。したがって、核兵器の生産には原発が不可欠なのである。

医療分野での検査用や治療用にラジオアイソトープ（RI;放射性同位元素）としてコバルト60（^{60}Co）、ヨウ素125（^{125}I）、イリジュウム192（^{192}Ir）など、産業用の非破壊検査や分析装置ではコバルト60（^{60}Co）、セシウム137（^{137}Cs）、クリプトン85（^{85}Kr）などが使用されている。コバルト60は天然のコバルト59に原発で中性子を照射して生産しているが、それ以外の放射性同位体は原発でのウラン235の核分裂で発生するものを利用している。

これらの原子力利用のいずれの過程でも、事故や放出によって放射性物質による環境汚染が生じるおそれがある。ひとたび汚染が発生すれば、半減期が長い放射性物質が自然に崩壊、消滅するまで長期間を要する。

2　放射線の人体に対する影響

放射線被曝の形態と放射線障害

人間の放射線被曝の形態は、外部被曝と内部被曝に大別できる。前者は土壌や大気中の放射性物質や宇宙線による体外からの被曝であり、後者は大気中や食物中に含まれる放射性物質を体に取り込むことにより生じる体内での被曝である。食物の放射能汚染は、環境中の放射性物質を農作物、家畜、魚類などが取り込むことで起きる。各放射性物質が体内に入ると、それぞれが特定部位に蓄積しやすい性質があり、その周辺の細胞に至近距離から放射線を浴びせる。

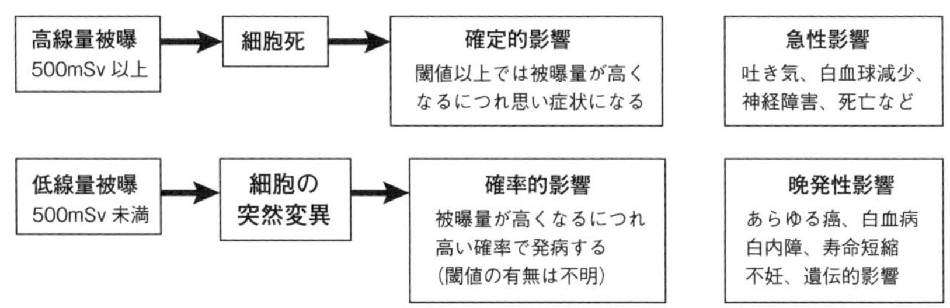

図6-4　放射線被曝による人体への影響

表6-2　全身放射線被曝による急性影響

ガンマ線被曝線量（mSv）	症状
250 以下	ほとんど臨床的症状なし
500	白血球（リンパ球）一時減少
1000	吐き気、嘔吐、全身倦怠リンパ球著しく減少
1500	50％の人に放射線宿酔
3000	5％の人が死亡雄（骨髄障害）
4000	30 日間に 50％の人が死亡
6000	14 日間に 90％の人が死亡（中枢神経障害）
7000	100％の人が死亡

出典：放射線被曝者医療国際協力推進協議会、2009 年

人間に対する放射線影響には、短期間に大量の放射線を受けた場合に現れる急性影響と長期間にわたる低線量被曝や短期間に中程度の被曝によって数年以上経過して現れる晩発性影響がある（図 6-4）。急性影響は、被曝線量によって白血球の減少、脱毛、内臓障害、死亡などの確定的影響がもたらされる。晩発性影響には、がんや遺伝的影響などがあるが、これらは被曝線量が増加するにつれて発症の確率が高くなる。

表 6-2 は、全身被曝線量と急性影響の関係をまとめたものである。250 mSv 以下では急性の医学的症状は現れないが、それ以上では被曝量に応じたさまざまな症状が現れる。4 Sv で約半数が死亡し、7 Sv 以上では全員が死亡する。

晩発性影響と被曝線量の関係

晩発性影響は、被曝（開始）後、数年以上経過して現れる。あらゆるがん、白血病、白内障、短命化、遺伝的影響などがあり、被曝量に応じた一定の確率で発症する。

白血病を含むすべてのがんの発症・死亡の確率は、被曝線量の増加とともに高くなる。国際放射線防護委員会（ICRP）の 2007 年勧告では、個人が 1 Sv の被曝によってがんを発症する確率は 5.5％（成人は 4.1％）、被曝者からの新生児の遺伝的欠陥などの遺伝的影響が現れる確率は 0.2％（成人は 0.1％）としている。また、あらゆる影響での致死率は 5％としている。

上記のような確率で影響が現れるので、1000 人の集団が長期間に合計で 1 Sv の被曝（1000 人・Sv）を受けると、55 人ががん、2 人に遺伝的影響、50 人が死亡することになる。もちろん、汚染地域の人口が多かったり、被曝量が多くなったりすれば、それに比例して影響が大きくなる。

甲状腺がんや白血病の発症は他のがんより早く、被曝の数年後から10年後くらいに現れる。臓器がんは被曝後10年ほど経過してから発症しはじめ、15〜24年でピークとなり、長期間にわたって発症する。体内に取り込まれた放射性物質は、種類ごとに特定の部位に沈着し、体内照射によって特定のがんなどの症状を発生させる。

ヨウ素131はヨウ素を必須元素とする甲状腺に集中し、半減期が8日と短いので短期間に大量のベータ線を出し、甲状腺異常をもたらす。原発事故などで環境中に放出された場合、とくに成長期の子供には危険が大きいので、直ちに非放射性のヨウ素剤を飲ませて甲状腺に十分なヨウ素がある状態にして、ヨウ素131の沈着量を減少させる必要がある。

セシウム137は心筋などの筋肉に沈着して体内被曝をもたらし、不妊や心臓疾患系疾患が増加するといわれている。放射性のラジウム、ストロンチウム、プルトニウムを体内に取り込むと、骨に沈着して骨がんを増加させる。1920年前後のアメリカで、時計にラジウム入りの夜光塗料で文字盤を描く女工たちに発生した「ラジウム顎」(顎の壊死) は、塗料をつけた筆先をなめる行為が原因であった。

気体状の放射性物質の吸入は肺がんを増加させる。前述の鉱山労働者の肺がんは自然放射性物質のラドンによるものである。気体状の人工放射性物質には、クリプトン85やキセノン133などがあり、再処理工場や原発から放出され、環境汚染をもたらす。

放射線障害のメカニズム

すでに述べたように、人間や生物に放射線が当たると、生体内分子が化学変化し、傷が発生する。生物には、そういう生体分子の傷を修復する能力が備わっているが、その傷が多すぎたり、修復が不可能であったりする場合に、細胞は死滅、突然変異、がん化などにいたる。

放射線による化学変化は、核酸、蛋白質、脂質などのあらゆる分子に起きるが、とくに遺伝子の本体であるDNA (デオキシリボ核酸) の変化が重要である。DNAは、細胞内の蛋白質・酵素、RNA (リボ核酸)、DNA自身などを合成するための遺伝情報を内包する大きな鎖状高分子である。遺伝情報はDNA分子中に含まれる4種の核酸塩基 (チミン、アデニン、グアニン、シトシン) の配列順序にある。もし核酸塩基に傷ができると、遺伝情報が不正常なものとなり、細胞は死ぬか、突然変異を起こす。突然変異細胞のある種のものががん細胞である。また、生殖細胞に異常が起きると、遺伝的影響が生じる。

実際に、DNAや核酸塩基に放射線を当てると、容易に化学変化を起こす。筆者らは、核酸塩基のなかではチミンがとくに変化を受けやすく、チミングリコールなどになってしまうことを実験的に明らかにした（和田ら, 1982）。ほかの塩基にもさまざまな変化が起きる。人間でも放射線照射によって同様の化学変化が起き、遺伝情報に異常をもたらすと思われる。

放射線の人体影響が、ある放射線強度以上にならないと現れないのかどうかという問題、いわゆる「閾値」の存在についての結論は出ていない。ただ、実験では生体分子の化学変化は放射線量に比例して増加する。

3　核兵器による放射能汚染

放射能汚染の始まり――最初の原爆製造とその使用

人間による核分裂エネルギーの最初の利用は、不幸にも原子爆弾であった。原子爆弾の製造がはじまるまでは、地球上に人工放射能はほとんど存在しなかった。1937年にハーンらがはじめてウランの核分裂反応を発見し、翌年にジョリオ・キュリーがその核分裂の際に2～3個の遊離した中性子が放出されることを明らかにして、核分裂連鎖反応による原子力利用の可能性が生まれた。

第二次世界大戦中の1939年、アメリカは原子爆弾の製造をめざすマンハッタン計画を開始した。連合国からの科学者だけでなく、ドイツのオッペンハイマーやイタリアのフェルミなども加わり、1945年に世界最初の原爆3個が完成した。そのうち二つが広島と長崎に投下されたのであるが、それ以前に人工放射能による環境汚染が実はアメリカで起きている。

原爆製造には、ウラン235の濃縮や、ウラン238からプルトニウム239の製造・濃縮が必要であり、製造工場が建設されたハンフォード、ロスアラモスやオークリッジで放射能汚染が発生した。研究開発過程の被曝により犠牲になった研究者もいる。

原爆による最初の環境放射能汚染もアメリカで発生した。広島、長崎への原爆投下に先立ち、1945年7月16日、ニューメキシコ州アラモゴードで原爆実験が行われた。プルトニウム239を用いた爆発威力19キロトンの原爆が高さ30メートルの鉄塔に取り付けられ、爆発されたが、鉄塔は跡形もなく蒸発し、地上には巨大なクレーターができた。この実験で、プルトニウムの核分裂生成物である放射性物質が大気中に放出されたのである。

1945年8月6日と9日、広島と長崎に相次いで落とされた原爆は、瞬時にあるいは短時日で熱線や爆風、放射線被曝による人類史上最大級の被害者、両市あわせて20万人以上の死者・行方不明者を出した。また、その後も放射性物質からの放射線被曝により、多数の犠牲者を生み出した。

原爆投下直後に空中爆発で中性子線、α線、β線、γ線などが発生し、中性子線が当たった大気中の分子などから生成した放射性物質からも放射線が短時間で発生するが、地上には中性子線とγ線が到達する。広島では、爆心地でのこれらによる被曝量は200Sv以上、爆心地から1km以内では100％死亡する7Sv以上であったと推定されている。熱線や爆風も加わり、1km以内では強固な建造物の中にいたりしないかぎり、ほとんど助かる人はいなかった。1～1.5kmの範囲内ではほぼ半数が死亡したと推定されている。

地上に降りそそいだ放射性物質からの放射線による影響についての正確なデータはわからないが、数多くの発がんなどの健康被害がもたらされたはずである。

核実験による地球規模の放射能汚染

第二次世界大戦後、米ソの核開発競争が始まり、英、仏、中も含めて多数

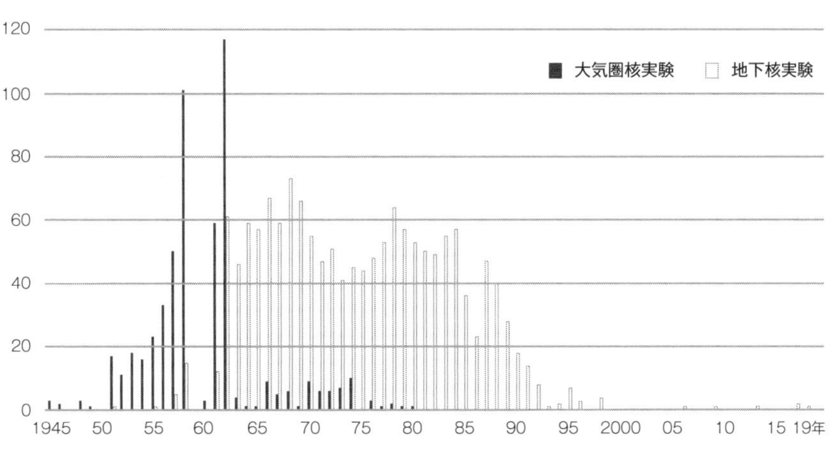

図6-5　世界で実施された核実験回数の推移

出典：SIPRI (2020) のデータに基づき作図

の核実験が行われ、全地球上に人工放射性物質がまき散らされた。とくに、部分核実験停止条約ができるまでに行われた大気圏核実験は地球規模の放射能汚染をもたらし、今日でも、南極の氷中でさえ人工放射性物質が観測される。

図6-5には1945年以降の年ごとの核実験回数を示した。2019年までに推定で2058(うち地下核実験1528)回である(SIPRI, 2020)。内訳は、アメリカ1032(815)回、ソ連・ロシア715(496)回、フランス210(160)回、イギリス45(24)回、中国45(23)回、インド3(3)回、パキスタン2(2)回、北朝鮮6(6)回となっている。大気圏(水中も含む)核実験回数は、部分核実験停止条約締結の1963年8月5日までに425回、その後もフランスと中国が行い、合計で529回、その総爆発威力は440メガトンにのぼる。

大気圏核実験によるストロンチウム90の汚染状況を図6-6に示す。多数の核実験が実施された頃、日本にも放射性物質を含む雨が降ったが、北半球の中緯度の汚染が最も高くなっている。なお、この測定は約55年前のもので、ストロンチウム90の半減期が27.7年であることから、現在でもこの数値の約4分の1程度が残っていると推定される。大気圏内核実験でまき散らされた放射能による全集団実効線量当量預託(世界人類が世代を越えて与えられる線量当量)は約3,000万人・Svと推定され、世界人類の165万人が発がん、6万人が遺伝的影響、150万人が死亡するという甚大な影響をもたらしていると見積もられる。

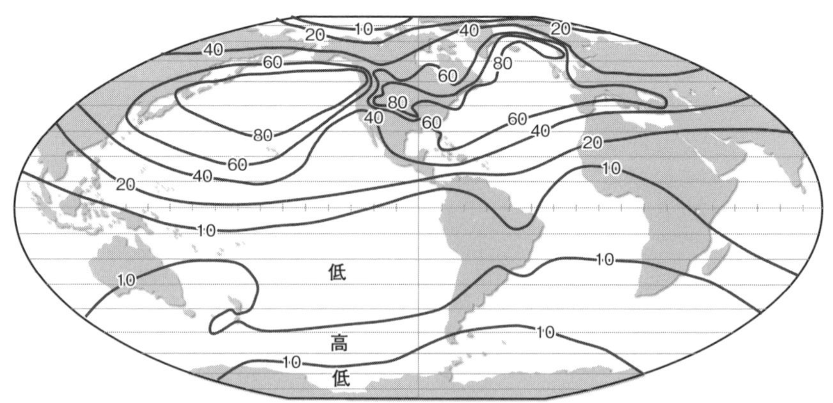

図6-6　1965〜67年採取土壌の分析による累積ストロンチウム90降下積算量分布

単位：km^2 あたりミリキュリー。ただし、現在はこの値より低くなっている

出典：UNSCER (1969)

核実験による食品汚染も各地で発生した。ベルギーで生産された牛乳のセシウム137による汚染状況の調査結果では、140回以上もの核実験が行われた1962年の直後、汚染が最高に達した。また、後述するチェルノブイリ原発事故の1986年にも新たなピークが観測された。

核実験場周辺の直接的被害

直接的な影響も知られている。アメリカは太平洋のビキニ環礁において、1946年から100回以上もの大気圏核実験を行った。その結果、マーシャル諸島の多くの住民に被害が発生した。なかでも1954年3月に行われた数メガトン級の核実験による放射能汚染は、重大な被害をもたらした。日本のマグロ漁船第五福竜丸も「死の灰」を浴び、久保山愛吉さんが死亡した。実験後に高い放射能汚染が観察され、爆心地から190kmも離れたロンゲラップ島の住民64人でさえ1.75Svもの高い被曝を受け、最も汚染のひどいロンゲリック島の住民28人は永久に島に戻ることができなくなった。アメリカ政府は38ヵ月後にロンゲラップ島の住民84人を帰したが、その後、約3分の1ががんなどで死亡、多数の甲状腺障害や異常出産などが出たため、1985年に全員が島を捨てた。

アメリカが67回の核実験を実施したマーシャル諸島の四つの環礁の15島における各地の土壌からのガンマ線量をコロンビア大学の研究グループが2017～18年に調査したところ、ロンゲラップ環礁北部のナエン島では63ヵ所で年間線量0.31～5.43（平均2.90）mSv、ビキニ島では255ヵ所で0.11～6.48（平均1.98）mSvと非常に高い値であった。いずれの平均線量も、安全とされる基準線量の年間1mSvを大きく超えていた（Abella *et al.*, 2019）。

アメリカ国内のネヴァダ核実験場の作業員や周辺の住民も、白血病やがんの発生率が高いとされる。風下地域住民に多いことから、放出された放射能によるものと考えられる。さらに、アメリカでは核実験に出動させられた兵士に被曝による異常が多数出ており、アトミック・ベテランズとして知られている。

旧ソ連の核実験による汚染も深刻である。1950～60年代にソ連東端のチュコト半島付近で大気圏核実験が行われた結果、トナカイを飼育し、その肉を常食しているチュコト人の体内にセシウム137が通常の100倍も蓄積し、食道がんの死亡率が世界最高になるなど、多くの異常が発生している。セミパラチンスク地下核実験場周辺でも、がん発生は通常の数倍になっており、先天性異常の発生率も高くなっている。地下核実験による放射能の地上流出が起きていると思われる。また、中国の新疆ウイグル自治区にあるロプノル核実験場周辺のカザフスタンでも、がん、異常出産など、さまざまな症状が多発している。

4　原子力発電による汚染

世界と日本の原子力発電所

世界最初の原子力発電所の運転は1954年にソ連で開始された。1956年にイギリス、1957年にアメリカ、日本では1966年に稼働しはじめた。2020年4月の時点で世界では31ヵ国が保有し、運転可能な原子炉は440基、総設備容量は3.9億kWである。国別では、最大がアメリカの95基、次いでフランスの57基、中国47基、ロシア38基、日本が33基である。2018年の世界の電力生産の10.1％を原子力が占め、日本では4.7％である。2008年には世界で12.5％、日本で22.5％であったが、福島原発事故の影響もあり、世界でも日本でも減少している。

2019年に新たに運転を開始した原発は6基、482万kWであったが、その2倍以上の13基、1,025万kWの古い原発が閉鎖された。運転開始はロシアが3基、中国が2基、韓国が1基で、閉鎖原発は日本が5基、アメリカ2基、ロシア、韓国、北朝鮮、ドイツ、スイス、スウェーデンが1基ずつである。しかし、現在も建設中の原発が19ヵ国に55基、6,000万kWもある。

原子力発電による放射能汚染

原子力発電所は、正常運転していても放射能汚染をもたらす。100万kWの原発を1年間運転すると、ウラン235の核分裂で1.5京（1016）Bqのクリプトン85を生成する。クリプトン85は半減期10.76年の気体の放射性元素で、β線やγ線を放射し、崩壊してルビジュウム85になる。

大気中のクリプトン85は、原子力発電の増加とともに増え続けている。使用済み核燃料の再処理で核燃料棒を裁断する際、気体のクリプトン85が大気に放出されるからである。2000年までにその量は1,060京Bqと見積もられているが、ほかに過去の大気圏核実験やチェルノブイリ原発と福島原発事故で20～30京Bq放出されている。

クリプトン85は、崩壊量よりも排出量のほうが上回っているため、大気中濃度が増加している。これまでの測定結果から、1976年に0.6 Bq/m^3、2005年には1.3Bq/m^{3}であったので、現在では1.5～2Bq/m^{3}になっていると推定される。これは1m^{3}の大気中で1秒間に1.5～2回のクリプトン85の崩壊が起き、β線やγ線が出ている状態である。年間被曝線量にして0.6～0.8μSvになる。世界中で原発運転が今後も続くと、大気中のクリプトン85濃度が上昇し続けることにもなる。

再処理にともなう汚染

前述のように、使用済み核燃料については、その中のウラン（減損ウランと呼び、ウラン238と少量の235からなる）、プルトニウム239、高レベル放射性物質（核分裂生成物）の三つに分離する再処理が行われる。日本では青森県六ヶ所村に再処理工場があり、本格的な運転に向けた準備がなされている。

この再処理工程で生じる環境汚染も無視できない。これまでも、イギリスのウィンズケール再処理工場の放射能汚染が知られている。ここでは、1982年までの30年余りの間に総量200万キュリー（7.4京Bq）以上もの放射性廃棄物を海に放出してきた。1970年前後から80年代はじめには、毎年、広島原爆の何十倍もの排出が行われ、セシウム137だけで110万キュリー（4.1京Bq; チェルノブイリ原発事故の場合の4分の1に相当）にも達することが小出によって報告されている。この結果、アイリッシュ海の放射能汚染はひどく、魚に含まれるセシウム137の濃度は日本の輸入食品の規制値（10ナノキュリー/kg×2/3）をはるかに超える状態が生じている。住民に対する影響も現れており、ウィンズケール周辺の村での白血病による死亡率はイギリス全体の数倍にもなっているといわれる。

以前は日本に本格的な再処理工場がなかったため、英仏の施設で日本の大量の使用済み核燃料の再処理が行われてきた。フランスの再処理施設ラアーグ周辺の放射能汚染も問題になっている。今後、青森県六ヶ所村の再処理施設の本格運転が開始されると、クリプトン85が年間33京Bqも排出塔から出されることになり、地域住民や労働者の安全が危惧されている（原子力資料情報室, 2006）。再処理工場は原子力発電所よりはるかに大量の放射性物質を日常的に放出する。

さらに、再処理で分離、回収された高レベル放射性物質はきわめて危険であり、溶融したガラスと混合して固めた「ガラス固化体」として厳重に容器に封入されて保管される。放射性物質の崩壊にともなう発熱量が大きいため、強制冷却しながら30～50年間は中間貯蔵したあと、地下の深層に最終処分（貯蔵）しなければならない。この最終処分そのものが環境の放射能汚染である。なぜならば、放射能レベルが危険でなくなる数万年もの長期間、巨大地震や火山爆発などが起きうる日本では安全に貯蔵できる保障はないからである。このような危険物質の管理を未来世代に任せること自体、無責任で倫理的に許されるものではない。しかも、最終処分地はまだ決まっていない。

このように、原子力発電が安全に運転されたとしても、それによって生じる大量の放射性廃棄物は増加し続け、その一部は環境中に漏出あるいは放出され、環境汚染による危険が長期にわたって続くことになるのである。

スリーマイル島原発事故

原子力発電所の核燃料の中には放射性の核分裂生成物が大量に含まれているため、事故が起きると重大な放射能汚染を引き起こす可能性がある。

1979年3月28日、アメリカのスリーマイル島原発2号炉の加圧水型軽水炉で重大な事故が発生した。運転中に、一次冷却水が炉心から流出、緊急炉心冷却装置が働かず、炉心のほぼ3分の2が露出、溶融した。爆発はしなかったものの、高温高圧状態で危険になった一次冷却水を放出させ、気体状放射性物質250万キュリー（9.25京Bq）を中心に大量の放射能が環境中に放出された。圧力容器に亀裂が生じたものの、破壊にいたらなかったのは幸いであった。

公式には人的被害はほとんどないとされているが、実際には原発周辺地域でさまざまな異常が発生している。事故があった1979年には、原発から16km圏内の新生児と乳児の死亡率がそれぞれ前年の2倍と1.5倍に急増し、周辺部でがんや白血病が増加した。ただし、がんや白血病は事故以前の放射能汚染によると推定されている（中川, 1990）。

チェルノブイリ原発事故

1986年4月26日、ソ連（現在はウクライナ）のキエフ市の北北西131kmにあるチェルノブイリ原子力発電所の4号炉で史上最悪の原子力発電所事故が発生した。事故は運転中ではなく、外部電源停止の緊急時に発電用タービンの惰性回転を利用した発電で電力需要をまかなうための実験中に起こった。事故後の旧ソ連政府の報告書では、運転員のミスも重なって過酷事故に発展したとされたが、その後、原発の構造的欠陥によることが判明した。

この事故の処理に従事した発電所職員や消防士たちが急性放射線障害などにより31人が死亡、200人以上が入院した。さらに、半径30km圏の住民13.5万人が強制移住させられ、チェルノブイリに隣接するプリピヤチの町などはゴーストタウンと化した。半径30km圏内は通常の2万倍の37兆Bq/km^{2}以上の地域を含め、大部分が370億Bq/km^{2}以上の放射能汚染に見舞われた。

旧ソ連政府の報告書によると、事故で原発から放出された総放射能量は、気体状の放射性物質（クリプトン85やキセノン133など）を除いて185京Bqとされた。気体放射性物質についてはほぼ100％、その他の放射性物質については数％が放出されたと推定された。公式発表とは異なり、実際にはもっと大量の放射能が放出されたとする見解も多いが、185京Bqでも、広島原爆数百発分の「死の灰」に相当する。放出放射能量については、福島原発事故と比較して表6-3（206頁）に示しておいた。

また、事故後の放射能放出は、破壊された原子炉への大量のセメント投下によって5月9日から急激に減少したが、それまでの10日間は量的に多く、その間の気象条件の変化によってさまざまな方向に放射能が流れ、ヨーロッパ全体がかなりの汚染を受けることになった。

チェルノブイリ原発事故による放射能汚染

現在でもロシア、ウクライナ、ベラルーシの3ヵ国では、深刻な放射能汚染状態が続いている。事故後、調査が進むにつれて汚染がきわめて広範囲に及ぶことが明らかになった。1990年に明らかになった調査結果では、セシウム137が1兆4,800億Bq/km^{2}以上の高濃度汚染地域が原発から300kmにまで、また1,850億Bq/km^{2}以上の汚染地域が500kmを越えて広がった。セシウム137は半減期が約30年なので、現在でもまだ4割程度は残っていると考えてよい。

セシウム137による汚染が1.48兆Bq/km^{2}以上の高濃度汚染地域は東京都の2倍の4千km^{2}に及び、日本では放射線作業従事者にも許されない放射線強度5,550億Bq/km^{2}を超える「厳重管理区域」が東京都の5倍の1万km^2、370億Bq/km^{2}以上の地域が北海道と東北を合わせた面積に匹敵する14万km^{2}に達した。事故後1週間以内に原発から30km圏内の11.6万人に避難措置がとられ、その後、汚染度の高い地域を中心に数十万人が移住した。しかし、1,850億Bq/km^{2}以上の汚染地域に700万人以上が居住している。

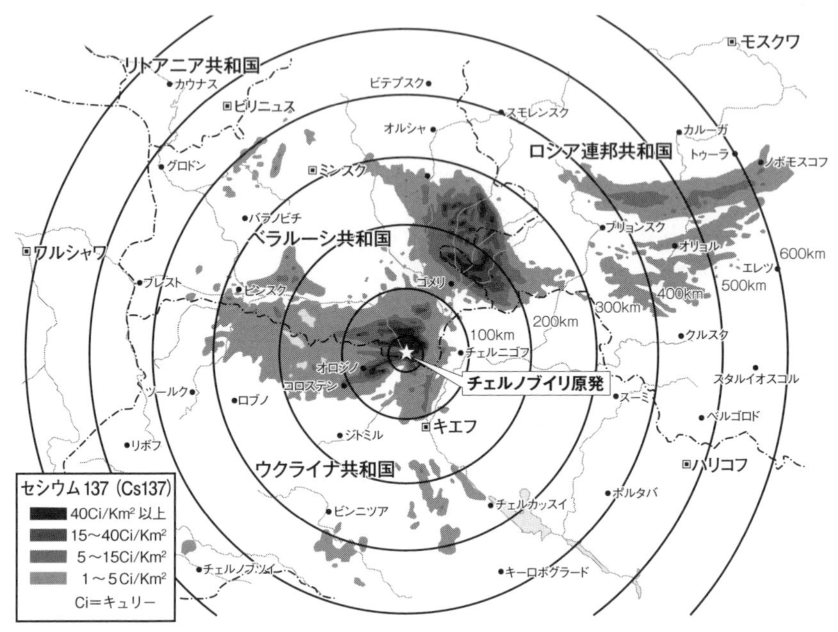

図6-7　チェルノブイリ原発事故による放射能汚染分布

出典：放射能汚染食品測定室（1990）

1991年に国際原子力機関は、チェルノブイリ事故による健康影響は特定できるほどのものではないという報告書を発表した。しかし、その後の事態はこの予測とまったく異なり、上記3ヵ国を中心に放射能影響としか考えられない多くの健康被害が、時を経るとともに続々と現れた。

実際に放射能汚染が広がっているベラルーシ、ウクライナ、ロシアでは、がんの発症率が高くなっている。ウクライナではがん患者は19.5倍に増加（The United Nations and Chernobyl, 2004a）、ベラルーシでは15歳未満の子供の甲状腺がんの発生率が1990年の2,000例から2001年には8千～1万例に急増（The United Nations and Chernobyl, 2004b）、ロシアの汚染地域カルーガでは、1985年比で2000年に乳がんが121％、肺がんが58％、食道がんが112％、子宮がんが88％、リンパ腺と造血組織のがんが59％も増加した。

チェルノブイリ事故による地球規模の汚染

旧ソ連に属する３ヵ国だけでなく、事故後、ヨーロッパを中心に地球規模で放射能汚染が広がり、人々を大きな不安に陥れた。

1988年６月にウィーンで開催された「放射線影響に関する国連科学委員会」の第37回会議でまとめられた報告書では、ソ連内の一部の地域以外は汚染のレベルは低く、個人に対する放射線影響は小さく、あまり問題にならないとされている。各国別の住民の年間被曝線量値の推定によれば、最大値を示したのはブルガリアの0.75mSvで、自然放射線による2.4mSvの約３分の１に相当する値であり、事故の影響は小さいとの結論が下された。

しかし、実際にはヨーロッパにおける汚染状況もかなり深刻なものとなった。野菜や牛乳の汚染は平常値の100倍を超えるようなケースが頻発した。チェルノブイリ発電所事故によるセシウム137汚染が、これまで行われたすべての大気圏核実験によって沈着した北半球中緯度地域の１m^{2}当たり約５kBqをヨーロッパの広範な地域で上回った。

しかも、こうした汚染は一様ではなく、極端に高濃度の汚染に見舞われたホットスポットが各地に現れた。図6-8にセシウム137によるヨーロッパの土壌汚染の分布を示した。この図からわかるように、チェルノブイリ原子力発電所からはるかに離れたスカンジナビア半島やドイツ、スイス、イタリアの一部に非常に高濃度の汚染地域が発生した。スウェーデンでは１m^{2}あたり20万Bqを超える地域も見られた。発電所から噴出した放射性物質の塵塊が風で流され、雨や雪で降り落とされた地域に高濃度汚染をもたらしたのである。

このようなホットスポット地域では、牛乳・乳製品・食用肉などの食糧汚染が見られ、廃棄されたものもあった。スウェーデンにはチェルノブイリ原発から放出されたセシウム137の５％が降下したと推定されているが、国土の５分の１ほどで100億Bq/km^{2}以上の汚染となり、ヘルネサンド市やイェブレ市周辺では800億Bq/km^{2}以上の地域も見つかっている（Lundgren, 1993）。トナカイを飼育し、その肉を常食するサアミ族のセシウム137による体内汚染は100～1,000Bq/kgという深刻なものであった。イェブレボリ県の住民達も体内汚染は高く、最初の１年間の放射線被曝は5.5～6.0mSvで、スウェーデン人の平均被曝線量の約10倍と推定された。トナカイやムースなどの動物や湖に棲む淡水魚も高濃度に汚染されたため、食物の放射能汚染基準を以前の３倍にあたる1,500Bq/kgまで緩めたにもかかわらず、基準オーバーが続出した。

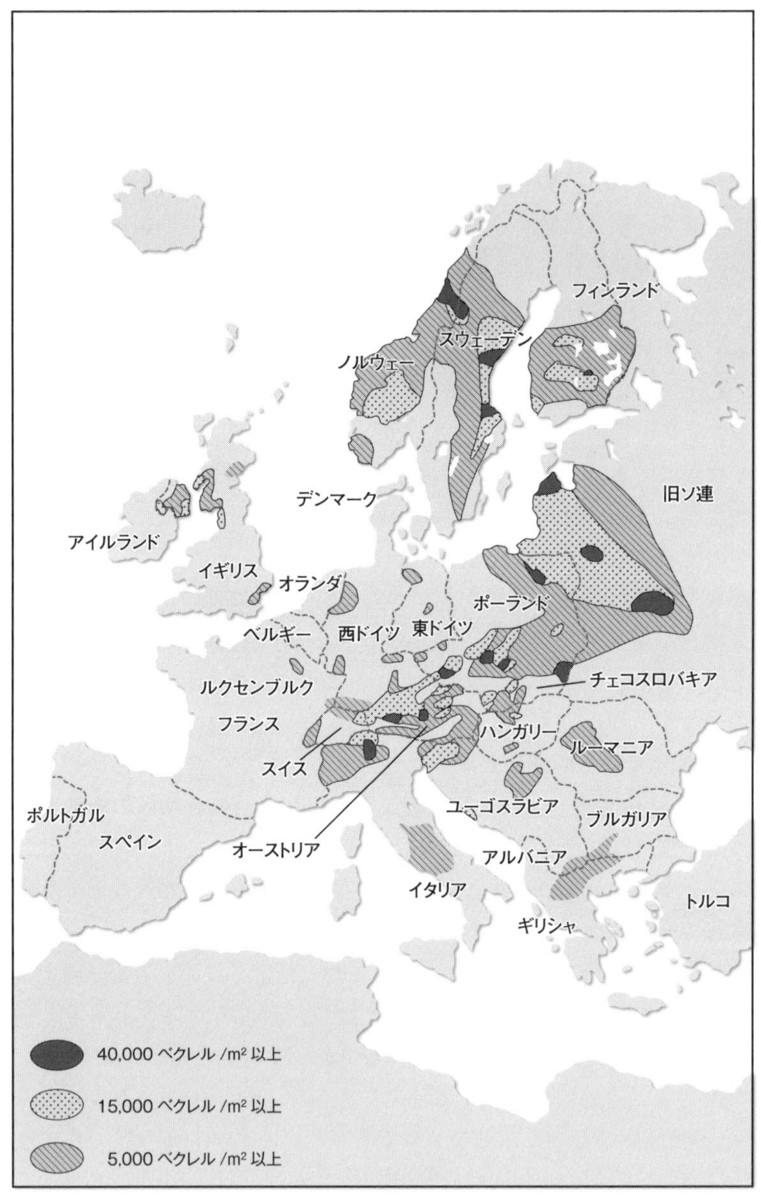

図6-8　チェルノブイイリ原発事故によって放出された
セシウム 137 によるヨーロッパの土壌汚染

出典：七沢潔（1988）

日本にも、事故後7日ほどでチェルノブイリからの放射能が降りそそぎ、各地で雨水、野菜、大気中に平常値を大きく上まわる量のヨウ素131などが検出され、摂取限界値を超える場合もあった。8,000 km も離れた日本でもこのような放射能が検出されたことからもわかるように、チェルノブイリ原子力発電所事故によって放出された放射能は、ほぼ北半球全体を汚染したのである。

▌チェルノブイリ事故による晩発性影響

旧ソ連政府の発表によれば、事故直後の大量被曝による急性影響での運転員や消防士の死者は33名であったが、広大な汚染地域での被曝による晩発性影響として、大量のがん患者や遺伝的影響、死亡をもたらしていることは間違いない。晩発性影響による死者数については、さまざまな推計結果が発表されており、数百人から百万人までの幅がある。

ここでは、2008年に国連科学委員会が被曝グループごとの人数と平均被曝量から1986～2005年までの集団線量当量を推算しているので、これに基づいて国際放射線防護委員会（ICRP）の2007年勧告の基準値から晩発性被曝によるがん発生数と死亡者数を推算した。この推計では、がん患者発生数は約2万1千人、死亡者数は約1万9千人、新生児の先天性異常などの遺伝的影響は約760と推定された。

汚染地域に住む人々は現在もなお被曝し続けており、さらに放射能による発がんは20年以上経過しても現れるため、今後も新たな被害者を生み出し続けることになる。チェルノブイリ事故の被害は、健康を害した人々だけでなく、家族や関係者など多数の人々に大きな精神的苦痛をもたらしている。さらに、先天性異常の増大は人々から子供を生む喜びや未来への希望さえ奪う。チェルノブイリ事故は原発の過酷事故がもたらす影響の重大性を示している。

▌福島第一原発事故の発生

2011年3月11日、マグニチュード9.2の東日本大地震が発生し、大津波の襲来によって東京電力福島第一原子力発電所ですべての電源が喪失した。このため、原子炉や核燃料貯蔵プール内の核燃料を冷却できなくなった結果、炉心溶融や圧力容器の損傷、環境中への大量の放射性物質の放出を引き起こすという過酷事故にいたった。

原子炉の冷却水の水位が低下した第1～3号機では燃料棒が露出状態となり、

表6-3　福島第一原発事故とチェルノブイリ原発事故での主要放射性物質の放出量

放射性物質	半減期	環境への放出量（PBq）					
		福島第一原発			チェルノブイリ原発		
		原子力安全保安院	UNSCEAR	山田ら	ソ連政府	チェルノブイリフォーラム	瀬尾ら
Xe-133	5日	11,000	7,300	12,000	9,000	6,500	n.a.
I-131	8日	160	120	2,080	760	1,760	2,600
Cs-134	2年	18	9	165	21	47	110
Cs-137	30年	15	9	159	37	85	160
Sr-90	29年	0	n.a.	8	8	10	20
Pu-239	24,100年	3.2×10^{-6}	n.a.	3.14×10^{-6}	5	0	9

炉心熔融（メルトダウン）が起きた。また、第１～４号機では水素爆発が発生した。その結果、圧力容器や格納容器が損壊して大量の放射性物質が外部に放出され、大気に漏洩した放射性物質量は37京Bq（原子力安全・保安院）あるいは63京Bq（原子力安全委員会）と推算された。これをふまえて、４月12日、国際原子力事象評価尺度でチェルノブイリ事故と同様のレベル７（深刻な事故）に相当すると評価された。

福島事故とチェルノブイリ原発事故で放出された主な放射性物質の放出量について、これまでに発表された結果を表6-3にまとめた。平均値で見ると、気体のキセノン133は福島のほうが多く、それ以外はチェルノブイリのほうが多い。総量では、福島はチェルノブイリの数分の１との見方が多いが、山田らは大気だけでなく原子炉の下にある滞留水への溶出や海水への直接放出を含めれば、福島の方がチェルノブイリの２倍ほど多いとしている。しかも、滞留水への溶出は現在も続いている。

核燃料の主成分である酸化ウランは、融点が2,865℃である。一方、圧力容器はステンレス鋼製であるが、その融点は1,400～1,500℃程度である。したがって、核燃料が溶融して崩れ落ちるメルトダウンが発生すると、接触した圧力容器も溶融して底が抜ける炉心溶融貫通（メルトスルー）が起きる。これが１～３号機で発生し、圧力容器やその外側の格納容器の底部に、核燃料とステンレスなどが溶融一体化して固まった核燃料デブリが存在していることが確認されている。

炉心溶融後、核燃料が再臨界に達して水蒸気爆発などが起こることもありえたが、そうなると手のつけられない状態になっていたであろう。核燃料デブリの回収が可能かどうか、最終的にどのような処置がとれるか、見通しは立っていない。チェルノブイリ事故の場合は、原子炉全体をコンクリートの石棺で覆ったが、核燃料を冷却し続けなければならない状態ではそういう措置もとれない。安定化させるまでに長期間を要するだろう。

福島第一原発事故による放射能汚染

国立環境研究所（2011）は、福島第一原発から3月11～29日の間に放出されたヨウ素131とセシウム137の沈着量をモデル解析から算出した結果を発表している（図6-9）。放出された放射能は、国内だけでなく、海洋などの日本の陸地以外に沈着したと推定された。実際に1 mBq/m³以下の大気放射能汚染が、事故の1週間後にアメリカで、また10日後にはフランスやドイツなどのヨーロッパでも観察され、ほぼ北半球全域に広がったことが判明した。ヨウ素131の13％、セシウム137の22％が国内に沈着し、それ以外は海洋沈着や長距離輸送されたと推計している。

国内では、高濃度の汚染が広範囲に及んだことが明らかになった。大気に放出された放射性物質の表土への沈着により、東北や関東を中心に高濃度汚染が観測された。ヨウ素131の場合、水に溶解しにくいので、風で運ばれて

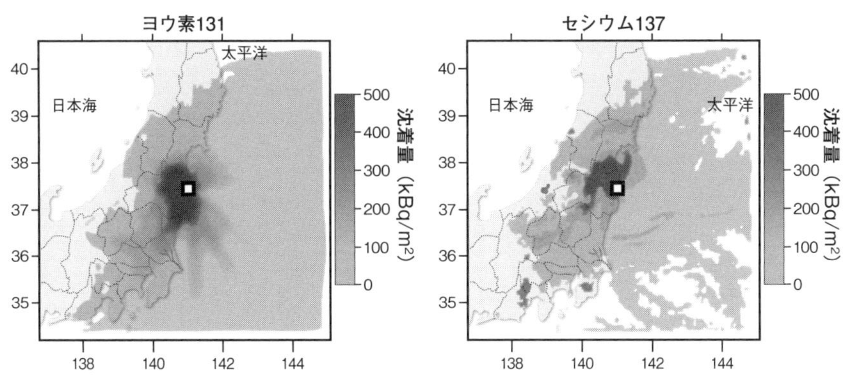

図6-9　福島第一原発事故で2011年3月11～29日の間に放出されたヨウ素131とセシウム137の蓄積沈着量

注：左図＝ヨウ素131、右図＝セシウム137。CMAQモデルにより算出。
出典：大原利眞、森野悠（2011）

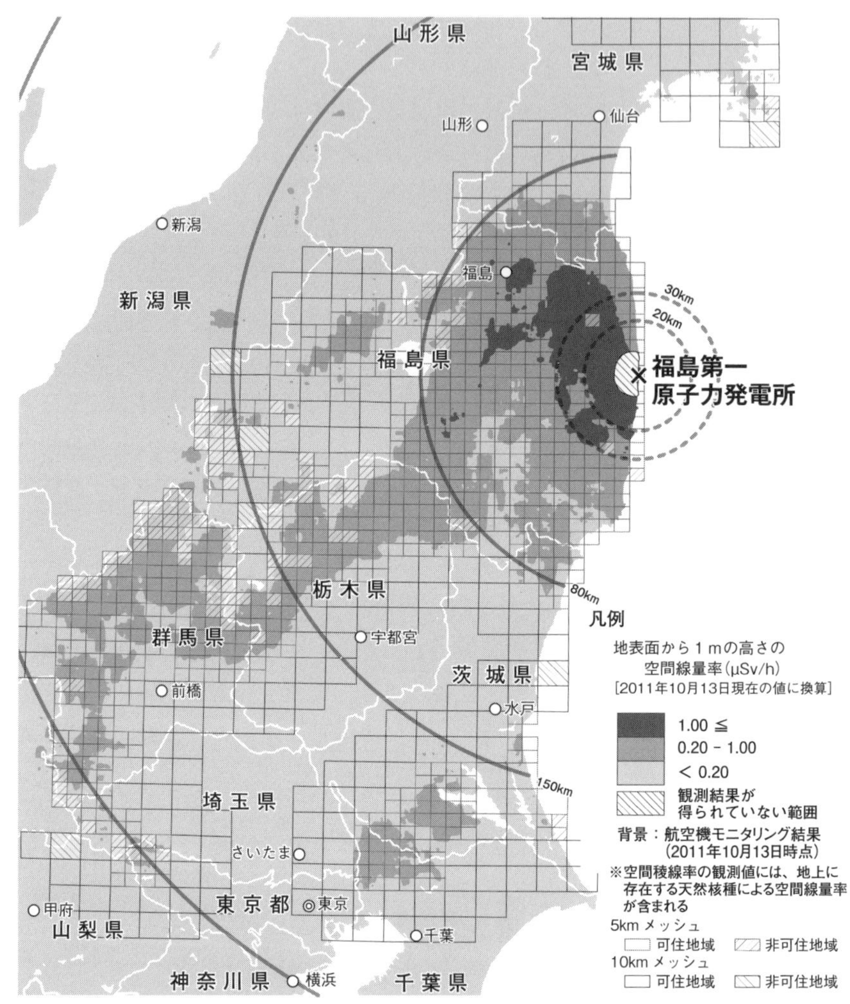

図6-10　福島県周辺の地表面から1mの高さの空間線量率

出典：日本原子力開発機構・福島研究開発部門（2011）

乾性沈着するので放出時の風向方面に沈着量が増える。国内に沈着した13％のうち８％は福島、２％は茨城、残りの３％は東京を含む関東の１都５県と宮城、山形の東北２県に沈着した。水に溶解するセシウム137の場合、風で運ばれたのち降雨を通じて湿性沈着するが、国内22％のうち福島に11％、宮城と群馬に１％強ずつ沈着し、栃木、茨城が続き、福島以外に11％が沈着した。

つまり、福島県外に約半分が沈着しているのである。

図6-10に日本原子力開発機構が2011年10月に測定した空間線量率マップを示した。とくに放射性物質が流出したときの風向きである北北西方向に高濃度汚染が見られる。日本の自然放射線による平均外部被曝量の10倍以上に相当する1μSv/h以上の地域が福島市を含む60km以遠、2～3倍にあたる0.2μSv/h以上の地域が250km以遠にまで広がった。250倍前後の空間線量率に相当する19μSv/h以上の地域が原発から30km以遠にも観察された。

国際放射線防護委員会（ICRP）の2007年勧告では、一般人に対する平常時の被曝線量限度を年間1mSv以下としているが、これに相当する空間線量率0.115μSv/h以上の地域は、この図の調査範囲を越えて広がっている。緊急時の年間被曝量の基準としては、20～100mSv、緊急事故後の復旧時は1～20mSvとしているが、年間被曝量の20mSvと100mSvに相当する線量率はそれぞれ2.3μSv/hと11.4μSv/hなので、図からそれを越える範囲が原発から北西方向にそれぞれ約50kmと40kmに広がっていたことがわかる。これらの地域は後述の「帰還困難区域」であり、長期間にわたって居住できない。

汚染地域の人々は、生活の基盤を奪われ、人生設計も台無しになるという悲惨な状況を強いられた。事故後の県外への避難者は2012年3月に6万2,831人で最多となり、除染実施により徐々に減少したが、2020年7月時点でも2万9,706人は戻れていない。とくに農林畜産業に従事してきた人々は、先祖代々から引き継いできた土地を汚染されただけに、その無念さはいかばかりかと思う。また、海洋放射能汚染によって、漁業にも悪影響をもたらした。東北地方は、地域ごとに受け継いできた伝統文化もかなり消滅しかねない。原発推進政策が、計り知れない損失をもたらしているのである。

福島第一原発事故による健康への影響

すでに第2節で述べたように、長期間の被曝による晩発性影響により、がん、白血病、白内障、寿命の短縮、遺伝的影響などが一定の確率で発症する。前述のように、1人・Svの被曝での確率は、発がんが5.5％、遺伝的影響が0.2％、あらゆる影響での致死率が5％とされている。

これに基づいて、除染などの対策をとらなかった場合の晩発性の健康影響について考察してみよう。福島県の2011年9月の市町村別の放射線量率と人口に基づいて一人当たり平均の被曝線量率を算出すると、約0.6μSv/hとなっている。線量率は徐々に低下していくが、20年間の平均線量率を0.2µSv/hとして、仮にそこに200万人が20年間住み続けたとすると、集団全体では0.2µSv/h×24h/日×365日/年×20年×200万人＝7万80人・Svを被曝することになり、3,854人が発がん、140人に遺伝的影響、3,504人が死亡することになる。20年以上の被曝も考慮しなければならないうえに、福島県以外の影響も加えると、やはり大きな被害がもたらされると推定される。また、体内被曝も加えると、より大きい影響が現れる可能性が高い。とくに放射線感受性が高い子供に対する影響が危惧される。

福島第一原発事故後、住民の健康影響の観点から、原発から20km圏内の住民に避難指示、20～30km圏に屋内退避指示が出された。その後、年間被曝量が50mSvを超える区域を「帰還困難区域」、20mSvを超える恐れがある「居住制限区域」、20mSv以下となることが確実な「避難指示解除区域」に分け、「帰還困難区域」の大熊町、双葉町、浪江町の大半と富岡町、南相馬市、葛尾村、飯館村の一部の地域の住民は自宅や農地などを放棄せざるを得なくなった。「帰還困難区域」以外では、2012年1月施行の放射性物質汚染対処特別措置法により、同年7月から除染特別地域の面的除染が開始された。表土を削り取るなどの除染後、放射線量を測定して効果を確認している。2017年6月までに実施された除染実施の結果、空間線量率の平均値は、宅地では60%、農地で58%、道路で42%、森林で27%低減した。除染の1年後の事後調査では、住宅や学校、公園の線量率は平均0.30µSvに低下した。なお、森林は0.64µSvであった。

このように除染効果は出ているが、0.30µSvでも年間被曝量は2.6mSvになるので、国際放射線防護委員会（ICRP）平常時の被曝線量限度の2.6倍である。したがって、今後も長期間にわたって人々の健康管理を実施し、被害を最小限にするよう努めなければならない。

被爆後、比較的早期に影響が出る若年者の甲状腺異常については、福島県の18歳以下の子供の定期的検査が実施されている。その結果、2020年3月末までに246人甲状腺がんの悪性ないし悪性疑いと診断され、200人が摘出手術を受けたと県民健康調査検討委員会が発表している。今後も、調査を継続し、影響を明らかにしていく必要がある。また、ほかの多くのがんについては、今後、増加する可能性があり、あらゆる人々に対する長期的な健康影響調査を継続実施することが望まれる。

福島第一原発事故による食品汚染

放射性物質による環境汚染が広がった結果、さまざまな水産物や農作物などの食品の汚染も明らかになっている。事故の1週間後に福島県産の牛乳で基準値を超えるヨウ素131が検出されたのをはじめ、その後も、福島県や北関東各県のホウレンソウなどの野菜類でも暫定基準値を超える放射能を検出した。

2011年8月17日に発表されている厚生省の3週間以内の総量値調査（厚生省、2011）では、キノコの厚木ナメコや福島県産のチチタケでも3,000Bq/kgを超える汚染があった。同調査によると、魚介類では、アユ、イシガレイ、ワカサギ、ヒラメなどに500Bq/kgを超える汚染が判明した。

2011年7月には放射性セシウムで汚染された牛肉が見つかった。農林水産省（2011）の調査結果によると、汚染された稲藁を飼料に使用した16県168戸の肉牛肥育農家から、4,042頭の牛が出荷され、検査された1,164頭のなかで74頭（6.4％）が基準値の500Bq/kgを超過していた。その結果、福島県、宮城県、岩手県、栃木県で飼育されている牛の出荷制限がなされた。

500Bq/kgを規制基準とするお茶について、それを超えた茨城県の全域、神奈川県、千葉県、栃木県のいくつかの市町について出荷停止命令が出された。これら以外にも基準値を超えない低濃度の放射能汚染は多くの食品で見られており、放射能汚染の広がりを感じさせる。

福島第一原発の今後

福島原発の事故処理はまだ終了していない。核燃料がメルトダウンして周辺の物質と混合して固まった状態の燃料デブリが第1～3号機の底部に溜まっており、これを冷却し続けねばならないので、つねに注水しており、地下水の流れ込みも加わって、大量の放射能汚染水が発生し続けている。発生量は、当初の毎日約540トンから各種対策を施して減少したが、それでも1日あたり150トン程度が発生している。こうして、2020年3月には1,000基の保管タンクに113万トンにもなった。

しかも、保管水の多くは放射性物質の基準を超える濃度であり、安易に環境中に放出することは許されない。放射性物質の除去処理も実施しているが、トリチウムの除去は不可能であり、ほかの放射性物質も十分に安全な濃度まで除去できるかどうか、難しい。デブリを取り出すまでは、放射能汚染水は蓄積し続けるが、取り出しの目処が立っていない。早急にデブリの取り出し技術を開発し、地球環境汚染につながる放出は避けねばならない。

筆者は、チェルノブイリ事故以降、地震国・日本での原子力推進政策を批判し、「生産コストの点からも、環境破壊の点からも、今後も拡大していくエネルギーではない」(和田, 1990)、「地震国の日本にはいたる所に活断層があり、(中略) 原発の重大事故は一度起きれば、広範囲かつ長期に破滅的影響を与えるだけに、原発を柱にするようなエネルギー政策をとるべきでない」(和田, 1999) などと主張してきた。

福島原発事故は、その危惧が現実になってしまった。しかも、それによる放射能汚染は、国内の土壌汚染だけでなく、大気や海洋を通じて地球規模に広がっている。過酷事故が発生すると甚大な被害をもたらすことを、福島事故はあらためて実証しているのである。

5　放射能汚染の防止

人間生活のなかで医療用や検査用に放射線や放射性物質は利用されているが、このような用途では適切な管理をしていれば、環境汚染につながることはない。放射能汚染をもたらしている主因は核兵器と原発利用であり、核兵器の廃絶と原発の削減、段階的廃絶を進めることが汚染防止のうえで必要である。

核兵器のない世界の実現

すでに述べたように、核兵器の開発、実験、使用などにより放射能汚染が地球規模に拡大してきた。それにより膨大な人々の命を奪い、健康を害してきたことも明白である。それにもかかわらず、表6-4に示すように、現在も多数の核兵器が世界に存在している。核戦争が起きた場合の地球規模での破滅的環境破壊や放射能汚染については、すでに『地球環境論』(1990年) や『新地球環境論』(1997年) で論じたが、核兵器が存在するかぎり、今後、実際に核戦争が起きないという保証はない。それが現実にならないためには、核兵器を世界から追放するしかない。

核兵器に反対する運動は、1950年のストックホルム宣言が世界中から4億7,000万人の署名を集めたのを端緒である。1954年3月のアメリカのビキニ水爆実験の灰を浴びて「第五福竜丸」の乗組員23人が被爆し、無線長の久保山愛吉さんが半年後に死亡したことに対する署名運動を契機に原水爆禁止を求め

表6-4　世界の核弾頭数

国	軍用小計	作戦配備	作戦外貯蔵	退役／解体待ち等	全保有数
ロシア	4,306	1,572	2,734	～2,060	～6,370
アメリカ	3,800	1,750	2,050	～2,000	～5,800
中国	320	0	320	0	320
フランス	290	280	～10	0	～29
イギリス	195	120	75	0	195
パキスタン	～160	0	～160	0	～160
インド	～150	0	～150	0	～150
イスラエル	80～90	0	80～90	0	80～90
北朝鮮	～35	0	～35	0	～35
合計	～9,346	～3,722	～5,624	～4,060	～13,41

出典：長崎大学核兵器廃絶研究センター（2020）

る運動に発展し、1955年8月の広島で最初の原水爆禁止世界大会が開かれた。その後も毎年、広島、東京、長崎などで世界大会が開催され続けている。

また国連では、1996年に科学者、法律家、医師ら三つの国際団体からなる共同体が起草した「モデル核兵器禁止条約」を1997年にコスタリカ政府が国連事務局に届け、各国に配布され、核兵器禁止が議論の俎上（そじょう）に載せられた。2011年の国連総会では、コスタリカとマレーシアなどが「核兵器禁止条約」の交渉開始を求める決議案を共同提案し、127ヵ国の賛成で採択された。その後のさまざまな経過を経て、2017年7月7日の国連総会で「核兵器禁止条約」が122ヵ国の賛成多数で採択された。

この条約は、すべての国に、核兵器の開発、実験、製造、備蓄、移譲、使用および威嚇としての使用を禁止し、核兵器を廃絶した世界をめざすものであり、世界平和と地球環境汚染防止にとって大きな一歩となるものである。2020年10月に50ヵ国が批准し、条約は2021年1月22日に発効した。残念なことに日本は核保有国とともに条約の交渉会議に参加せず、批准もしていない。唯一の被爆国である日本は率先して取り組むべきことであり、政府は早急に批准して核のない世界の実現に尽力しなければならない。

原発による放射能汚染の防止

原発が稼働し続けるかぎり、事故を起こさない保証はない。たとえ事故が起きなくても、使用済み核燃料の安全な処理方法は存在しないため、人為的な放射能汚染をなくすには計画的に廃絶する必要がある。

ところが、2020年初の時点では世界31ヵ国に442基、約3.9億kWの運転中の原発が存在している。さらに建設中が19ヵ国に55基、約6,000万kWもある。一方で、古くなった原発の閉鎖も増えており、2019年には新規運転開始が6基に対して、閉鎖が13基もあった。福島原発事故があった2011年から2019年までの期間でも、閉鎖の59基が運転開始の53基を上回っている。なお、運転開始53基の内訳は、中国が33基、ロシアが6基、韓国が4基、パキスタンとインドが各3基、アメリカ、アルゼンチン、イランが各1基で、8ヵ国中核保有国が5ヵ国で43基、全体の81%を占めている。これらの国では、核兵器用のプルトニウムは原発で作り出されることもあり、原発を保有している。したがって、核兵器が禁止されれば、原発保有の意義が薄れることから、核兵器禁止条約の発効は原発を廃絶するうえでも重要な意味をもつ。

現実に原発の廃絶を掲げる国も現れている。チェルノブイリや福島での原発の過酷事故で原発の危険性が明白になり、多くの国が原発政策を変更した。17基の原発を保有していたドイツでは、メルケル首相が福島原発事故の4日後に古い原発8基を直ちに停止し、その後廃炉にすることを決定するとともに、残りの9基を2022年末までに順次閉鎖することにした。スウェーデン、ベルギー、スイス、台湾も、段階的な廃絶を表明している。また、保有しているが稼働しないことを国民投票で決定したイタリア、保有しているが建設中や計画のない国がフランス、スペイン、カナダなど10ヵ国もある（2020年末時点）。また、以前からも含めて保有しないと決めている国も、デンマーク、オーストリア、ギリシャなど多数存在している。

実際、原発の発電比率は低迷し続けており、過酷事故発生以前のような右肩上がりにはなっていない。とりわけ、OECD加盟の先進国については、減少し続けており、国際再生可能エネルギー機関の見通しでは、今後も世界全体で減少傾向は続くとしている。

幸いなことに、再生可能エネルギーによる発電技術が発達し、発電コストも原発より安価になりつつあり、地球温暖化の防止に資するとともに、原発なしに再生可能エネルギーで全電力を供給できる条件が整いつつある。とくに巨大地震が発生しやすい日本では、ふたたび過酷事故に見舞われる可能性があり、早急に稼働中の原発を停止し、廃絶計画を策定すべきである。また、これまで推進してきた他国への原発輸出はことごとく失敗しており、今後は国際的にも再生可能エネルギー普及の推進に貢献すべきであろう。

［参考文献］

Abella, M. K. I. L. *et al.*, “Background gamma radiation and soil activity measurements in the northern Marshall Islands”, *PNAS*, 116 (31), (2019); https://www.pnas.org/content/116/31/15425

Ahlswede, J. *et al.*, "Update and improvement of the global krypton-85 emission inventory", *J. of Environmental Radioactivity*, 115: 34–42 (2013); https://doi:10.1016/j.jenvrad.2012.07.006. PMID 22858641

Falk, R. *et al.*, ‘Cesium in the Swedish Population after Chernobyl’ in “The Chernobyl Fallout in Sweden” (1991)

IAEA, “Operating Experience with Nuclear Power Station in Member States in 1994” (1995) および各年度版

ICRP, “Publication 103: The 2007 Recommendations of the International Commission on Radiological Protection”, *Annals of the ICRP* (2007); http://www.icrp.org/publication.asp?id=ICRP%20Publication%20103

Kagiya, T., Wada, T. and Nishimoto, S. ‘Molecular Mechanism of Radiosensitization’ in “Modification of Radiosensitivity in Cancer Treatment”, edited by T. Sugahara (1984)

Lin, W. *et al.*, “Radioactivity impacts of the Fukushima Nuclear Accident on the atmosphere”, Atmospheric Environment, 102: 311–322 (2015)

Office for the Coordination of Humanitarian Affairs, “Ukraine”, The United Nations and Chernobyl, (2004a); http://www.un.org/ha/chernobyl/ukraine.html

Office for the Coordination of Humanitarian Affairs, “The Republic of Belarus”, The United Nations and Chernobyl, (2004b); http://www.un.org/ha/chernobyl/belarus.html

Povinec P. P., Hirose K, Aoyama M., “Fukushima Accident—Radioactivity Impact on the Environment”, Elsevier (2013)

Ryan, J.J., “Variation of dioxins and furans in human tissues”, *Chemosphere*, Vol. 15, 1585 (1986)

——, “Comparison of PCDDs and PCDFs in the tissues of Yusho patients with those from the general population in Japan and China”, *Chemosphere*, Vol. 16, 2017 (1987)

Stockholm International Peace Research Institute (SIPRI), “SIPRI Year Book 2020” (2020)

United Nations Scientific Committee on the Effects of Atomic Radiation “UNSCEAR-2008 Report Vol. II. Effects of ionizing radiation; Annex C” (2008)

UNSCEAR, “Exposures and effects of Chernobyl accident” (2011);
http://www.unscear.org/docs/reports/2000/Volume%20II_Effects/AnnexJ_pages%20451-566.pdf

Vanmarcke, H., “UNSCEAR 2000: Sources of ionizing radiation” (2001); http://www.laradioactivite.com/fr/site/pages/RadioPDF/unscear_naturel.pdf

Wada, T., Ide, H., Nishimoto, S. and Kagiya, T., “Radiation-induced hydroxylation of thymine sensitized by nitro compounds in N_2O-saturated aqueous solution”, *Chemistry Letters*, Vol. 7, 1041 (1982)

Winger K. *et al.*, “A new compilation of the atmospheric 85krypton inventories from 1945 to 2000 and its evaluation in a global transport model”, *JRNL of Environmental Radioactivity*, 80 (2): 183-215 (2005)

朝日新聞訳「核兵器禁止条約」2017年; https://www.asahi.com/articles/ASK9L56MHK9LPTIL00C.html

朝日新聞社原発問題取材班『地球被曝』朝日新聞社、1987 年
安斎育郎『からだのなかの放射能』合同出版、1979 年
今中哲二「放射線の発癌危険度について」『公害研究』16 巻 47 号、1986 年
大原利眞、森野悠「福島第一原子力発電所から放出された放射性物質の大気シミュレーション」国環研ニュース、2011 年度 30 巻 4 号、2011 年; https://www.nies.go.jp/kanko/news/30/30-4/30-4-05.html
小野周『原子力』文新社、1980 年
ゲイル、R. P.、ハウザー、T.／吉本晋一郎訳『チェルノブイリ』岩波書店、1988 年
環境省「放射線による健康影響等に関する統一的な基礎資料（平成 29 年度版）」2018 年; http://www.env.go.jp/chemi/rhm/h29kisoshiryo.html
原子力対策本部「原子力安全に関するIAEA閣僚会議に対する日本国政府の報告書――東京電力福島原子力発電所の事故について」2011 年; https://www.kantei.go.jp/jp/topics/2011/pdf/houkokusyo_full
厚生労働省「東京電力福島第 1 原子力発電所事故による農畜水産物等への影響」2011 年; http://www.maff.go.jp/noutiku_eikyo/mhlw3.html
国立環境研究所「東京電力福島第一原子力発電所から放出された放射性物質の大気中での挙動に関するシミュレーションの結果について（お知らせ）」2011 年; http://www.nies.go.jp/whatsnew/2011/20110825/20110825.html
国連環境計画／吉沢康雄・草間朋子訳『放射線、その線量、影響、リスク』同文書院、1988 年
コッグル／渡部真、太田次郎訳『放射線の生物作用』共立出版、1977 年
資源エネルギー庁『原子力発電関係資料』1990 年～ 1996 年各版
瀬尾健ほか「チェルノブイリ事故による放出放射能」『科学』58 巻 2 号、1988 年
舘野之男『原典 放射線障害』東京大学出版会、1988 年
寺島東洋三、市川龍資『チェルノブイリの放射能と日本』東海大学出版会、1989 年
中川保雄『放射線被曝の歴史』技術と人間、1990 年
長崎大学核兵器廃絶研究センター「世界の核弾頭一覧」2020 年; https://www.recna.nagasaki-u.ac.jp/recna/nuclear1/nuclear_list_202006
七沢潔『チェルノブイリ食糧汚染』講談社、1988 年
西尾漠『原発の現代史』技術と人間、1988 年
日本科学者会議『暴走する原子力開発』リベルタ出版、1988 年
日本原子力産業会議『原子力年鑑』（各年度版）
日本原子力開発機構・福島研究開発部門「放射性物質の分布状況等調査報告書」平成 23 年度原子力規制庁委託事業; https://fukushima.jaea.go.jp/fukushima/try/entry02.html
農林水産省「東京電力福島第 1 原子力発電所事故による農畜水産物等への影響」2011 年; http://www.maff.go.jp/noutiku_eikyo/index.html
放射線医学総合研究所『人間環境と自然放射線』技術寄与研究会、1979 年
放射線被曝者医療国際協力推進協議会「放射線の基礎知識」2009 年; http://www.hicare.jp/09/hi04.html
放射能汚染食品測定「チェルノブイリ汚染マップ」1990 年; http://www.housyanou.org/chernobyl/チェルノブイリ汚染マップ5MB.pdf?attredirects=0
文部科学省「文部科学省及び栃木県による航空機モニタリングの測定結果について」2011 年; http://www.mext.go.jp/component/a_menu/other/detail/__icsFiles/afieldfile/2011/07/27/1305819_0727.pdf

山本修『放射能障害の機構』学会出版センター、1982年
山田耕作、渡辺悦司「福島事故による放射能放出量はチェルノブイリの2倍以上」2014年; http://acsir.org/data/20140714_acsir_yamada_watanabe_003.pdf
和田武「温暖化防止のための日本のエネルギーシナリオ――原発増設をやめ、再生可能エネルギーの大幅導入を！」日本科学者会議編『環境展望 1999-2000』1999年

第7章
進行する生物多様性の損失

地球は水の惑星と呼ばれ、40億年前に海のなかで原始生命が誕生した。やがて太陽のエネルギーを利用して、二酸化炭素と水から有機物を合成し、同時に酸素を放出できる光合成細菌（シアノバクテリア）が海洋全体に広がった。6億年前のカンブリア紀には、現在の主要な動物門が出現し、やがて光合成植物によって生産された酸素からオゾン層が形成された。オゾン層は有害な宇宙線から生命を守る防護服としての役割を果たしたため、5億年前には多くの生命は海から陸へと生息・生育域を拡大し、それ以来多種多様な生物が海と陸上で繁栄し、進化してきた。

新たな環境に適応する過程で、その環境に適した新種が誕生し、適応できなかった種は滅びたが、多くの地質時代で新種の誕生が絶滅する種の数を上回ったため、地球上の生物種の数は徐々に増えた。その結果、種の多様性が高まり、現在では地球上にほぼ150万種が生存していると見積もられている。しかし、長い地質年代をさかのぼると過去に5回の大量絶滅の時代があり、現在は6度目の大量絶滅の時代と呼ばれている。過去の大量絶滅は、隕石の衝突や地球の寒冷化などの自然現象が絶滅の原因であったが、現在の大量絶滅は、人間活動の拡大が原因であり、またその絶滅速度が人為による影響がない場合の絶滅速度と比較して100〜1,000倍も高いことが、過去5回の大量絶滅とは異なる。その結果、世界中で多くの生物種が絶滅の危機に瀕している（Pimm *et al.*, 2014）。

地球上には、生物と非生物的（物理化学的）な環境要因との相互作用によって陸上生態系（森林、草地など）、海洋生態系（外洋、サンゴ礁など）、淡水生態系（河川、湖沼など）からなる多様な生態系が形成されてきた。人間活動の過度な拡大はこれらの生態系の構成要素である生物と非生物的な環境要因に悪影響を及ぼし、健全な生態系の機能を損なうため、生物種の死滅や減少を招くことになる。また、健全な生態系の機能が損なわれると、食物や木材などの自然資源の供給、大気中の酸素の生成や水の浄化など、私たちにとって有益なサービス機能が悪化し、私たちの健康、日々の暮らし、社会・経済活動も大きな影響を受けることになる。このような生態系の劣化、種の多様性の減少とそれにともなう種内の遺伝的多様性の減少は「生物多様性の損失」と呼ばれ、地球規模の深刻な環境問題の一つとなっている。

本章では、①生物多様性とその価値、②生物多様性の損失の現状、③生物多様性の減少の原因、④生物多様性の保全策、⑤国内および国際的な取り組み、⑥生物多様性と持続可能な社会形成、⑦最近の新たな動向について述べる。

1　生物多様性とその価値

生物多様性とは、地球上の生命の総体をいう。生物多様性は、遺伝子、種、生態系の三つの異なるレベル（階層）からなる。種の多様性には、単細胞生物から多細胞の菌類、植物、動物のすべての種が含まれる。遺伝的多様性は、各々の種内の遺伝子の多様性を示す。生態系の多様性には、生物群集とそれとつながりをもつ物理化学的な環境要因からなる多様な生態系が含まれる。

遺伝的多様性とその価値

生物多様性は、すべての地球上の生物にとって欠かせない多様な価値をもっている。遺伝子の多様性は、各々の種が環境の変化やほかの生物との生存競争に打ち勝ち、種の存続を可能にするためにはきわめて重要である。各々の種は、独立した個体群（動物では群れ、植物は群落）として存在しており、個体群を構成する個体は、お互いに異なる遺伝子をもっている。一つの遺伝子は異なる形質を示す対立遺伝子からなり、一つの個体群に存在するすべての遺伝子を遺伝子プールという。一般に、遺伝子プールが大きいほど、個体群内に多様な遺伝的な変異が保持されている。遺伝子プールが小さくなると、種内の遺伝子の多様性が減少し、繁殖力、病気に対する抵抗性、環境への適応能力が低下し、種は絶滅しやすくなる。

遺伝子の多様性は、人間にも恩恵をもたらしてくれる。農作物、園芸種、家畜などの品種の改良、新薬の開発、バイオテクノロジーなどは、生物が多様な遺伝的な形質を有していることを利用している。しかし、現在では、穀類、イモ類、トウモロコシなどの伝統品種がもつ遺伝子の多様性は、国際市場での高収量で味のよい少数の近代品種に置き換わり、多くの地域固有な遺伝子資源は伝統的な栽培方法や伝統文化とともに急速に失われつつある。

種の多様性とその価値

種の多様性は、38億年の生命の歴史のなかで、生物がどれほど多様な環境や生物間の相互作用を通じて、進化的・生態学的に適応したかを映し出している。現在、記載されている種は陸上で124万種、海洋で19万種、計144万種に過ぎないが、地球上には1,096万種以上の生物が生存していると推定されている（Mora *et al.*, 2011）。人間は有史以来、地球上の種の多様性を利用することにより繁栄してきた。林産物、水産資源、野生動物の肉などは食糧として、それ以外にも燃料（薪や化石燃料）、建材、パルプ、繊維、医薬品、ペット、園芸植物、香料などとして利用してきた。これらの種は、市場を介さずに地域で消費される場合もあるが、現在では、市場を通じて膨大な生物種が地球規模で取引されている。製薬業界は世界で年間100兆円を超える収益を上げている巨大ビジネスであるが、抗生物質、抗がん剤、免疫抑制剤などの合成医薬化合物の半数以上は野生の動植物や微生物から見出されたものである。また、世界の124の作物の75％は受粉を媒介生物に依存しており、受粉媒介生物群が多様であるほど高度で安定した受粉サービスがもたらされる（Klein *et al.*, 2006）。まだ存在を知られていない多くの種も人間にとってかけがえのない恩恵を与えてくれる潜在価値をもっているが、人間活動の拡大により、その価値を知られることなく絶滅する種はますます増えるであろう。

生態系の多様性とその価値

生態系とは、生物群集（生物的要素）とそれを取り囲む物理化学的環境（非生物的要素）からなる、機能的なシステムである。生物と非生物的な環境要因は、エネルギーと物質の循環を通じて相互につながりをもっている。いずれの生態系も太陽のエネルギーと無機物から有機物を合成する「生産者」（光合成植物）、生産者を捕食する「消費者」（動物）、生産者や消費者の死体・排出物を分解する「分解者」から構成されているが、これらを生物の個体数、現存量（重量）、有機物生産量などで表示した生態系ピラミッドは、各々の生態系により特徴的な型を示す（図7-1）。多様な生産者、消費者、分解者からなる生態系は安定し、健全な機能を発揮できる。しかし、人間活動などによって生態系のある構成要素が減少したり、変化が生じると、生態系はシステムとして反応し、ほかのさまざまな構成要素に悪影響を与え、時には、生態系全体の変化を導くこともある。

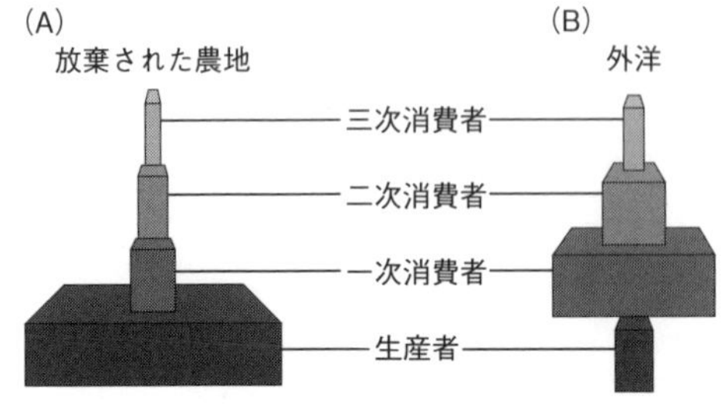

図7-1　現存量を用いた生態系ピラミッド

出典：Miller (2019) を引用のうえ筆者が改変

地球上には、森林、草地、湖沼、河川、湿地、海洋、マングローブ、サンゴ礁などさまざまな生態系があり、多様な機能と価値をもっている。人々が生態系から得る利益は生態系サービスと呼ばれ、一般的には①供給、②調整、③基盤、④文化的なサービスの四つに分類される（Millennium Ecosystem Assessment Organization, 2005）。供給サービスは、生態系から直接得られる生産物である。調整サービスは、生態系のもつ大気や気候の調整、水質や土壌の浄化機能、花粉の媒介や種子の散布、災害や病気の制御などである。基盤サービスは、すべての生態系サービスの供給に必要な基本的な機能で、栄養循環、光合成、土壌形成などが含まれる。文化的サービスは、人間と生態系との関係から得られる精神的な価値や体験などで、教育（学習）、レクリエーション、アイデンティティの拠り所などが含まれる。また、最近では生態系のサービス機能を、①環境プロセスの調節、②物質と支援、③非物質の三つに機能を分ける場合もある。その例として、図7-2と図7-3の左のカラムにDíaz, J. *et al.*（2019）による3分類とその具体的な機能を示す。

生態系のサービス機能を市場価格に換算して評価する取り組みもなされ、1995年の地球全体の生態系サービスの価値は3,300兆円/年と推定されている（Constanza *et al.*, 1997）。世界全体の農地と比較すると自然生態系、とくに沿岸域、湿地、熱帯雨林の経済価値はきわめて高いことが明らかにされた。IUCN（世界自然保護連合）（2008）は全世界の熱帯雨林の経済価値は約982兆円と算定し、花粉媒介をする昆虫の経済価値は年間24兆円と算定した。

2011年にも同じ方法を用いて、地球全体の生態系サービスの価値が算定されている（Constanza, 2011）。ただし、単位生態系サービスの値の変更と精緻な評価手法の開発により、その値は1京4,500兆円/年と推定された。際立って高い経済的価値を示したのはサンゴ礁で、沿岸域および沿岸と内陸の湿地がそれに続いた。なお、土地利用の変化による1997年から2011年までの生態系サービスの損失は436～2,202兆円/年と見積もられた。

現在では、多様な環境経済学の手法が開発されているが、推定値は用いた方

図7-2　生態系のサービス機能
（環境プロセスの制御）と
世界の過去 50 年間の変化

出典：Diaz *et al.* (2019) を引用のうえ筆者が改変

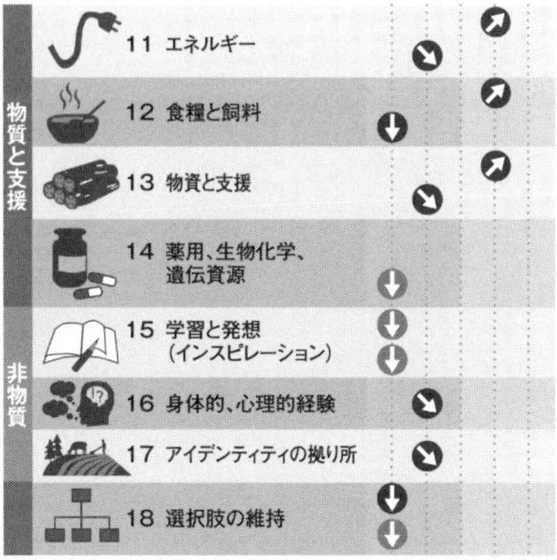

図7-3　生態系のサービス機能
（物質の供給と文化）と
世界の過去 50 年間の変化

出典：Diaz *et al.* (2019) を引用のうえ筆者が改変

法により大きく異なる。その理由として、生態系の機能は多岐にわたり、個々の生態系による差異も大きいため、一律な評価をするのが困難であることが挙げられる。また、市場価格を有するものは貨幣価値に換算できるが、すべての生態系サービスを貨幣価値で評価するのは難しい。しかし、生態系サービス機能を貨幣価値に換算することで、開発事業による便益と、開発により失われる環境サービス機能との比較ができる意義は大きい。

2　生物多様性の損失の現状

地球全体の生物多様性の損失の現状

(1)　**種の多様性の減少**　世界の種の多様性は急速に減少している。IUCNは、世界の野生生物を保全するうえで欠かせない野生生物の絶滅の可能性の定量的な基準を開発し、絶滅危惧種のリストであるレッドリストを公表している。図7-4はIUCNの種の保全のための10のカテゴリー分類を示したものである。ここでは絶滅のおそれのある種は保全の緊要性が高い順に「深刻な危機」「危機」「危急」の三つに分類している。たとえば「深刻な危機」とは、10年以内または3世代後のいずれかの項目で50％以上の確率で絶滅する可能性があるなど、複数の判定基準により判定された種である。このカテゴリーに基づいて作成された2020年のレッドリストでは、評価対象とした12万種のうち3万2,000種が絶滅に瀕しており、この値は、これまでに評価された種の27％に相当するという深刻な状況が明らかにされた（IUCN, 2020）。絶滅危惧種の占める割合は、哺乳類では評価対象種の26％、鳥類の14％、両生類の41％、造礁サンゴの33％、甲殻類の28％、針葉樹の34％であった。

図7-5は、IUCNの2019年のレッドリストを基にIPBESによって作成された世界の生物種群別の絶滅のリスクを示す（Díaz *et al.*, 2019）。政府関組織であるIPBES「生物多様性及び生態系サービスに関する政府間科学-政策プラットフォーム（Intergovernmental science-policy Platform on Biodiversity and Ecosystem Services）」の報告書によると、多様な生息地の在来種の平均的な豊かさは、1900年以降、少なくとも20％は減少している。また、今後数十年以内に約100万種の動植物種が絶滅の危機に瀕すると予測している。また、食糧用、飼育用および農業用に使用されている哺乳類の品種の9％以上が2016年までに絶滅し、1,000の品種が絶滅の危機に瀕していると評価している。これらの生物多様性の損失は人間の活動の直接的な結果であり、世界のすべての地域における人間の福祉に対する直接的な脅威となっていると結論づけている。

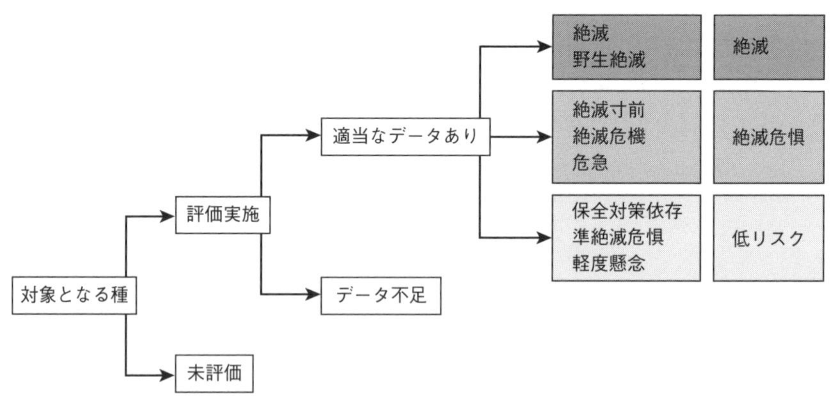

図7-4　IUCNの野生生物の種の保全のためのカテゴリーと絶滅危惧種の分類

注：このチャートはカテゴリー分類を示しており、左から右へ
(1) 種の評価が実施されているか否か、(2) その種についてどの程度利用できるデータがあるか、
(3) データがある場合には、さらに低リスク、絶滅危惧、絶滅の3種のカテゴリーに分けられる。
出典：Hilton-Taylor (2000)

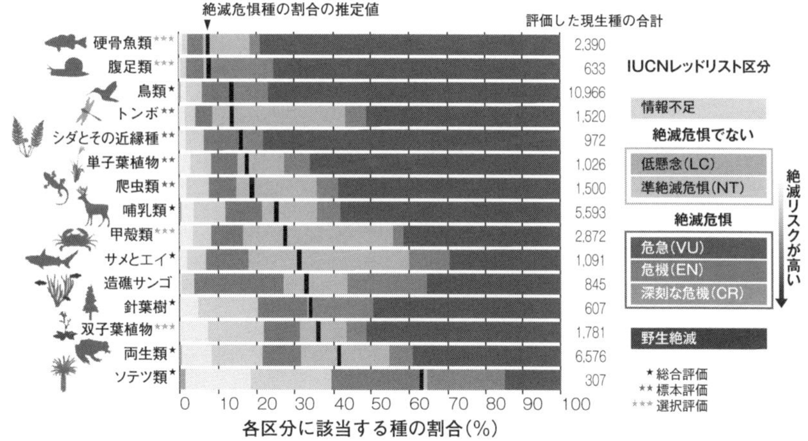

図7-5　異なる生物種群の世界的な絶滅のリスク

出典：Diaz *et al.*, (2019)

「生きている地球指標（Living Planet Index : LPI）」は地球全体の生物種の動向を個体群から評価している。世界中の哺乳類、鳥類、魚類、爬虫類、両生類の個体群サイズの変化を1998年から算定している。2018年に公表された全世界のLPIでは、世界各地で観測した4,005種、16,704の個体群傾向をもとに1970〜2014までを算定した（図7-6）。2015年のLPIは1970年の値と比較して、60％も低下している（WWF, 2018）。個体群の減少は、とくに熱帯で顕著であり、中南米を主とする新熱帯区は、1970年に比べて89％と著しく減少している。一方、新北区（北米）および旧北区（ユーラシア）の個体群の減少はそれぞれ23％と31％で、やや緩やかな減少傾向にある。

種の多様性の変化を示す国際的な指標には、上記で述べた二つの指標に加え、種分布の変化を測定する「種の生息地インデックス（Species Habitat Index）」もある。これらの三つの指標の結果から、①絶滅危惧種の数は急激に増加しており、②陸域と海域を含めた全地球の動物の個体群も普通種も含めて急速に減少し、さらに③生息地内の種の分布も縮小していること、が明らかにされた。種の多様性の減少は、全地球の遺伝子プールの縮小を招くため、これらの結果は、遺伝子の多様性も急速に失われていることを意味している。

⑵　**生態系の多様性の減少**　地球全体の生態系の多様性についての包括的な調査や地球の健康状態を評価する試みは今世紀になって開始された。このよう

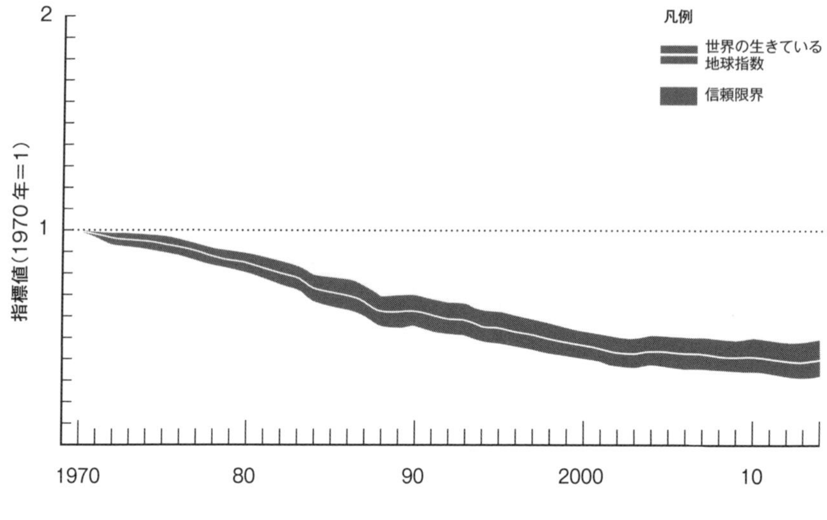

図7-6　世界の「生きている地球指数 1970～2014」

注：白線は指標値、色のついた部分は信頼限界を示す（範囲：-50～-67%）
出典：WWF (2018)

な評価が必要となった背景には、地球全体の環境容量の限界が明らかとなり、地球規模の生物多様性や生態系の状態を把握する重要性が認識されたためである。初めての地球全体の生態系の評価は、2005年に公表された国連の「ミレニアム生態系評価（Millennium Ecosystem Assessment: MEA）」で報告された（Millennium Ecosystem Assessment Organization, 2005）。

MEAは、世界の95ヵ国の1,360人の専門家が参加して、4年の歳月をかけてまとめられた。MEAでは、生態系のサービス機能を24項目に分類し、その各々の機能について過去50年間の変化の傾向を評価している。その結果、生態系サービスが向上したのは、穀物、家畜、水産養殖の提供（供給）機能に関する3項目と地球全体の気候機能の1項目のみで、変化なしが5項目で、10項目で生態系サービスは低下しており、生態系のサービス機能は過去50年間で急速に悪化していることが裏づけられた。

MEAにより、以下の主要な結論が導き出された。①過去50年間で、人間活動により生物多様性に大規模で不可逆的な人為的変化が発生している。②生態系の改変は人間に多くの利益をもたらしてきたが、多くの生態系サービスの悪化、加速度的かつ不可逆的な変化が生じるリスクが増加し、将来世代が得る利益が大幅に減少すると予測される。③生態系サービスの悪化の傾向は21世紀前半にさらに増加する。

MEAは、私たちの生活は、健全な生物多様性を基盤とする各種の生態系サービスに支えられていること、さらには、食料や淡水の供給などの生態系サービスが変化すると、私たちの生活基盤が不安定となり、選択と行動の自由も影響を受けることを示している。

2010年に名古屋で開催された生物多様性条約の第12回の締約国会議（COP10）では、新たな戦略計画（2011-2020）とその達成のための20の個別目標からなる「愛知目標」が定められた。愛知目標では、数値目標を含む具体的な行動目標が掲げられた。また、愛知目標を達成するためには、生物多様性や生態系サービスの現状を科学的に評価し、それを的確に政策に反映させることが必要であるとの認識が共有された。

2014年には、生物多様性や生態系サービスの現状を科学的に評価し、それを的確に政策に反映させることを目的として、政府間機関IPBESが設立された。気候変動に関する政府間パネルであるIPCCと同様の機能をもつことから「生物多様性のためのIPCC」と呼ばれることもある。IPBESは、世界の130を超える加盟国政府から構成され、生物多様性に関する最新の信頼性の高いデータを提供している。IPBESに用いられている評価は2005年のミレニアム生態系評価（MEA）に基づいているが、より包括的な評価をするために自然科学だけでなく社会・経済学の分野の研究成果も取り入れている（図7-7）。初の報告書は、50ヵ国145名の専門家が3年間をかけて、約15,000の科学および政府の情報源を系統的にレビューし、生物多様性、生態系サービスと資源についての現状と過去50年間の変化を評価している（Diaz *et al.*, 2019）。その結果は、図7-2と図7-3の左のカラムに示し、図中の上向きの矢印は50年間で増加、下向きの矢印は減少を示している。用いられた18項目のうち14項目で減少傾向が見られた。また、IPBESの報告書では以下の点が明らかにされた（Diaz *et al.*, 2019）。

①陸上環境の約75％と海洋環境の約66％は、人間の行動によって大幅に変化している。

②世界の地表面の約30％と淡水資源の約75％が、作物や家畜の生産に充てられている。

③土地の劣化により、世界の地表面の23％で生産性が低下している。年間

約600兆円の収益をもたらしている世界の作物は、花粉媒介者の減少の危機にさらされている。

④ 1970年以降、農作物生産の価値は約3倍に増加し、原木収穫量は45％増加している。

⑤ 2015年に漁獲された海産魚類の量のうち、33％は持続不可能であり、60％は持続可能であった。

⑥プラスチック汚染は1980年以来10倍に増加しており、産業施設から3億～4億トンの重金属、溶剤、有毒スラッジ、その他の廃棄物が毎年世界の水に投棄されている。

⑦沿岸生態系に入る肥料は400以上の海洋の「デッドゾーン」(富栄養化により生物の生息が難しい海域）を生み出しており、その合計の面積は、イギリスより広い面積になってる。

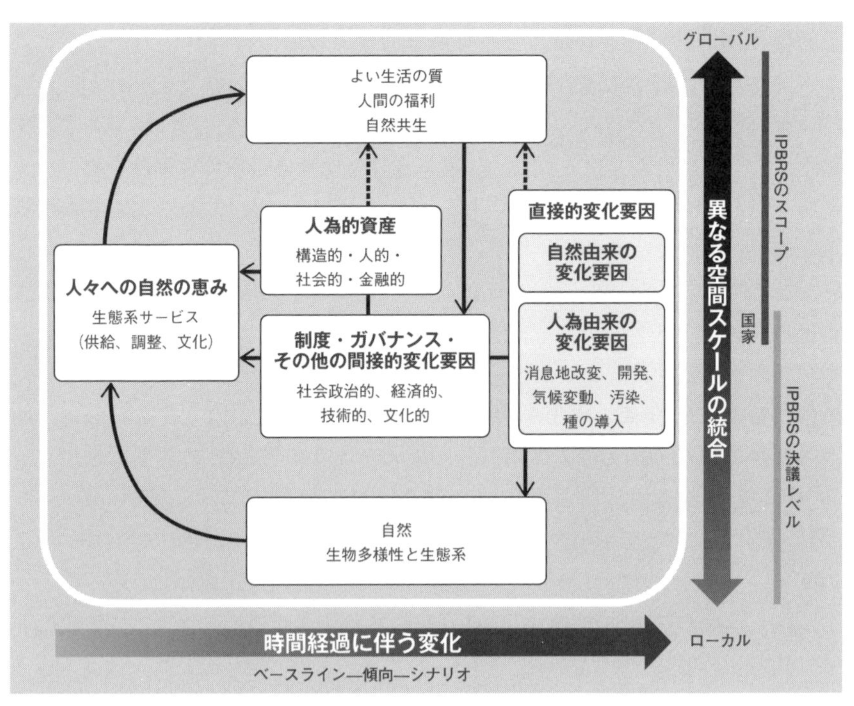

図７-７　IPBES概念の枠組み

出典：環境省自然保護局（2016a）

⑧１億～３億人が沿岸の植物の生育地（マングローブや防潮林）の損失により洪水やハリケーンのリスクにさらされている。

世界の森林面積の変化については、国連食糧農業機関（FAO）が10年ごとに報告書を発表している。図7-8には、2020年の世界の地域別の森林面積の年間純変化を示す（FAO, 2020）。1990～2020年の30年間の変化を見ると、地域により著しい違いが見られる。南米では減少率が世界で最も高いが、減少面積は過去10年間で減少している。アフリカは南米に次いで森林面積の減少率が大きく、さらに減少面積が増加傾向にあることが懸念される。アジア、ヨーロッパ、北米と中米では、植林などにより森林面積は増加している。また、地球規模の生物多様性の現状はGBO 4「地球規模生物多様性概況 第4版（Global Biodiversity Outlook 4th edition GBO4）」（2014）でも報告されている。本報告書は愛知目標の中間評価を行うために作成された。愛知目標の20の目標の進捗状況が56の要素で評価される。そのうち、達成には不十分、または進展なし・後退していると評価された要素は86％であった。しかし、とくに愛知目標11の全陸上面積の17％を保護地域にすることについては、達成の見込みと報告された。

沙漠化は、乾燥地、半乾燥地、乾性半湿潤地において、さまざまな気候的な要因と人間活動によって生じる土地の劣化である。気候的な要因としては、気候変動、干ばつ、乾燥化などが挙げられ、人為的な要因としては、過放牧、薪

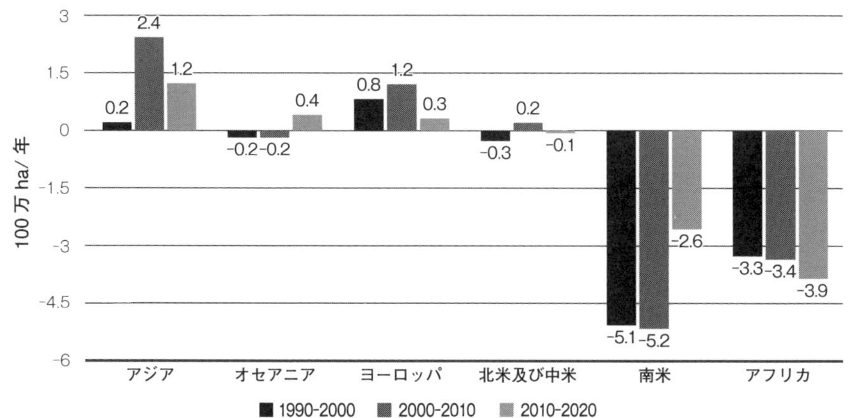

図7-8　10年ごとの地域別森林面積の年間純変化（1990-2020年）

出典：FAO (2020) を模して筆者が作成

炭材の過剰採取、過耕作など乾燥地域の脆弱な生態系の中で、その許容限界を超えて行われる人間活動が原因であるといわれている。2018年に欧州委員会は、14の環境・社会・経済の要因（土地劣化に関係する気候-植生傾向、土地生産性、水ストレス、人口変動、所得水準など）を評価し、人口増加と人間の活動が土地の劣化を招いている現状を世界沙漠化地図により視覚化した（Cherlet, M. *et al.*, 2018）。その結果、地球上の土地の75％はすでに劣化しており、2050年までに90％以上が劣化すると予想した。劣化による経済的損害は毎年数十兆円の規模と推定され、移住を余儀なくされる人口は2050年までに7億人、今世紀末には100億人に達する可能性が示された。

日本の生物多様性・生態系の現状

(1) **種の多様性の減少**　環境省のレッドリストの13分類群の絶滅危惧種の合計種数は、1991年は2,694種であったが、2013年には3,597種と増加している（環境省, 2020）。分類群ごとの絶滅危惧種の割合は、2013年では、哺乳類の21.3％、鳥類の13.9％、両生類の33.3％、汽水・淡水魚類の41.8％であった。脊椎動物と維管束植物（シダ植物および種子植物）は、4種に1種が絶滅の恐れのある種となっており、世界と同様の割合であることが明らかにされた。

(2) **生態系の多様性の減少**　日本全国を対象とした初めての生物多様性の評価は、2010年に「生物多様性総合評価報告書（JBO; Japan Biodiversity Outlook）として公表された（環境省生物多様性総合評価検討会, 2010）。この報告書は2010年に名古屋で開催されたCOP10に向けて環境省が専門家の協力を得て、生物多様性の損失の状態や要因について評価した。その結果、人間活動にともなう日本の生物多様性の損失はすべての生態系で生じていることが明らかにされた。しかしその後、愛知目標が採択されると、愛知目標の達成のためには、日本でも生物多様性と生態系サービスの現状や変化を科学的根拠に基づいて評価し、それを的確に政策へ反映することが求められた。そのため、環境省はIPBESの概念枠組み（図7-7）を参考とし、2016年に新たに「生物多様性及び生態系サービスの総合評価報告書（JBO2）」を取りまとめた（環境省生物多様性及び生態系サービスの総合評価に関する検討会, 2016）。これは2012年に生物多様性及び生態系サービスの総合評価に関する検討会が設置され、120名の有識者の協力を得て、2年間をかけて作成されたものである。評価期間は1960年代から現在までの50年程度とし、生物多様性の損失の要因と状態、生態系サービスおよび人間の福利などを評価している。

図７-９に、日本の生態系サービスの過去50年間の変化の概要を示す。生態系サービスの多くは過去と比較して減少または横ばいで推移している。供給サービスの多くは過去と比較して減少しており、とりわけ農産物や水産物、木材などのなかには過去と比較して大きく減少している項目もある。林業で生産される樹種の多様性も低下しており、供給サービスの質も変化している。

供給サービスの減少には、供給側と需要側の双方の要因が考えられ、供給側の要因としては過剰利用（オーバーユース）や生息地の破壊などによる資源状態の劣化などが挙げられ、需要側の要因としては食生活の変化や食料・資源の海外からの輸入の増加などによる資源の過少利用（アンダーユース）が挙げられる。

		評価結果		
		過去50年～20年の間	過去20年～現在の間	オーバーユース アンダーユース※
供給サービス	農産物	↓	↘	アンダーユース（データより）
	特用林産物	↗	↘	アンダーユース（アンケートより）
	水産物	↗	↘	オーバーユース（データより）
	淡水		→	オーバーユース（アンケートより）
	木材	↘	→	アンダーユース（データより）
	原材料	↘	↘	アンダーユース（データより）
調整サービス	気候の調節	—	↘	—
	大気の調節	—	→	—
	水の調節	—	[↘]	—
	土壌の調節	→	—	—
	災害の緩和	[↗]	[→]	—
	生物学的コントロール	—	[↘]	—
文化的サービス	宗教・祭り	↓	↘	—
	教育	↘	→	—
	景観	—	↘	—
	伝統芸能・伝統工芸	↘	↘	—
	観光・レクリエーション	↗	↘	—
ディスサービス	鳥獣被害	—	↗	—

享受している量の傾向		
凡例	定量評価結果	
	増加	↑
	やや増加	↗
	横ばい	→
	やや減少	↘
	減少	↓
	定量評価に用いた情報が不十分である場合	
	増加	[↑]
	やや増加	[↗]
	横ばい	[→]
	やや減少	[↘]
	減少	[↓]

図７-９　日本の生態系サービスの過去50年間の変化

出典：環境省自然保護局（2016b）

アンダーユースの背景には、食料・資源の海外依存の程度が国際的に見ても高いことが背景にある。海外依存は、海外の生物多様性に対して影響を与えるだけでなく、輸送にともなう二酸化炭素の排出量を増加させている。また、国内での食料・資源の生産減少にともない、耕作放棄地などが増えている。経済構造の変化にともなう地方から都市への人口移動により、農林水産業の従事者は減少し、自然から恵みを引き出すための知識および技術も失われるおそれがある。

人工林の手入れ不足などの増加により、土壌流出防止機能を含む調整サービスが十分に発揮されない場合もある。また、里地里山での人間活動の衰退により、クマ類、イノシシ、ニホンジカなどの野生動物との軋轢が増加している。

全国的に地域間の食の多様性は低下傾向にある。また、モザイク的な景観の多様度も低下している。このため、自然に根ざした地域ごとの彩り、すなわち文化的サービスも失われつつあることが示唆される。

自然とのふれあいは健康の維持増進に有用であり、精神的・身体的に正の影響を与える。

都市化の進展により、子供の遊びなど日常的な自然との触れあいが減少している一方で、現在でも多くの人が自然に対する関心を抱いており、近年ではエコツーリズムなど、新たな形で自然や農山村との繋がりを取り戻す動きが増えている（環境省自然環境局、2016 b）。

3　生物多様性の減少の原因

世界の生物多様性の減少の原因

世界の生物多様性の減少の直接的原因は、図 7-10 に示す①土地／海域利用変化、②生物の直接採取、③気候変動、④汚染、⑤侵略的外来種である。図 7-10 の帯グラフは、2005 年以降の全世界の論文の体系的レビューによって推定された、直接要因が世界の陸域、淡水域、海洋の自然に与える影響の割合を示している。陸域および淡水域における最も大きな原因は、①土地／海域利用変化で、全体の 30 %を占める。海洋では、海産物の直接採取も大きな減少の要因となっており、全体の 23 %を占める。いずれの自然環境においても、この二つの原因は種の多様性の減少の 50 %以上の割合を占めている（Diaz *et al.*, 2019）。

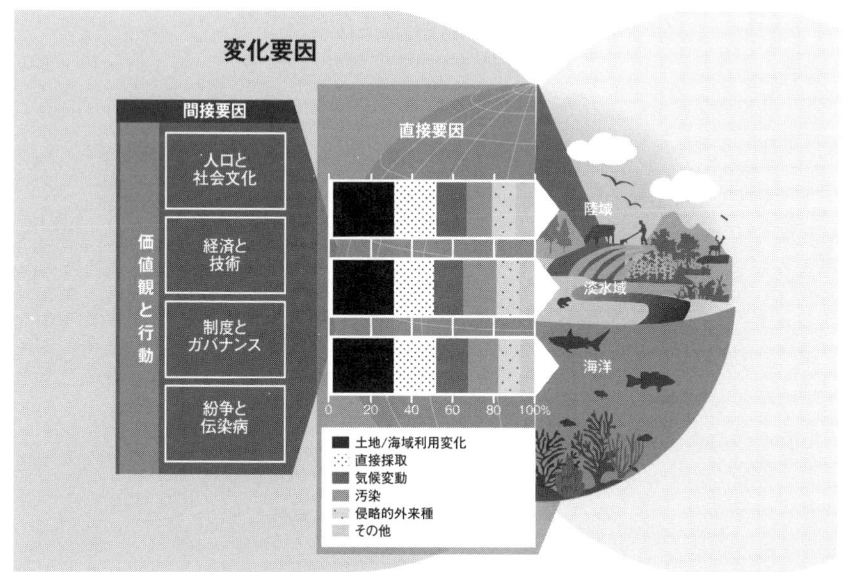

図７-10　地球規模の生物多様性の減少の直接的な原因と間接的な要因

出典：Diaz *et al.*, (2019)

これらの種の多様性の減少は、図７-10に示すさまざまな社会的な要因によって引き起こされる。その要因には、人口（人口動態など）、社会文化（消費パターンなど）、経済（貿易など）、技術、制度、ガバナンス、紛争と伝染病などが含まれる。これらは間接要因と呼ばれ、社会的な価値観や行動様式が反映されている。

外来種による脅威は、今後さらに増大すると予測されている。外来種は、輸送量の拡大や輸送時間の短縮により、意図的および非意図的に国内外の本来の生息地外へ運ばれた生物である。とくに独自の種を進化させてきたハワイ諸島などの海洋島での影響は著しい。外来種でとくに問題になるのは、本来の生息地外で定着・野生化し、在来種や生態系に影響を与え、社会的・経済的被害を与える侵入的外来種である。

日本の生物多様性の減少の原因

日本の生物多様性の減少の主な原因とその変化の状況はJBO２（環境省自然保護局, 2016b）で報告されており、その結果を図７-11に示す。減少の原因として「第1の危機（開発・改変、直接的利用、水質汚濁）」「第2の危機（里地里山等の利用・管理の縮小）」「第3の危機（外来種、化学物質）」および「第4の危機（地球規模で生じる気候変動）」が挙げられている。今回の報告は前回のJBOの報告と同じ傾向が見られるが、気候変動に関する危機については、生物の分布の変化や生態系への影響を示すデータから、気候変動によって生じている確度は高いとの評価に改められた。今後も気候変動は拡大すると予測されており、悪影響が増加すると考えられる。また、これらの四つの危機の動向を総括し、日本の生物多様性の状態は悪化傾向にあることが示された。

また、JBO 2では、全国の六つのタイプの生態系を対象として、評価軸として四つの危機を用いて評価している。

「第1の危機」は、人間活動や開発による生息・生育空間の縮小や消失によ

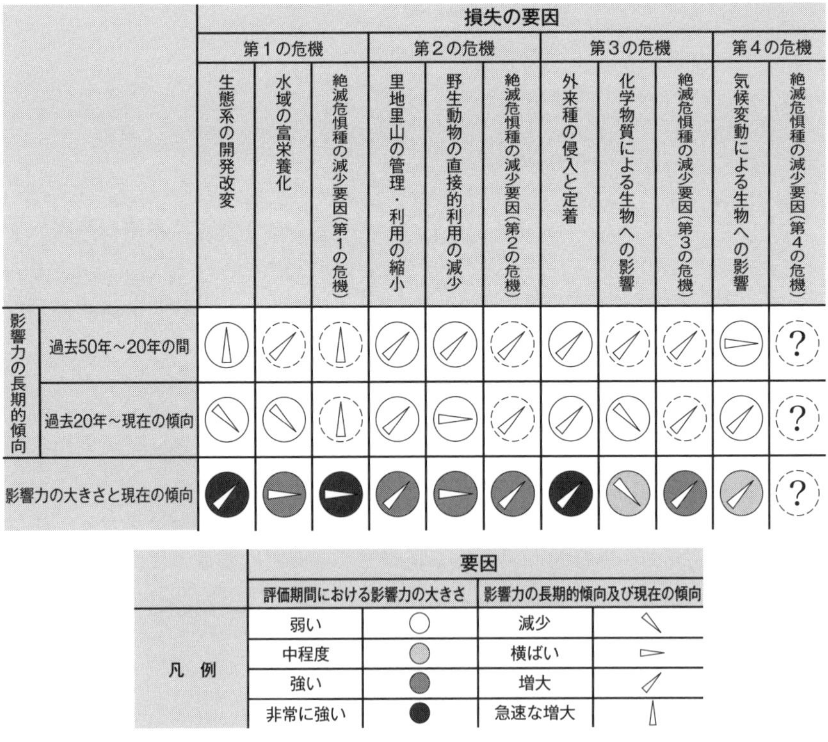

		損失の要因										
		第1の危機			第2の危機			第3の危機			第4の危機	
		生態系の開発改変	水域の富栄養化	絶滅危惧種の減少要因（第1の危機）	里地里山の管理・利用の縮小	野生動物の直接的利用の減少	絶滅危惧種の減少要因（第2の危機）	外来種の侵入と定着	化学物質による生物への影響	絶滅危惧種の減少要因（第3の危機）	気候変動による生物への影響	絶滅危惧種の減少要因（第4の危機）
影響力の長期的傾向	過去50年～20年の間											?
	過去20年～現在の傾向											?
影響力の大きさと現在の傾向												?

	要因			
	評価期間における影響力の大きさ		影響力の長期的傾向及び現在の傾向	
凡　例	弱い		減少	
	中程度		横ばい	
	強い		増大	
	非常に強い		急速な増大	

図7-11　日本の生物多様性の減少の原因とその変化

出典：環境省自然保護局（2016b）

る生物多様性の減少であり、過去50年間で最大の生物多様性の損失の要因となっており、すべての生態系に悪影響をもたらしている。

「第２の危機」とは、自然に対する人間の働きかけが縮小撤退することによる里地里山などの環境の質の変化、種の減少などによる生物多様性の減少である。この第２の危機は人間の利用不足による生物多様性の損失であり、諸外国と比較して、日本でとくに顕在化している生物多様性損失の要因である。その主な原因として、エネルギー供給構造の変化、農業・農法の変化、農村部の過疎化・高齢化などによる生物資源の利用の縮小や植生遷移が挙げられ、その影響の増加が懸念されている。

「第３の危機」は、外来種、化学物質など、人為的に持ち込まれたものがもたらす生態系の撹乱による生物多様性の減少である。外来種が在来生物や生態系に与える影響は近年顕著で、とくに陸水生態系や島嶼生態系における影響が懸念されている。外来種の輸入や飼養・栽培に対する規制が強化されたが、すでに定着した侵略的外来種は急速に分布を拡大している。また化学物質については、海への流出、またはその後海底に堆積したマイクロプラスチックへの残留性毒性物質の濃縮や、海の食物連鎖により生物濃縮されることが、最も広域的で深刻な問題であることが指摘されている。

「地球温暖化の危機」については、IPCCの第４次評価報告書（IPCC, 2007）によれば、「地球の気温が１～３℃上昇することにより生物種20～30％が絶滅の危機に瀕する」と予測されている。日本では、気温上昇による融雪時期の早期化などから、植生の衰退や分布の変化などがすでに報告されている。また、高山植物の開花期の早期化や開花期間の短縮が起こることによって、花粉媒介昆虫の活動時期のずれも生じている。さらに、野生鳥獣の生息域の拡大により、採食や樹木の剥皮などによる下層植生の消失、樹木の枯死が生じる結果、土壌の流失や水源涵養（かんよう）の機能低下が懸念されている。河川は水温が３℃上昇することで、冷水魚の生息域が減少し、積雪量や融雪出水の時期の変化が生じている。

4　生物多様性の保全策

生物多様性の減少は第３節で述べたように、多様な直接的、根源的な原因で生じているため、その対策にも多様なアプローチが必要である。「保全生物学」は生物多様性の危機に呼応して、1980年代に誕生した新たな学問分野である

（プリマック，小堀，2008）。保全生物学では、世界的な生物多様性の現状を科学的に把握するだけでなく、生物多様性の損失の原因を明らかにし、その解決策を提案し、実践するミッション（使命）をもった学問である。そのため、保全生物学には、いくつかの特徴がある。第一に、保全生物学は遺伝学、生態学、環境科学などの生物・自然科学の分野だけでなく、環境経済学、環境社会学、法学や倫理学なども含む、学際的、総合的な学問分野である。第二に、保全生物学は地球上のすべての種、生態系の保全を対象としている。それに対して従来の資源管理に関する農学、林学、水産学は、人間が作物、木材、水産物として利用する種を主な対象としており、地球上のすべての種と生態系の多様性の保全を目的にした学問分野ではなかったといえる。第三に、保全生物学は基礎研究と応用分野の二つの側面からなり、基礎研究による新たな発見やアプローチを実際の資源管理や課題の解決に活かす一方、現場での経験や課題を基礎研究にフィードバックすることにより、基礎研究と応用分野が車輪の両輪となって機能している学問分野である。本節では、種、生物群集、生態系レベルで行われている保全生物学的なアプローチについて述べる。

種のレベルでの保全

現在は、世界の野生生物の 25 ％が絶滅危惧種となっているため、絶滅危惧種を保全することは重要な課題である。すでに第 2 節で述べたように、IUCN は保全のための 10 のカテゴリーを定め（図 7-4）、絶滅の恐れのある種は保全の緊要性による絶滅危惧種のリスト（レッドリスト）が作成されているため、世界でどの種を最優先に保全すべきかがわかる。すべての種を保全することは現実には困難なため、特異性、有用性、ジャイアントパンダやオラウータンなど人々の関心が高い象徴性、指標性などにより保全の優先順位が決定されている。

絶滅危惧種の保全には生息域内で保全策を実施する域内保全と動物園や遺伝子バンクなどの生息地外での域外保全があり（図 7-12）、両者が補完的となる保全計画を策定することが望ましい。

現実には、絶滅危惧種や個体群が小さくなってからの保全活動には、多くの困難がともなう。個体群が小さくなると図 7-13 に示すように、絶滅の直接的な原因に加えて小さな個体群に特有な要因が働き、絶滅の渦に巻き込まれるためである。したがって、絶滅危惧種や小個体群になる前に保全策を講じるのが有効で、資金、労働力、時間のかからない方法であるといえよう。

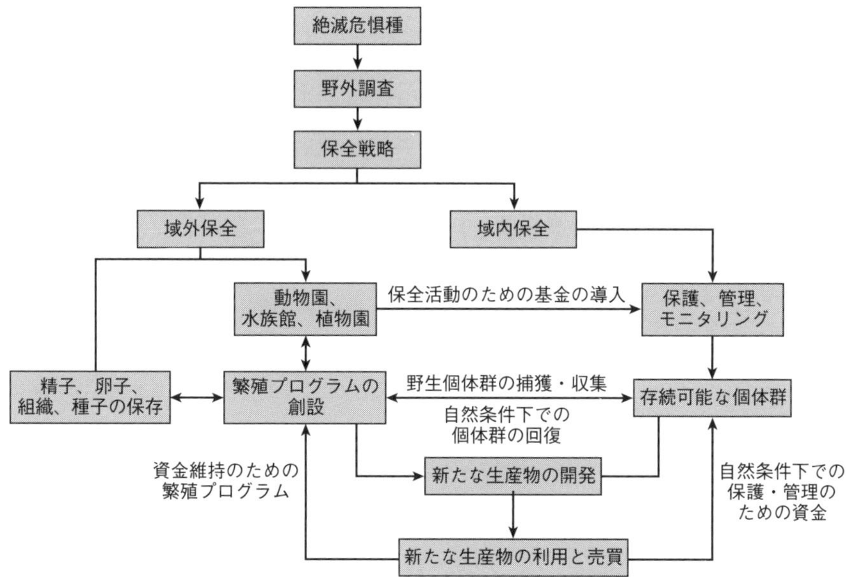

図７-12　域外保全と域内保全の相互補完に基づく生物多様性の保全モデル

出典：Maxted (2001)、プリマック・小堀 (2008)

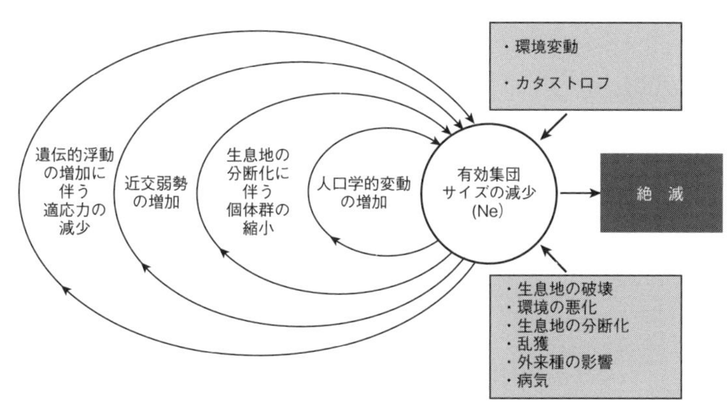

図７-13　絶滅の渦－小個体群を絶滅に導くメカニズム

注：個体群が一定の大きさ以下になると、図に示した小さい個体群に特有の要因が働き、絶滅の渦に巻き込まれる。絶滅の渦は個体群の縮小を加速し、やがて種の地域的な絶滅を引き起こす。

出典：Gilpin and Soule (1986)、Guerrant (1992)、プリマック・小堀 (2008)

▌生態系レベルでの保全策

生態系の保全は、遺伝子、種、生物群集を保全するうえでも有効な方法である。生態系の保全の有効な方法の一つは保護地域を設定することである。IUCNでは、人間による活動の程度に基づいて保護地域を六つのカテゴリーに分類している。六つのカテゴリーのうち生物と生態系の保全を目的とした保護区として、厳正な自然保護地域、原生自然地域、国立公園が設定されている。その面積を増やす努力が継続的に行われている。IPBESの報告（Diaz *et al.*, 2019）では、生物多様性の重要地域で保護されている割合は、先進国では1970年は20%であったのが、現在では70%まで増加している。発展途上国では、1970年では5%であったのが現在は30%となり、増加傾向にある。今後は、保護区以外での保全策を検討することが重要な課題である。また、孤立した保護区や新たな保護区を創設するにはエコロジカルネットワークとして一体的に管理することも重要である。ネットワークをデザインするには、“四つのR”（代表性、実現性、担保性、将来性）に配慮することが求められている。

世界的に最も生物多様性に富み、固有種の割合が高いが、危機的な状況にある地域は「ホットスポット」に指定されている。熱帯雨林とそれ以外のホットスポットの全面積は地球表面の1.4%を占めるに過ぎないが、世界の植物種の44%、鳥類の28%、哺乳類の30%、爬虫類の38%、両生類の54%を含み、これらの地域設定は有効である（Mittermeier, 2005）。また、著しい破壊や劣化が生じた生態系は人間が手を貸して復元する必要がある。本来の生態系のもつ構造、機能、多様性、動態を再構築することになるが、その際目的と実現可能性を考慮して、①元の状態に復元、②部分的な復元、③異なる生態系への置換などの方法のうち、どの方法が最も適しているか選択することになる。いずれの手法を用いた場合でも生物や生態系のモニタリングと評価方法の見直しのプロセスを含むことが重要である。

5　国内および国際的な取り組み

現在の地球規模での急速な生物多様性の損失は、本書で述べられている多くの地球環境問題のしわ寄せとして生じているため、これらの問題群への取り組みは、生物多様性の保全に大きな影響力をもつ。本書で取り上げられている海洋・大気・河川の汚染、酸性雨、砂漠化、熱帯雨林の減少、気候変動、オゾン層の破壊への改善のための国内および国際的な取り組みは、生物多様性の保全にも資することになる。一方、生物多様性を保全する取り組みは、生態系サービスの機能を高めることにより、自然災害、森林火災、温暖化を緩和することにもつながる。

種のレベルの取り組み

国際的なレベルで種の保全をする最も重要な条約は、絶滅の恐れのある動植物の国際取引に関するワシントン条約であり、1973年に採択された。現在、この条約には183ヵ国が批准している（2017年現在）。ワシントン条約は、規制対象の野生動植物について三段階に分けて管理している。対象種はそれぞれ、附属書Ⅰ、Ⅱ、Ⅲの中に掲載されている。

①附属書Ⅰ：すでに絶滅のおそれのある種。商業目的の取引を禁止。学術研究目的の取引は可能。オラウータン、ゴリラ、ジャイアントパンダ、ウミガメなど

②附属書Ⅱ：絶滅の恐れは必ずしもないが、規制しなければ絶滅のおそれの

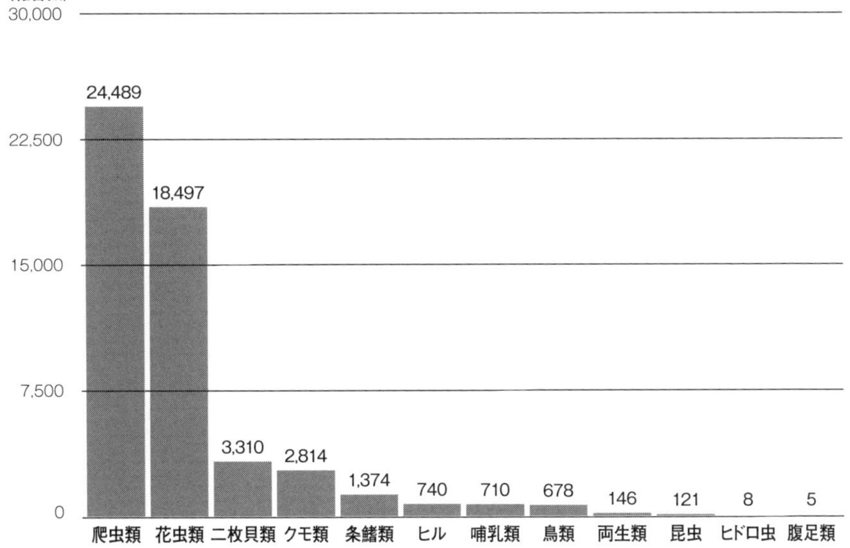

図7-14　輸入国による生物分類群別の野生生物の貿易報告数（2010-2014）

出典：D'Cruze *et al.* (2016) によるデータをもとに筆者が作成

ある種。商業目的の取引は可能だが、輸出国政府の輸入許可証が必要。クマ、タカ、オウム、ライオン、サンゴなど

③附属書Ⅲ：締約国が自国内での保護のために他の締約国・地域に協力を要請する種。商業目的の取引は可能だが、輸出国政府の輸入許可証もしくは原産地証明書が必要。セイウチ（カナダ）、ワニガメ（米国）、タイリクイタチ（インド）、サンゴ（中国）など

日本は1980年に批准し、国内法として「輸出貿易管理令」と「輸入貿易管理令」を整備している。また、1993年に「種の保存法」が制定され、国内希少種については、種の保全だけでなく、生息地の保護と保護増殖事業による域内および域外の保全が行われている。

膨大な数の野生生物が国際的な取引の対象になっていることは、乱獲の誘因ともなっている。図7-14は、輸入国による生物分類群別の生きた状態で取引された野生生物の貿易報告数（2010-2014）を示している。その報告数は合計で、約56万8千件であったが、分類不明が50万5千件あり、生きていない生物を含めると合計で380万件に上った（D'Cruze *et al.*, 2016）。

生物群集と生態系レベルの取り組み

国際的に保護が必要とされている特異な生物群集や生態系を保護する国際保護条約は、各国の政府の取り組みを補完する意義がある。重要な条約は「特に水鳥の生息地として国際的に重要な湿地に関する条約（通称・ラムサール条約）」「世界の文化遺産および自然遺産の保護に関する条約（通称・世界遺産条約）」である。ラムサール条約は、渡りをする水鳥の保護を通じて、湿地に生息する多様な生物と湿地の保全、人間による湿地の賢明な利用を行うことを目的としている。

包括的、国際的な取り組み

1970年代以降、人間活動の拡大にともない地球規模の環境の悪化と生物多様性の急速な損失が顕在化してきた（図7-15）。そのために、特定の種や生息地の保全だけでなく、あらゆる人間活動の側面に配慮した生物多様性保全に向けた包括的な国際的なルールや枠組みが必要となり、1992年にリオデジャネイロで開催された国連環境開発会議（地球サミット）で「生物の多様性に関する条約（略称・生物多様性条約：CBD）」が採択された。この条約の三つの目的は、

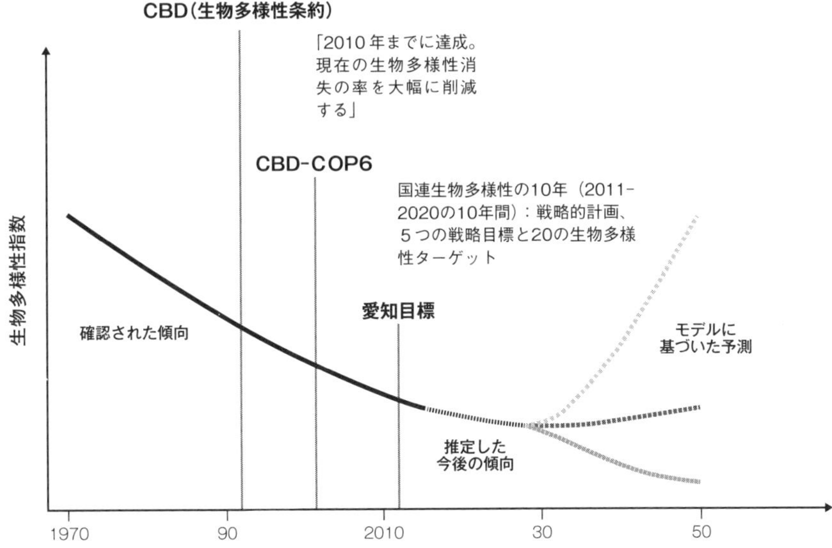

図7-15　生物多様性の過去と未来予測(指数の経時的変化と生物多様性条約の対応)

出典：WWF (2018)

①三つのレベルの生物多様性の保全、②その持続可能な利用、③遺伝資源の利用から生ずる利益の公正かつ衡平な配分である。本条約は締約国に対し、その能力に応じた保全、持続可能な利用の措置をとることを求めるとともに、各国の自然資源に対する主権を認め、資源提供国と利用国との間での利益の公正かつ衡平な配分を求めている。

2002年にハーグで開催された第6回締約国会議（CBD-COP6）では「2010年までに生物多様性の損失速度を顕著に減少させる」という「2010年目標」が採択されたが、2010年10月に名古屋で開催された第10回締約国会議（CBD-COP10）では、第2節で述べたように、その目標は達成されなかったことが報告された。CBD-COP10では、179の締約国、関連国際機関、NGOなどから1万3,000人以上が参加し、日本はホスト国として参加した。会議は、遺伝資源へのアクセスと利益配分（ABS）に関する「名古屋議定書」と、2010年以降の世界目標として新たな戦略計画（2011～2020）を策定し、そのなかで中長期目標（2050年）と短期目標（2020年）を採択し、これらを達成するための「愛知目標」を定めた。

これ以外にも、①資源動員戦略に関する決定、②SATOYAMAイニシアティブを含む持続可能な利用、③バイオ燃料、④農業、森林、海洋など各生態系における生物多様性の保全および持続可能な利用にかかわる決定の採択、⑤生物多様性と生態系サービスに関する政府間科学政策プラットフォーム（IPBES）の設立準備、⑥国連生物多様性の10年の決定などが行われた。

愛知目標は20の目標からなる（図7-16）。たとえば目標5では、森林を含む自然生息地の損失速度を少なくとも50％減少させること、目標11では、2050年までに陸域の17％、海域の10％が保護地域などにより保全されることを挙げている。

目標15では 生態系の回復と回復力（レジリエンス）が挙げられている。生態系の回復に関する科学的知見と実践は過去の数十年で大幅に集積されている。たとえば放牧、水、火災、侵略的な外来種などを管理するためのさまざまなツールや技術が開発されている。そのため、多くの国や組織、企業は、劣化した生態系（とくに湿地や森林）の回復への取組み、広大な面積の再生を実践している。

目標1	人々が生物多様性の価値と行動を認識する	目標11	陸域の17％、海域の10％が保護地域等として保全される
目標2	生物多様性の価値が国と地方の計画などに統合され、適切な場合に国家勘定、報告制度に組み込まれる	目標12	絶滅危惧種の絶滅・減少が防止される
目標3	生物多様性に有害な補助金を含む奨励措置が廃止、又は改革され、正の奨励措置が策定・適用される	目標13	作物・家畜の遺伝子の多様性が維持され、損失が最小化される
目標4	すべての関係者が持続可能な生産・消費のための計画を実施する	目標14	自然の恵みが提供され、回復・保全される
目標5	森林を含む自然生息地の損失が少なくとも半減、可能な場合にはゼロに近づき、劣化・分断が顕著に減少する	目標15	劣化した生態系の少なくとも15％以上の回復を通じ気候変動の緩和と適応に貢献する
目標6	水産資源が持続的に漁獲される	目標16	ABSに関する名古屋議定書が施行、運用される
目標7	農業・養殖業・林業が持続可能に管理される	目標17	締約国が効果的で参加型の国家戦略を策定し、実施する
目標8	汚染が有害でない水準まで抑えられる	目標18	伝統的知識が尊重され、主流化される
目標9	侵略的外来種が制御され、根絶される	目標19	生物多様性に関連する知識･科学技術が改善される
目標10	サンゴ礁等気候変動や海洋酸性化に影響を受ける脆弱な生態系への悪影響を最小化する	目標20	戦略計画の効果的な実施のための資金資源が現在のレベルから顕著に増加する

図7-16　愛知目標の20の個別目標

出典：環境省自然環境局（2015）を引用のうえ筆者らが改変

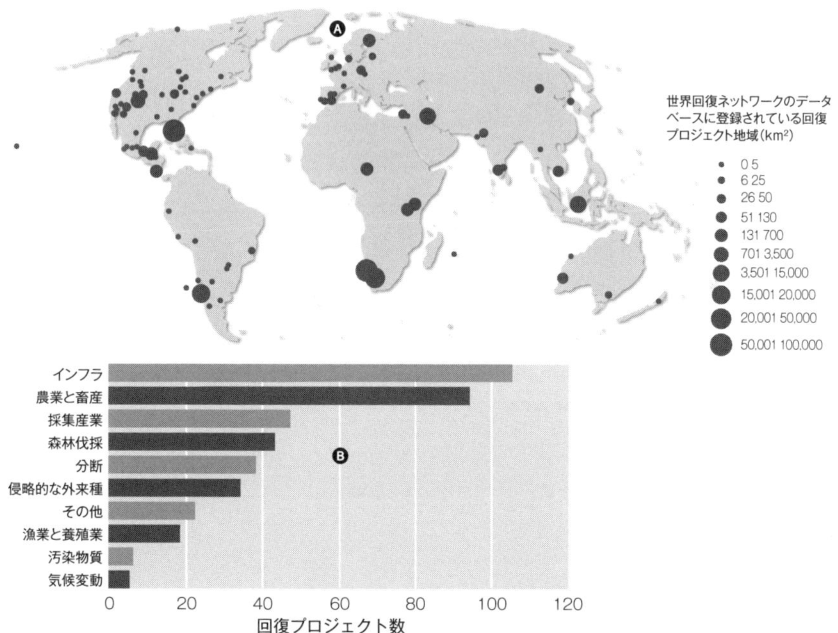

図7-17　世界回復ネットワークのデータベースにおける活動中の回復プロジェクト（2014）

出典：Secretariat of the Convention on Biological Diversity (2014) を引用のうえ筆者が一部改変

図7-17に、世界回復ネットワークのデータベースにおける活動中の回復プロジェクト（2014）の実施状況を示す。図中の点の大きさは回復プロジェクトを実施している面積を示し、棒グラフは回復のための実施目的と実施しているプロジェクトの数を示している。最も多いプロジェクトはインフラ整備で、次いで、農業と畜産、採集産業、森林伐採、分断化、侵略的な外来種、漁業と養殖業、汚染物質、気候変動の順であった（環境省生物多様性総合評価検討委員会, 2010）であった。

また、欧州、北米、東アジアなどの地域における耕作地の放棄は、大規模な「受動的な自然再生」を可能にする手法として注目されている。

最近の国内の取り組み

2020年9月には、同年3月からの世界規模での新型コロナウイルスの感染拡大により、愛知目標の20の目標のすべてが達成できないことが報じられた。このような国際的な動向を踏まえ、2020年以降は、2050年に向けた生物多様性の

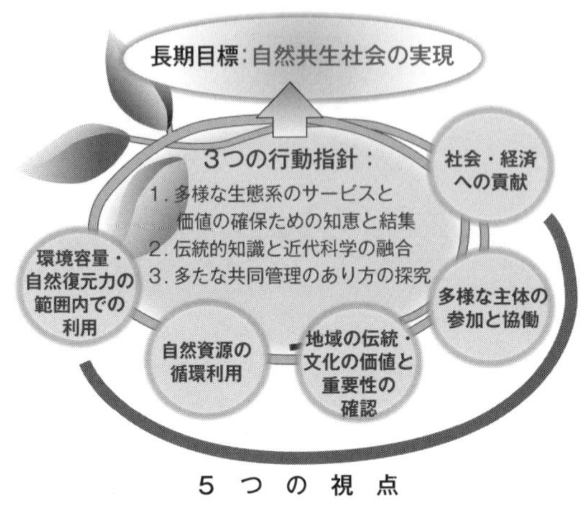

図7-18　生物多様性条約の長期目標（2050年）

出典：環境省自然環境局（2015）

長期目標（図7-18）への取り組みを加速する必要がある。長期目標では、自然共生社会の実現をめざして、図7-18に示す三つの行動指針と五つの視点を掲げている。国内では、2021年には「第四次生物多様性国家戦略」が策定される予定である。生物多様性基本法により、国の施策だけでなく、地方公共団体、国民、事業者の責務も規定されており、社会の多様なセクターが生物多様性を主流化することが求められている。また2008年には、環境省は事業者が自主的に生物多様性の保全と持続可能な利用に取り組むための指針である「生物多様性民間参画ガイドライン」を作成した。ここでは事業者は、この取り組みの理念、基本原則、取組の方向を取り入れた独自のアクションププランを作成することが望まれている。

6　生物多様性と持続可能な社会形成

急激な人口増加、経済成長による消費の拡大、近代技術の進展は、地球上の生態系のもつ多様なサービス機能を利用してきた農林業、水産業、工業、都市機能を支えてきた。しかし、現在では、これらの人間活動は環境に甚大な悪影響を与え、生物多様性を著しく減少させる原因になっている。

地球の環境容量と生物多様性

人間の自然資源への需要は、すでに地球の環境容量を超え、持続不可能な状況が生じている。エコロジカル・フットプリント（EF）は、人間の資源需要を地球の資源再生能力に照らして評価する指標である。すなわち、人々が利用する再生可能資源の供給に必要とされる面積、インフラの整備によって占

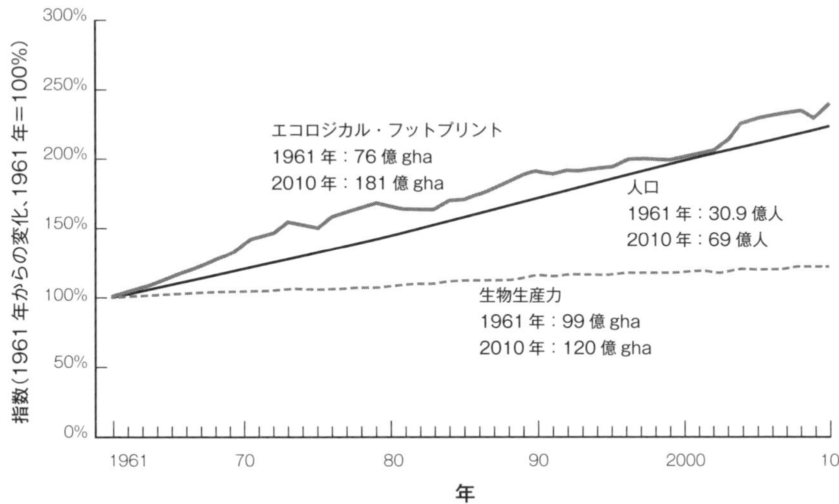

図７-19　過去 50 年間のエコロジカル・フットプリントの変化

出典：WWF (2014)

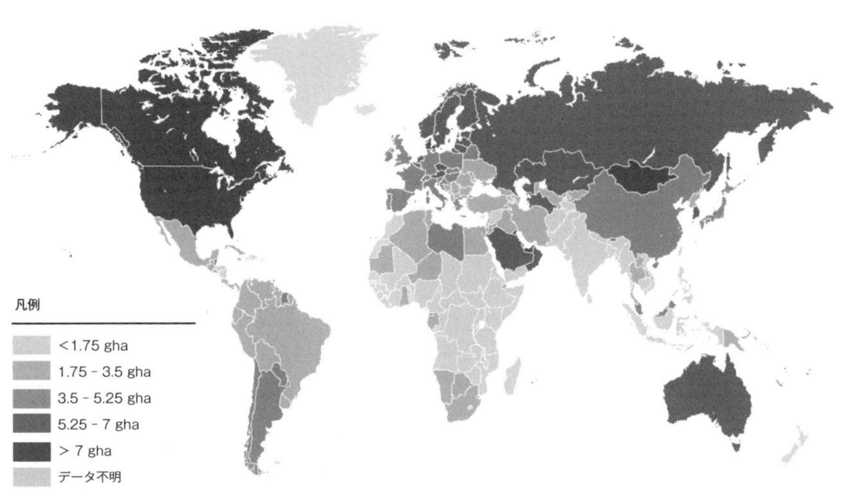

図７-20　国別エコロジカル・フットプリント 2014

出典：WWF (2018) を引用のうえ筆者らが改変

められる面積、廃棄物（二酸化炭素）を吸収するのに必要とされる面積を合計して計算される。EF はグローバル・ヘクタール（gha）と呼ばれる単位で表示され、1 ghaは世界の平均的な生産性レベルの土地1ヘクタールの生産能力を表す。図7-19には1960年以降の世界のEFの変化を示している。1975年には、人間による需要は地球のバイオキャパシティ（生物生産力または、生態系サービスの供給量とも呼ばれる）を超え、すでに持続可能な生産と消費ではなくなっている。2013年時点で世界の人々は、地球の1.7個を利用していることになる（図7-19）。

また、EFは経済レベルや開発レベルによる格差がきわめて大きい。図7-20は、EFがその国の環境容量を超えている債務国と、EFが環境容量を超過していない債権国を示している。日本のEFはきわめて高く、世界平均の1.7倍になっている。この数字は、世界の人々が日本人と同じ生活をした場合、地球が2.9個必要と算定されている（Global Footprint Network, 2014）。現在の日本の物質的に豊かで便利な生活は、過去50年の国内の生物多様性の損失と外国からの生態系サービスの供給に依存して成り立ってきた。しかし、このような生活や社会の在り方は国内的にも国際的にも持続可能とはいえない。

世界の人口の増加は、EFの増加の大きな原因であることは、図7-19からも明らかである。限られた地球の自然資源のなかで、地球1個分の生産に見合った消費を行うために望ましい選択と解決が提案されている。図7-21にその解決策の概要を示す（WWF, 2014）。

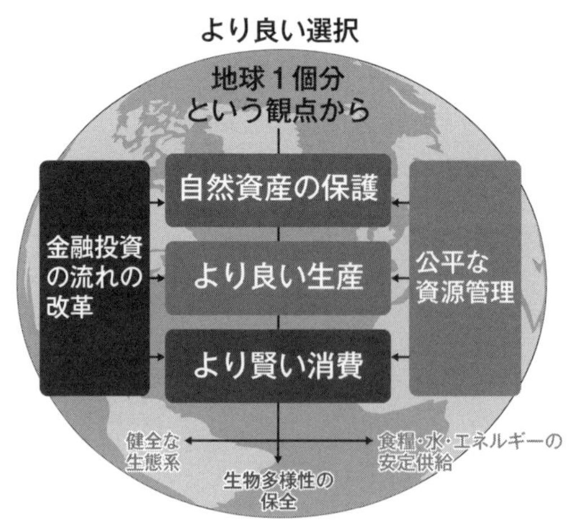

図7-21　エコロジカル・フットプリントの視点からの解決策

出典：WWF（2014）

①自然資産の保護：劣化した生態系を再生し、重要生息地の消失に歯止めをかけ、保護地域を大幅に拡大する。

②より良い生産：投入する資源の量と廃棄物の量を削減し、資源を持続可能に管理し、再生可能エネルギーの生産を拡大する。

③より賢い消費：EFが少ない生活慣習を通して、持続可能なエネルギー消費や健全な食糧消費を促す。

⑷金融投資の流れの改革：自然の価値を査定し、環境面および社会的コストを勘定に入れ、自然保護、持続可能な資源管理および技術革新を支援、奨励する。

⑸公平な資源管理：今ある資源を共有し、公平で生態学的な影響を考慮した選択をする。

地球温暖化の適応策としての生物多様性

IPCC「地球温暖化1.5℃特別報告書」(2018) では、工業化後の気温上昇が1.5℃の場合と比べて、２℃の上昇においては人間生活、環境、生物多様性に大きな影響があることから、気温上昇は1.5℃未満に抑制することを明確に示した。これを契機に日本も含めて世界の多くの国、自治体、企業、NGO、若者が2050年までに温室効果ガスの排出量をゼロにし、世界の気温上昇を1.5℃に抑える対策へと動きだした。各組織は、独自の気候非常事態を宣言し、その実現のための対応策の検討を開始した (山本, 2020)。

地球温暖化と気候変動の対応策には、「緩和策」と「適応策」の２つの方策が車輪の両輪として機能することが期待されている。緩和策は、その原因物質である温室効果ガスの排出量を削減することを通じて、自然・人間システム全般への影響を制御することである。適応策は、現在すでに生じている、あるいは将来予測される被害の回避・軽減を図る方策である。いずれも多様な関係者の連携・協働によって推進することが重要である。近年では、生態系のもつサービス機能を活用した新たな概念が複数提案されており、これらを中心とした新たな適応策について述べる。

適応策に関する国際的な議論が本格的に開始されたのは、2018年に開催された第14回の生物多様性条約の締約国会議 (CBD-COP14) である。本会議では、生態系サービスを活用した気候変動への適応策 (EbA) と防災・減災対策 (Eco-DRR) が議論され、その効果的な実施計画手法や実務者向け任意ガイドラインの内容などが検討された (CBD, 2018)。

(1)　EbA　EbA (Ecosystem-based Adaptation) とは、人々が気候変動による不利益に適応していくために、適応戦略の一つとして生物多様性や生態系サービスを利用することである (CBD, 2018)。EbAには、生態系に対する気候変動の悪影響を減らすための、保全、持続可能な管理、生態系修復の方策が含まれている。

（2） Eco-DRR　Eco-DRR（Ecosystem-based disaster risk reduction）は、生態系が有する防災・減災機能を積極的に活用して、災害リスクを低減させる考え方や手法である。その例として、森林の土砂崩れ防止機能、海岸植生による津波被害の軽減、遊水地や水田による水害の緩和などが知られている。日本では、東日本大震災の経験、人口減少、土地利用などの社会的変化を踏まえ、巨大地震や気候変動による災害リスクへの有効な対応策の一つとしてEco-DRRが位置付けられている。その基本的な考え方、災害リスクの低減に寄与する生態系の役割、地域の将来像を描くなかでのEco-DRRの活用手法などが検討されている（環境省自然環境局, 2016c）。

（3） グリーンインフラ　グリーンインフラストラクチャー（Green Infrastructure, 以降グリーンインフラと表記）は、自然環境や生態系がもつ資源や恵みを活用して、地域から地球レベルの持続可能な社会・経済・生態系を支えることのできる社会資本や土地利用計画である。まだ定まった定義はないが、日本では最近注目されてきた概念である（グリーンインフラ研究会, 2017）。欧米では2010年代前半から、防災・減災、地域開発、自然再生などのさまざまな分野で、グリーンインフラの概念に基づいた都市再生、雨水管理、緑地創出の事業が実施されている。国内でも2015年度以降、さまざまな行政計画にも取り入れられ、2015年には「国土形成計画」「国土利用計画」「社会資本重点整備計画」において、2016年には「国土強靭化アクションプラン 2016」、「森林・林業基本計画」において明記されており、さらには地方自治体の行政計画にも導入されるなど、さまざまな政策においても推進・検討が進められている。

これらの新たな概念は地域や地球が抱える課題に対して、生態系のサービス機能や自然を活用した解決策、従来の方法の補完、社会生態系の強靭性（レジリアンス）と回復力を強化するためのアプローチとなっている。また多くの場合、参加型および包括的プロセスとコミュニティの多くの関係者が参画することにも重点が置かれている。

これらの概念は、日本における温暖化や気候変動の緩和策としても活用されることが期待されている。日本でも、2015年に「気候変動の影響への適応計画」が閣議決定され、適応策を計画的に進めていく方針が定められた。地球温暖化と生物多様性は、国際会議・政府・地方自治体、研究機関、NPO、企業などが各々の役割を果たすことによって効果が期待できる。

生物多様性の主流化

地球規模から身近な市民生活のレベルまで、さまざまな社会経済活動のなかに生物多様性の保全と持続可能な利用を組み込むことは「生物多様性の主流化」と呼ばれている。生物多様性に配慮したライフスタイルへの転換や主流化に向けて、行政、企業活動、環境NGO団体などの各主体が自らの活動の中心に生物多様性の保全を据えることにより、生物多様性に配慮した社会経済への転換を図る取り組みが開始されている。

わが国では21世紀環境立国戦略のもと、持続可能な社会を構築するために、低炭素社会、循環型社会、自然共生型社会という三つの社会目標が定められている。いずれも生物多様性の損失や生態系サービス機能を失わない方策としてもすぐれた目標であるといえる。自然共生社会の形成には、生物多様性がもつ多様な価値や豊かさを尊重するとのメッセージが込められている。低炭素社会の形成は、温暖化による生態系や生物多様性への悪影響を軽減し、また、森林の炭素の固定・吸収能力を高めることにもつながる。また、日本の里山で見られた生物多様性が豊かな資源循環型の社会は、新たな循環型社会の形成のモデルになりうる。私たちの生活や経済活動の基盤となっている生物多様性や生態系サービスの恩恵を今後も持続的に享受するためには、現在の人間活動、社会システムのあり方、政策・制度・慣行のすべてに「生物多様性の主流化」を組み込み、大幅な見直しと転換を早急に行うことが求められている。

7　最近の新たな動向

SDGsと生物多様性

国際連合の全加盟国（193ヵ国）は、より良き将来を実現するために今後15年をかけて極度の貧困、不平等・不正義をなくし、私たちの地球を守るための計画「持続可能な開発のための2030アジェンダ」を、2015年9月に採択した。そのアジェンダは、17の目標と169のターゲットからなる「持続可能な開発目標（Sustainable Development Goals: SDGs）」を掲げている。SDGsは生物多様性の保全と持続可能な利用に関する問題を包含する、より大きな枠組みと解釈することができ、愛知目標とは相補的な関係にある。図7-22に示す17の目標のうち、生物多様性とかかわりが深い目標は、海洋と陸域の生物多様性に対処する目標14、15である。生物多様性や生態系は社会・経済の基盤であり、その

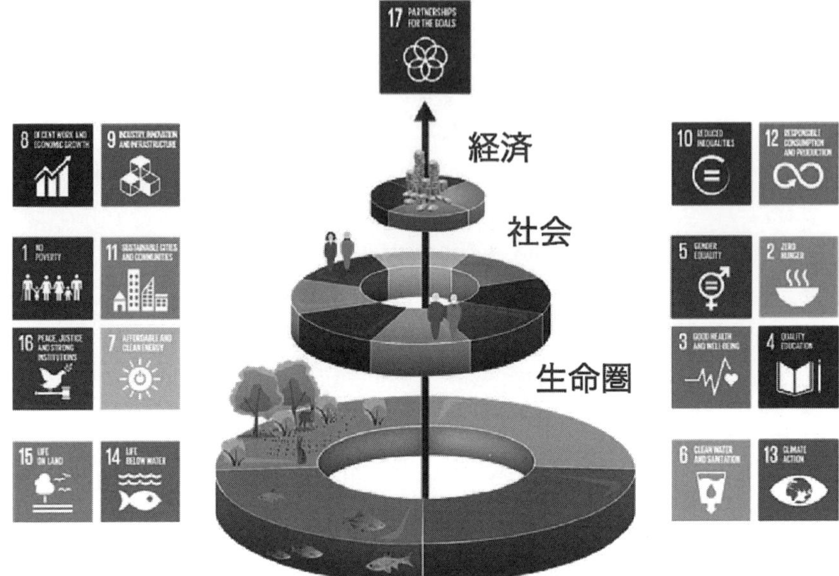

図7-22　17のSDGsの目標

出典：WWF (2018) を引用のうえ筆者らが改変

保全は持続可能な社会を実現することにつながるため、愛知目標の達成はSDGsの達成と不可分な関係にある。また国内外の企業では、SDGsを経営戦略に取り込もうとする動きが始まっている。

市民科学による生物多様性への新たなアプローチ

地球上の生物多様性は急速に失われているが、生物多様性に関する十分な科学的なデータは不足している。たとえば、地球上の生物の85％は種名がつけられていないため、これらの種が生態系でどのような機能を果たしているかは依然不明である。世界の生物の種を同定し、その分布や生態系のなかで果たす機能や役割を明らかにするには、研究者と行政の努力だけでは限界がある。市民科学（Citizen Science）とは、科学を職業としない一般の人々（市民）が、自分の知力、時間、エネルギー、リソースを用いて、科学研究のプロセスに関わることである。市民がビックデータを収集し、また長期的なデータを取得することにより科学者や行政の役割を補完することができるため、市

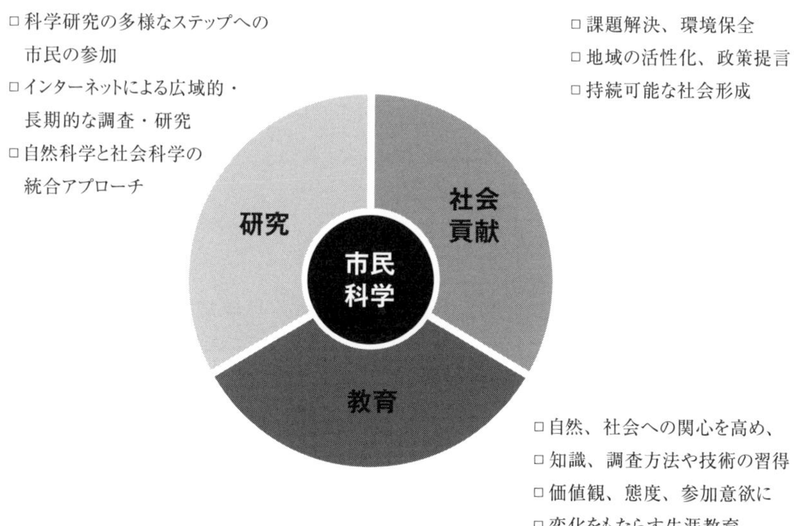

図7-23　市民科学の三つの目標

出典：小堀（2020a）

民科学は急速に広がっており、その役割が期待されている（Kobori *et al.*, 2018）。市民科学は、図7-23に示す三つの目標をもつ学際的な分野である。市民は科学研究に貢献するだけでなく、科学研究のプロセスに関わることにより科学への学びを深め、その過程で自然や社会への関心、価値観や参加意欲などを高めることにより生涯教育や学校教育にも新たな変化をもたらしている。また、得られた結果を社会の課題解決や政策提言に活かしており、科学の"見える化"と"社会化"が広がっている（Kobori *et al.*, 2016）。最近ではスマホで生物の写真を撮影し、AIにより種名を同定し、種の多様性の国際的なデータベースに貢献する国際的な市民科学プロジェクトも多数ある。市民科学は生物多様性に関する研究、教育、社会課題の解決を通じて"科学の見える化"と"科学の社会化"にも貢献して、社会にイノベーションを起こしている（小堀，2020b）。

感染症と動物・人・生態系の健康

新型コロナウイルスの感染拡大は、新たな日常、野生動物や生態系との関わり方を通じて、私たちに新たな社会の在り方を問いかけている。

感染症で野生動物が注目されるのは、人で流行する感染症の60％は人と動物の共通感染症（ズーノーシス）が原因となっているためである。ズーノーシスの多くは双方向性であるが、新興感染症（エボラ出血熱、HIV、インフルエンザなど）の75％は動物由来である。2004年に西アフリカで発生したエボラ出血熱は、パンデミック（世界的な流行）となって世界を震撼させた。エボラ出血熱の自然宿主はオオコウモリで、その後、霊長類などの野生動物を介して人へ感染したと考えられている。しかし、感染経路は今も不明であり、終息していない新興感染症である。

新興感染症の発生の根本的な原因は、人間活動が地球規模に拡大していることにある。新興感染症の拡大の原因は多岐にわたっているが、最も大きな原因は人間による土地利用の改変で、全体の31％を占めている。土地利用の改変には、大規模な森林伐採、牧場やプランテーション、工場や住宅の開発行為などが含まれる。その結果、野生動物の生息環境が悪化、断片化、消失し、野生動物と人との接触機会の増加を招いている。土地利用の改変に次いで、農業産業の変化（集約農業など）が15％、国際交通網の発達が13％、医療産業の変化が11％、戦争や紛争が7％を占めている。野生動物の肉（ブッシュミート）は原因の3％を占めるに過ぎないが、感染リスクが高く大きな問題となっている。新型コロナの感染もオオコウモリのマーケットでの販売を通じて、人に感染した可能性が指摘されている。以上のような人間活動の拡大によって、未知のウイルスをもつ野生生物とヒトや家畜が接触する機会が増え、感染症の伝播につながっている。人獣共通感染症に起因する土地利用の変化にともなう伝達経路は、ベクター媒介経路が52.5％、続いて動物への直接接触が23.8％、空中経路が19.8％、小規模な汚染された環境（貯水池など）が2％、経口伝播は2％であることが示されている（Loh *et al.*, 2015）。

新型コロナ感染症の対策および今後新たに発生する感染症を予防するためには、単に感染源や病原体への対応だけでは不十分である。生態系を構成する健全な生き物のつながりに配慮し、これまでの過度な自然環境への立ち入り、過剰な利用や野生動物とのかかわり方を見直すことが求められている。新興感染症の拡大の原因となる野生生物の生息環境の破壊は、私たち日本人の生活とも関わりをもっている。多くの食品や身近な家庭用品に使用されているパーム油は、東南アジアの熱帯雨林を伐採して作られたプランテーションから採取されている。また、スマホの電池などに使用されているコバルトやリチウムなどのレアメタルの多くは、採掘が難しく、従来人が踏み込まなかったアフリカの奥地などの野生生物の生息地で採掘されている。

さらに、ズーノーシスを含む野生動物の病気は生息地への人の侵入、開発などの人為改変、地球温暖化・気候変動などによる野生動物の生息環境の悪化と関係しているため、人の健康だけではなく、家畜を含む動物の健康、ひいては生態系そのものの健全化を、獣医学や医学のみならず経済学や政治学や社会学などの学際的協力のもとで総合的に図る必要がある（村田, 2009)。このように動物と人と生態系を包括的に捉えた新たな学問分野として「保全医学」が注目されている。保全医学は2000年代に欧米で提案され、「人の健康, 動物の健康および生態系の健康に関わる研究分野の連合」と定義されている（図7-24)。保全医学は、これまで単独に研究されてきた健康や医療に関する学問領域を融合し、生態学的健康（Ecological Health もしくはEcohealth）を目標に据えた学際的で実践的な研究分野である。研究対象は開発や環境保全と深く関わる経済や社会や政治も含まれる。保全医学は、「ひとつの世界、ひとつの健康：One World, One Health」の考えを提唱している。ワンヘルスとは、動物、人、生態系の健康を一つに捉え、バランスよく健全にあるべきとの考え方である。従来、人間を中心に考えられてきた健康の概念を野生動物や生態系の健康へと拡大している。この考えを実践するための指針として「ワンヘルスマンハッタン原則」が定められている。マンハッタン原則の第10項には、「政府、地域住民、私的・公的部門が、生物多様性等保全のための協力体制を確立すること」が挙げられている。感染症の制御ではトップダウン形式が時として有効である一方, 野生動物の疾病監視においては、ある程度の知識があり訓練された市民によるボトムアップ形式の連携システムを確立することも重要であ

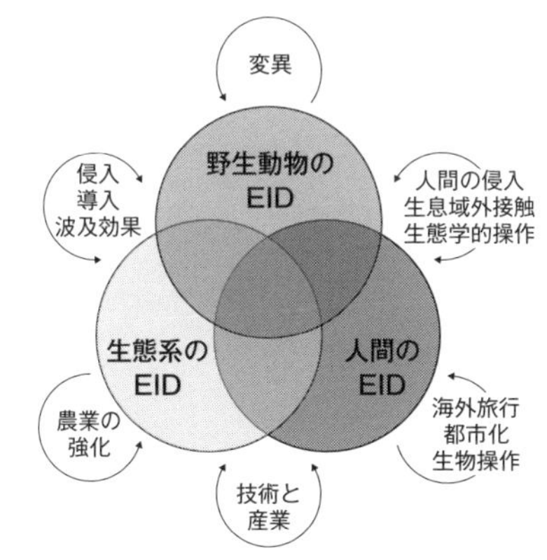

図7-24　ワンヘルスの概念

注：EIDはEmerging Infections Diseaseの略で
新興感染症の意

出典：Dazak *et al.* (2000) および村田 (2009) より引用の上、
筆者らが改変

る（田村, 2009）。

私たち人間の健康、野生動物の健康は、生態系の健康に大きく依存している。自然との関係を再構築するためには、私たちが過去に壊したものの修復や、健康的な社会、クリーンなエネルギーへの移行が必要である。持続可能な社会に向けて、すべての人が自らの役割を果たすことが重要である。

［参考文献］

Aguirre, A. A., Ostfeld, R. S., Tabor, G. M., House, C., Pearl, M. C., Conservation Medicine: Ecological Health in Practice, Oxford University Press, New York (2002)

Cherlet, M., Hutchinson, C., Reynolds, J., Hill, J., Sommer, S., von Maltitz, G. (Eds.) *World Atlas of Desertification*, Third edition, Publication Office of the European Union, Luxembourg (2018)

Convention on Biological Diversity, "Report of the conference of the parties to the convention on biological diversity on its fourteenth meeting", Sharm El-Sheikh, Egypt (2018)

Costanza, R. *et al.*, "The value of the world's ecosystem services and natural capital", *Nature*, Vol. 387, 253-260 (1997); https://doi.org/10.1038/387253a0

Constanza, R. *et al.*, "Changes in the global value of ecosystem services", *Global Environmental Change*, Vol. 26, 152-158 (2014); https://doi.org/10.1016/j.gloenvcha.2014.04.002

Daszak, P. *et al.*, "Emerging Infectious Diseases of Wildlife: Threats to Biodiversity and Human Health", *Science*, 287 (5452), 443-449 (2000); https://doi.org/10.1126/science.287.5452.443

D'Cruze, N. *et al.*, "Tip of an iceberg: global trends in CITES wildlife confiscations", *Nature Conservation*, Vol. 15, 47-63 (2016); https://doi.org/10.3897/natureconservation.15.10005

Díaz, J. *et al.*, "Summary for policymakers of the global assessment report on biodiversity and ecosystem services of the Intergovernmental Science-Policy Platform on Biodiversity and Ecosystem Services", IPBES secretariat, Bonn, Germany (2019); https://doi.org/10.5281/zenodo.3553579（環境省・公益財団法人地球環境戦略研究機関（IGES）訳「IPBES 生物多様性と生態系サービスに関する地球規模評価報告書 政策決定者向け要約」2019 年）

FAO, "Global Forest Resources Assessment 2020: Key findings", Rome, Italy (2020); https://doi.org/10.4060/ca8753en（林野庁計画課海外林業協力室訳「世界森林資源評価 2020 主な調査結果（仮訳）」2020 年）

Gilpin, M. E. and M. E. Soulé, "Minimum viable populations: Processes of species extinction. In M.E. Soulé (ed.) Conservation Biology: The Science of Scarcity and Diversity". 19-34. Sinauer Associates, Sunderland, MA (1986)

Secretariat of the Convention on Biological Diversity, Global Biodiversity Outlook 4th edition (2014); https://www.unep-wcmc.org/resources-and-data/global-biodiversity-outlook-4

Global Footprint Network, National Footprint Accounts 2014 edition, 2014 <data.footprintnetwork.org>

Guerrant, E. O., "Genetic and demographic considerations in the sampling and reintroduction of rare plants". In P.L. Fiedler and S.K. Jain (eds.) "Conservation Biology: The Theory and Practice of Nature Conservation, Preservation and Management", 321-344. Chapman and Hall, New York (1992)

Hillton-Taylor, C., *2000 IUCN Red List of Threatened Species*, IUCN, Gland, Switzerland and

Cambridge, UK (2000)

IPCC, "Summary for Policymakers. In: Climate Change 2007: Impacts, Adaptation and Vulnerability. Contribution of Working Group Ⅱ to the Fourth Assessment Report of the Intergovernmental Panel on Climate Change, M.L. Parry, O.F. Canziani, J.P. Palutikof, P.J. van der Linden and C.E. Hanson, Eds., Cambridge University Press, Cambridge, UK, 7-22.（環境省訳「IPCC 第 4 次評価報告書第 2 作業部会報告書政策決定者向け要約」2007 年）

IUCN, The economics of ecosystem and biodiversity (2008)

——, "The IUCN red list of threatened species"; https://www.iucnredlist.org/（2020 年 9 月 10 日閲覧）

Jones, K., Patel, N., Levy, M. et al., "Global trends in emerging infectious diseases", Nature, 451, 990-993 (2008) https://doi.org/10.1038/nature06536

Klein, A. *et al.*, "Importance of pollinators in changing landscapes for world crops", *Proceedings of the Royal Society B*, Vol. 274, 303-313 (2006); https://doi.org/10.1098/rspb.2006.3721

Loh, E. H. *et al.*, "Targeting Transmission Pathways for Emerging Zoonotic Disease Surveillance and Control", *Vector Borne Zoonotic Dis* 15(7), 432-437 (2015); https://doi.org/10.1089/vbz.2013.1563

Kobori, H *et al.*, "Citizen science: a new approach to advance ecology, education, and conservation", *Ecological Research*, 31, 1-19 (2016)

——, "Citizen Science", *Encyclopedia of Ecology* 2nd. (2018). Elsevier, Amsterdam, Netherlands

Maxted, N., Ex Situ, In Situ Conservation. In S. A. Levin (ed.) *Encyclopedia of Biodiversity*, Vol. 2, 683-696. Academic Press, San Diego, CA (2001)

Millennium Ecosystem Assessment Organization, *Millennium Ecosystem Assessment*, Island Press (2005)

Miller, T., *Living in the environment: principles, connections, and solutions*, 8th edition Wadsworth Publishing Com, Belmont (1994)

Mittermeier, R.A. *et al.*, "Hotspots Revisited: Earth's Biologically Richest and Most Endangered Terrestrial Ecoregions", *Conservation International*, Washington, D.C. (2005)

Mora, C. *et al.*, "How many species are there on Earth and in the ocean?", *PLOS Biology*, Vol. 9(8), e1001127 (2011); https://doi.org/10.1371/journal.pbio.1001127

Pimm, S.L. *et al.*, "The biodiversity of species and their rates of extinction, distribution, and protection", *Science*, Vol. 344 (6187), 1246752 (2014); https://doi.org/10.1126/science.1246752

Secretariat of the Convention on Biological Diversity, "Connecting biodiversity and climate change mitigation and adaptation: report of the second ad hoc technical expert group on biodiversity and climate change", Technical Series, No.41 (2009)

——, "Global Biodiversity Outlook 4", Montréal, Canada (2014)（環境省訳「地球規模生物多様性概況第 4 版」2014 年）

The IUCN red list of threatened species; *https://www.iucnredlist.org/*（2020 年 9 月 10 日閲覧）

WWF, "Living Planet Report 2014: People and places, species and spaces", McLellan, R. *et al.* (Eds), WWF, Gland, Switzerland, 2014（WWF ジャパン訳「生きている地球レポート 2014 要約版」2014 年）

——, "Living Planet Report 2018: Aiming Higher", Grooten, M. *et al.* (Eds), WWF, Gland, Switzerland (2018)（WWF ジャパン訳「生きている地球レポート 2018—より高い目標を目指して」2018 年）

環境省「環境省レッドリスト 2020」2020 年; http://www.env.go.jp/press/107905.html

環境省自然環境局「生物多様性条約 COP10 以降の成果と愛知目標」2015 年

——「生物多様性分野の科学と政策の統合を目指して—— IPBES 生物多様性及び生態系サービスに関

する政府間科学・政策プラットフォーム」2016 年 a
――環境省自然環境局「JBO2 生物多様性及び生態系サービスの総合評価――自然は人々の幸せにどう関わっているか」2016 年 b
――「生態系を活用した防災・減災に関する考え方」2016 年 c
環境省生物多様性及び生態系サービスの総合評価に関する検討会「生物多様性及び生態系サービスの総合評価報告書」2016 年
グリーンインフラ研究会、三菱 UFJ リサーチ＆コンサルティング、日経コンストラクション『決定版！グリーンインフラ』日経BP、2017 年
環境省生物多様性総合評価検討委員会「生物多様性総合評価報告書」2010 年
小堀洋美「今こそ、市民科学！」『月刊下水道』43 巻 2 号、75-78（2020 年 a）
――「インターネットを活用した市民科学のイノベーション―スマホを用いたプロジェクトの実践方法とその事例」『水環境学会誌』43 巻（A）11 号、401-404（2020 年 b）
村田浩一「保全医学への取り組みと獣医師の果たす役割: 獣医学から見た『ひとつの世界，ひとつの健康（One World, One Health）』」『日獣会誌』62 巻 9 号、2009 年
山本良一『気候危機』岩波ブックレット No.1016、岩波書店、2020 年
リチャード B.プリマック、小堀洋美『保全生物学のすすめ 改訂版』文一総合出版、2008 年

第8章
地球環境危機を克服しうる持続可能な社会

主要な地球環境破壊について述べてきたが、人類がいま重大な危機に直面していることを認識していただけたことと思う。21世紀は、20世紀に顕在化した地球環境問題を克服し、持続可能な社会を構築する時代にしなければならない。そういう意味で現代は、人類史上かつてなかったほどの画期的な時代に入っている。これまでの人間社会のあり方を見直し、新しい持続可能な社会を構築する「変革の時代」である。どのような方向への変革が求められているのか。それがこの章の主題である。

その方向を見定めるためには、地球環境問題の本質と特徴を把握しておく必要がある。これまで述べてきた個々の地球環境問題は、それぞれ固有の具体的な原因をもち、現象としてもそれぞれが別々に進行しているかのように見える。しかし、実際にはこれらの問題は根本において共通の原因をもち、現象としても相互に密接に連関しながら進行しているのである。その全体像を正確に把握し、その共通の原因を分析することによって、地球環境危機を克服できる持続可能な社会のあり方について考察しなければならない。

持続可能な社会においては、どのような生産体系が望ましいのか、そして、それらを実現しうる社会システムはどのようなものなのか、また持続可能な社会はいかなるプロセスを経て実現されるのか、について論じる。

1　地球環境問題の本質と特徴

自然と人間の矛盾

第1章で述べたように、自然が生物を生み出して以来、生物と自然環境は相互作用をくり返しながらそれぞれが進化を遂げてきた。まさに自然は、エンゲルスが指摘しているように、弁証法的に発展してきたのである。このような相互作用をくり返しながらの進化の結果として、今日の地球上の生態系が形成され、その生態系の働きによって物質の循環やエネルギーの流れのなかの準定常状態が達成され、維持されてきたのである。この長い年月にわたって達成された自然の物理的、化学的準定常状態は、また、今日の生態系、つまり生物的準定常状態が存続するための必須条件ともなっている。そのような準定常状態は人間を含めた現在の地球上の生物が安全に生存していける環境を造り上げてきた（以下では、この準定常状態をバランスと表現することがある）。

人間は、そういうバランスを維持する自然環境のなかに登場した。人間もまた地球自然の46億年の進化の結果として誕生した歴史的産物であり、自然を構成する一部分である。人間は自然的存在であり、今日の自然環境なしには生きて行けない。しかし一方、人間は他の生物と根本的に異なる性質を備えている。ほかの生物の場合、自然のあるがままに身を任せて生きながら、生態系の一部として自然のバランスを維持する役割を演じているのに対し、人間は、目的意識的に技術を用いて自然に積極的に働きかけ、自然を人間生活に役立つように加工するという行為、いわゆる生産活動を行うという特性をもつ。つまり、人間が地球上に登場したときから、地球の自然は加工（人間化）されはじめ、それがしだいに量的、質的に拡大してきた。人間は自然的存在でありながら、自然を変化させるという矛盾した側面をもっているのである。

さまざまな資源、森林、草原、海洋、大気にまで、生産の対象として手が加えられる。その際、しばしば人間が意図する自然の加工以外に、好ましくない変化が起きることがある。農耕牧畜を主たる生産手段にしていた時代でも、大規模な焼き畑などによる過剰な森林利用や、多数の家畜放牧による過剰な草原の利用など、結果として人間に不利益をもたらす砂漠化などの環境変化がときには起きた。人間はまた、生産活動を通じて、自然認識（科学）を獲得し、それを技術として生産に適用することにより、自然に対する働きかけの度合、つまり生産力を質的にも量的にも拡大してきた。とりわけ、地下資源の大量使用とそれを主たる原料やエネルギー源として利用する工業による大規模な生産活動は、よりいっそう深刻な環境変化をもたらすにいたった。

環境変化の発展段階とその特徴

産業革命期以降の人為的環境変化の発展段階を区分すれば、次のような３段階に分けて考えることができる（図８-1）。

第一段階の人為的環境変化は、産業革命後、鉱工業の発展によって生じた地域的環境破壊、公害である。地下資源の採取とそれを原料とする工業的生産の

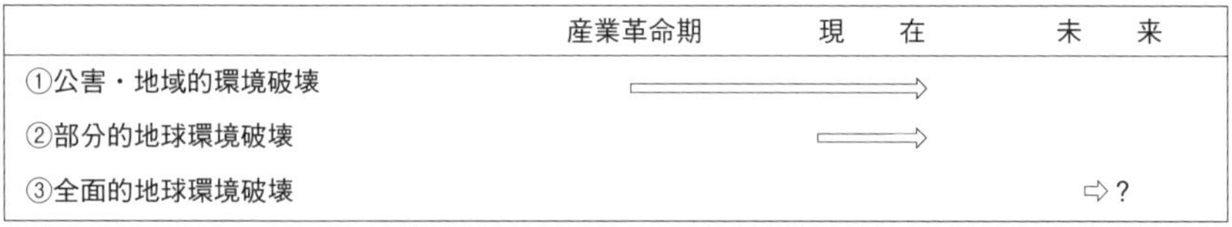

	産業革命期	現　在	未　来
①公害・地域的環境破壊	⇨	⇨	
②部分的地球環境破壊		⇨	
③全面的地球環境破壊			⇨？

図８－１　産業革命期以降の人為的環境変化の発展段階

出典：和田（1996）

展開は、地球表層部に存在しなかった人間や生物に有害な物質をもたらすことによって特定の地域に特定の環境変化、いわゆる公害をもたらした。それは資本主義社会における利潤最優先の企業生産によって生み出され、旧来の社会主義社会における計画的生産においても発生した。また産業革命以前には、人々は長い豊富な体験を通じて、さまざまな失敗をくり返しながら、自然と共生する伝統的な狩猟、漁労、農業などに見られる生産方法を会得し、自然を完全に破壊せずに持続的に利用していた。しかし、資本主義的生産はそのような生産方法を駆逐することによって、地域的環境破壊＝公害を各地でもたらした。

20 世紀に入って、こうした生産が急速に拡大した結果、第二段階として、今日のようないくつかの地球規模の環境変化が生じている。第一段階の人為的環境変化が世界的に拡大するとともに、人体に無害で自然界にも存在する二酸化炭素、メタンのような物質や、自然界にはなかったフロンやダイオキシンなどの有機ハロゲン化合物やポリエチレンなどの合成高分子化合物が大量に放出された結果、自然のバランス破壊を引き起こしつつあるのである。公害も世界的に拡大することによって、地域レベルの直接的な被害の増加をもたらすだけでなく、地球規模でのバランス破壊につながっていく。

また、原子力は兵器としての利用であれ、平和利用といわれる原子力発電であれ、危険な人工放射性物質を大量に生み出す。核兵器の使用は放射能汚染だけでなく、破滅的な地球環境破壊をもたらす。原発も安全に運転できたとしても、放射性物質の処理処分を必要とし、数万年という超長期間にわたって安全に管理し続けねばならない。さらに、チェルノブイリ原発事故や東京電力福島第一原発事故が実証したように、原発の過酷事故が起これば、広範な地域の長期にわたる重大な放射能汚染を引き起こす。

土地利用、海洋利用、森林伐採なども、それが自然への配慮なしに大規模になされれば、地球規模の自然バランスの一部を破壊することになる。この自然界におけるさまざまなバランスが部分的に破壊されているのが、第二段階である。このような環境変化は150～200万年に及ぶ人類史のなかではなかった変化である。

自然システムにおける種々のバランスは相互に支え合う存在であるため、あるバランス破壊が発生すると別のバランス破壊を連鎖的に引き起こす可能性がある。こうして現在進行しているいくつかのバランス破壊が拡大していくと、それらが引き金となって地球の全面的環境破壊が進行し、人間と生物の生存基盤である生態系は破滅的な状態に陥るだろう。いわゆる不可逆的環境変化である。これが第三段階である。この段階に入ると破壊の連鎖は止められなくなり、それを回復させるのは不可能になる。したがって、この段階への移行を何としても回避しなければならない。現在は、第二段階から第三段階に移行する直前にまできていると考えられる。人類は、破滅的危機を回避できるかどうかの瀬戸際に立っているといえる。

もちろん、核戦争に代表される大規模戦争が発生すれば、一挙に第三段階に突入することは明白である。それを可能にする膨大な核兵器や軍隊をいまだに人類は保持し続けている。

このように、人間と自然の矛盾は、両者の存在が否定されようとする段階に到達しようとしているのである。

人類が進むべき方向

第1章で述べたように、過去には、生物がその本性によって必然的に自然環境を地球規模で変化させ、その変化が自らの存在をも不可能にするものであった場合、その生物は絶滅または激減し、新たな環境に適応できる進化した生物にとって代わられねばならなかった。今日の地球環境変化が人間の本性によるものであるとすれば、人間も過去の生物と同様の運命を辿らねばならないということになる。

実際に、人間はやがて絶滅するしかないという悲観論を唱える人もいる。しかし、そのような見方は正しくない。生物による環境変化は、その生物の存在様式が必然的に起こしたもので、避け難いものであった。人間以外の生物は自らの存在様式を意識的に変えることはできないからである。一方、人間による環境変化は生産活動や戦争という人間の社会的、意識的な行動によって起こされるものであり、したがってその内容をコントロールすることが可能なのである。つまり、人間は自分の体を変えなくても、生産活動の内容や戦争や軍備に対する姿勢を変えることにより、自然のなかでの存在様式を変え、自然の人間化の内容を自然界の物質的、エネルギー的、生物的バランスを維持できるように変えることができるはずである。

しかも、私たちはいま、自然の成立ちや仕組みをかなり高度に認識できるようになっており、地球環境の危機的状態とそれを生みだしている原因、それを克服する方法を科学的に認識しはじめている。その認識をもっと深め、広げれば、自然におけるバランスの維持を重視した生産活動を実行することや、軍事活動を縮小し、全廃することは可能なはずである。しかし、それが現代社会の下で可能であるかどうかは疑問であり、それを実施できる条件を備えた社会、持続可能な社会を構築しなければならない。それには困難も多く、人々の革新に向かう理性的な努力の積み重ねがなければならないことは言うまでもないが、実現しなければならないのである。

地球環境の破壊は、主として地下資源を利用する大量生産・大量消費を基本とする生産システムのもとでの大量の廃棄物排出によって起きる。オゾン層破壊、地球温暖化、大気汚染、海洋汚染、放射能汚染などは大量の廃棄物排出によるものである。また、これらの環境破壊・汚染に乱開発なども加わって、土地の劣化、森林破壊、生物多様性の喪失が生じている。また、その逆もある。このような相互連関が強く働き、連鎖的に地球環境におけるさまざまなバランスを破壊しはじめると、不可逆的で破滅的な第三段階の環境変化に突入することになる。

そこで生産活動の内容を、資源利用と廃棄物を最小限にするように変えなければならない。生産活動の内容を変えるということは、生産技術、生産・消費システム、そして生産における人間同士の関係（生産関係）の変化と密接に関係する。つまり、技術ばかりでなく、社会のあり方や人間の生き方の変化も必要である。したがって、地球環境危機という現代における人間（社会）と自然の矛盾は、人間の意識の変化を基礎に、生産技術、生産・消費システム、そして社会のあり方をも問い直す契機を私たちに与えている。

エントロピー増大を抑制する人間活動の重要性

以上に述べてきたことは、熱力学的には次のように理解できる。第１章で述べたように、地球の自然は、歴史的により秩序ある自然へと変化してきた。つまり、地球自然だけの範囲でみれば、エントロピーは減少する方向に変化してきた。これは外部から太陽エネルギーが供給され、そのエネルギーと同量のエネルギーを宇宙空間に放出すると同時に、地球表層部のエントロピー増加よりも大きいエントロピーを宇宙空間に放出しているからである。ところが、これまで人間がやってきたことは、生産活動や戦争などを通じて自然の秩序を破壊し、自然の質的劣化を促進する方向、つまりエントロピー増大を加速させることであった。したがって、今後はエントロピー増加を抑制するような人間活動をめざさなければならない。そのためには、戦争や軍事活動をなくし、化石資源のような地球に蓄積されているエネルギー使用を抑制し、外部エネルギーである太陽エネルギーの活用を促進することが重要である。

いま、地球と人類は歴史上かつてない危機に直面していることは確かである。しかし、これは人類史の、そしてまた自然史の、必然の過程であり、悲観的に捉える必要はない。矛盾が激化すれば、新たな発展が生まれる。ピンチのあとにチャンスありといわれるが、地球環境危機をばねにして、健全な人間と自然の関係を構築し、知性をもつ人間らしい人間のあり方を実現する時期が訪れようとしていると見るべきだろう。

2　持続可能な生産消費体系

持続不可能な生産消費体系

図8-2に、資源生産から廃棄まで一方通行型の持続不可能な生産消費体系を模式的に示した。この体系では、物的生産においては、自然環境から採取した有機資源や無機資源を使って製品を製造し、使用後は環境中に廃棄物として放出する。またエネルギー生産に関しては、地下にある化石資源やウランを利用し、その際の発生物も環境中に放出する。生産規模が小さく、資源採取も廃棄物放出も少ないうちは、自然に対する影響も小さい。しかし産業革命以降、このような生産消費体系を拡大し続けてきた結果、大量生産・大量消費・大量廃棄を基本とする社会が出現し、廃棄・排出物の増加によってさまざまな環境破壊を引き起こしてきたことはこれまでに述べたとおりである。したがって、今後はこの体系をさらに拡大し続けるわけにはいかない。

また、このような体系が持続不可能な理由として、資源が有限でいずれ枯渇することも挙げられる。石油、石炭などの化石資源やウランのような地下資源

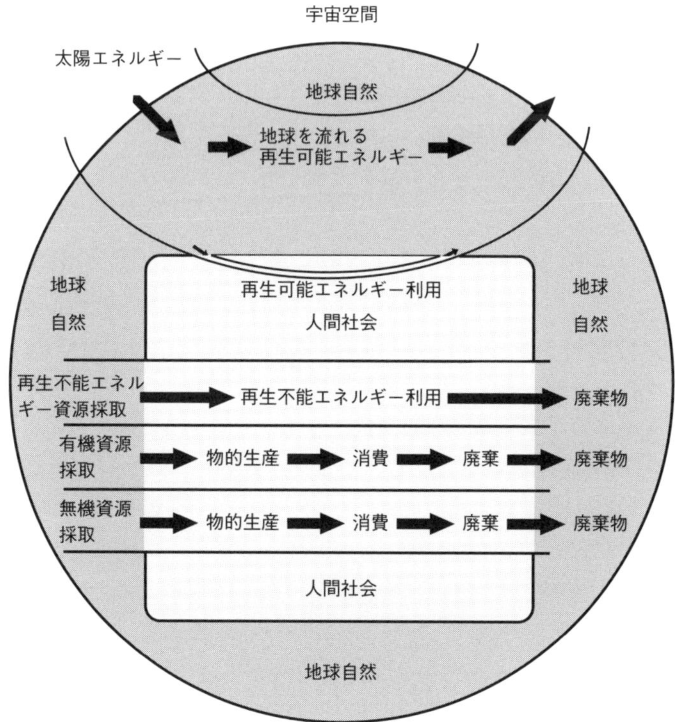

図８-２　従来の持続不可能な生産消費体系の模式図

出典：和田（2000）

の賦存量と可採年数を表８-１にまとめた。現在の生産量が続けば、石油や天然ガスの確認可採埋蔵量は21世紀中に底をつく。また、ウランや石炭もせいぜい100～130年余という、人類の長い歴史から見れば、ほんのわずかな期間しか使えない資源である。金属やセラミックスなどの資源も、一方通行型の使い捨てを拡大し続ければ枯渇してしまう。したがって、地下資源を利用したエネルギーや製品の一方通行型生産消費を継続することは不可能なのである。

表８-１　地下資源の確認埋蔵量、年間生産量、可採年数

	石炭／億トン	石油／億バレル	天然ガス／兆 m^3	ウラン／万トン
確認埋蔵量	10,696.36	17,339	199.8	614.22
年間生産量	81.294	347.4508	3.9893	5.934
可採年数	131.6	49.9	50.1	103.5

持続可能な生産消費体系

生産の目的は本来、人間にさまざまな利益をもたらすことである。人間にとって有害な環境破壊は生産の目的ではありえない。資源の消費量と廃棄物の発生量を削減し、有害物質は環境中に出さないような生産に転換する必要がある。このような本来の目的に合った生産を行うためには、次のような原則で行うことが望ましい。

(1) **資源・エネルギー利用**　再生不能な資源・エネルギーの利用を削減し、再生可能な資源・エネルギーの利用比率を高める。つまり、物的生産においては生物系有機資源（バイオマス）の利用比率を高め、エネルギー生産においてはあらゆる再生可能エネルギー資源を積極的に活用する。

(2) **生産・消費システム**　物的生産における生産・消費過程を結合してクローズド（閉鎖型）化、循環型化する。つまり、自然から社会に取り込んだ資源はくり返し使用して廃棄・放出せず、有機資源については可能なかぎりくり返し使用し、それができなくなれば、エネルギー資源または肥料などとして活用する。また、エネルギー生産・消費においては、エネルギー効率改善と省エネを推進し、総量を削減する。

これらを追求し続けて実現される持続可能な生産体系は、図8-3のように示すことができる。物的生産に関しては、社会内に取り込んだ物的資源はできるかぎり社会内で循環再利用することにより、可能なかぎり天然資源の採取量を抑制する。金属やセラミックスなどの無機資源は何度でも循環再利用することが可能である。一方、化石資源や生物資源からの物的生産で得られる有機製品（プラスチック、ゴム、紙類など）は、徐々に劣化していくために無限に循環再利用できないので、物として利用不能になれば燃焼してエネルギーとして利用する。生物資源を利用する製品や食品からの廃棄物は、バイオガス原料や肥料などに有効活用する。また、食品ロスを少なくする工夫も重要である。

一方、エネルギー生産に関しては太陽由来の太陽光・熱、それから派生する風力、水力、バイオマスなど、地球由来の地熱、月の重力で発生する潮汐力などの再生可能エネルギーを中心に利用する。人類は古来、火の利用にはじまり、薪炭や動物糞などを燃料として使用し、畜力、風力、水力なども動力として活用してきた。先進国を中心に、このような伝統的な再生可能エネルギー利用を化石燃料や原子力の利用へと転換してきたわけであるが、これからは高度技術を活用した新しい再生可能エネルギー利用へと転換していくことになる。いま

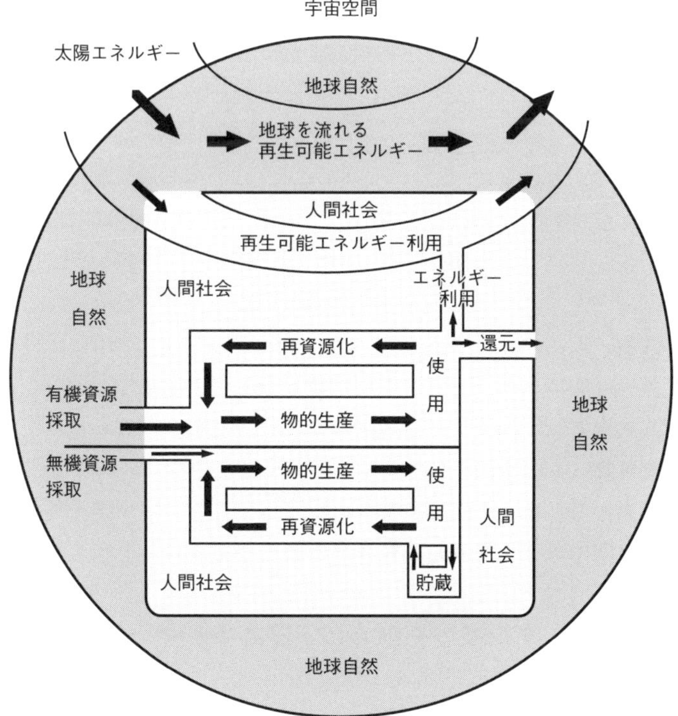

図8-3　これから目指すべき持続可能な生産体系

出典：和田（2000）

も伝統的な再生可能エネルギー利用が中心の途上国では、化石燃料への転換をやめて直接、新しい再生可能エネルギー利用へと転換すればよい。こうすれば、社会が求めるエネルギー需要を賄（まかな）いながら、自然に対する負荷を小さくすることができる。

しかも、再生可能エネルギー資源は大量に自然界に存在し、枯渇することはない。表８-２に再生可能エネルギーの理論的資源量と現代技術で利用可能な技術的資源量を示した。2019年の世界の年間一次エネルギー消費量は約584EJなので、技術的に利用可能な再生可能エネルギー資源量合計がその13倍もあり、太陽光・熱のエネルギー量だけでも2.7倍、地熱エネルギーで8.6倍、風力で1.1倍、バイオマスで47％もある。理論的資源量合計では、25万倍もあり、今後の技術発達によって、利用可能な技術的資源量は増加する。また、海洋エネルギーなども使用可能になるので、将来的にも世界の必要量を十分に賄える

表8-2　世界の再生可能エネルギー資源量

	2001年利用量	技術的資源量	理論的資源量
水力	9	50	147EJ
バイオマス	50	>276	2,900EJ
地熱	0.6	5,000	140,000,000EJ
風力	0.12	640	6,000EJ
太陽光・太陽熱	0.1	>1,575	3,900,000EJ
海洋	算出されていない	算出されていない	7,400EJ
合計	60	>7,600	>144,000,000EJ

出典：WEA (2011)

と考えられる。

また、再生可能エネルギーは、環境負荷も小さく、危険性も低い。大型ダムを利用する大水力発電のように自然破壊などをもたらすものもあるが、環境を破壊する廃棄物は少なく、環境保全的には最もすぐれたエネルギー源である。

これらの点から、再生不能エネルギーから再生可能エネルギーへの転換は今後の必然の方向であり、意欲的に推進する必要がある。

3　再生可能エネルギーを中心とするエネルギー生産への転換

再生可能エネルギーの特性と普及

再生可能エネルギーは、有限な再生不能エネルギーとは異なる特性をもっている。再生可能エネルギーの普及を推進するには、その特性に合った方法や制度を採用することが重要である。両者の特性を表8-3にまとめておこう。

表8-3　再生可能エネルギーと再生不能エネルギーの特性

	再生可能エネルギー	化石エネルギー・原子力
資源賦存量	豊富：非枯渇性でほぼ無限	枯渇性で有限
資源存在形態	あらゆる地域に少量ずつ分散的に存在。日本でも資源は豊富	特定地域に集中的に偏在。日本は資源を輸入しなければならない
資源コスト	無料もしくは安価	有償、今後はコスト上昇
生産手段の形態	小規模分散型	大規模集中型
生産手段の所有	市民を含む広範な主体	大企業中心
生産の特性	労働集約的。雇用創出効果大	資本集約的
環境影響	CO_2を排出せず、環境影響は小さい。ただし、大水力発電は自然破壊	化石資源は温暖化、大気汚染、酸性雨。原発は放射能汚染、事故で重大影響も
導入による波及効果	地域活性化、関連産業発展、雇用創出、エネルギー自給率向上、国際平和に貢献、持続可能社会構築に寄与	地域社会に悪影響、関連産業の雇用創出効果小、エネルギー自給率低下、国際平和にマイナス効果（核拡散）

資源賦存(ふそん)量と環境影響については上述のとおり、再生可能エネルギーは膨大な資源量があり、環境への影響や危険性も小さい。さらに再生可能エネルギーが再生不能エネルギーと異なる最大の特性は、資源があらゆる地域に少量ずつ分散して存在することである。そこで、エネルギー生産手段は小規模分散型が中心となり、社会のエネルギーを賄うには、多数の生産手段を多くの場所に設置する必要がある。

多くの地域に多数の小規模エネルギー生産手段を導入する際、その所有者としては地域住民や市民、自治体、生協、中小企業などの地域主体が最も適している。この点は、原発や火力発電とはまったく異なる。また、太陽光・熱、風力、水力、地熱などの再生可能エネルギー資源のほとんどが地域資源であり、特定の所有者がいるわけでなく、地域の共有資源として無償あるいは安価に使用できるので、住民などの地域主体が所有すれば、普及による利益が地域に還元され、地域の発展にも寄与する。とくに再生可能エネルギー資源量が豊富な農山村地域は、再生可能エネルギーの導入に取り組むことで新たな自立的発展の可能性が生まれ、高齢化や過疎化の防止にもつながる。

地域住民や市民、自治体などの地域主体が取り組みの中心を担うことで、再生可能エネルギー普及が促進されるという効果もある。風力発電の例を挙げると、日本では騒音や景観、自然破壊などを理由に普及に批判的な意見や反対運動などがあるが、後述するように普及を先進的に推進してきたデンマークやドイツでは、日本よりも国土面積当たりの風力発電密度がはるかに高いにもかかわらず、そのような批判や反対意見は少ない。両国では地域住民主導で再生可能エネルギーを導入しているため、自然や生活に悪影響をもたらすような不適切な設置方法をとらないうえに、地域に利益が還元されるからである。日本では地域外の企業が利益優先で取り組み、地域住民の意向が反映されない場合が多く、住民からの反発や批判が生まれやすいのである。最近は、各地のメガソーラーや大規模風力発電、バイオマス発電の導入にも、同様の理由で反対運動が起きている。

地域住民や市民の参加で普及が促進されれば、CO_2削減による地球温暖化防止への貢献だけでなく、将来性のある再生可能エネルギー関連の産業が発達し、多くの雇用が創出されるなどの経済発展をもたらす。またエネルギー自給率の向上を通じて、エネルギー安全保障も確保される。途上国への技術協力などを通じて国際的にも貢献できる。これまでのようなエネルギー資源をめぐる紛争や戦争も少なくなる。また、上述のように農山村地域を中心に地域の自立的発展や活性化にもつながる。このようなさまざまな好影響を考え、市民や地域主導で再生可能エネルギー普及を積極的に推進し、すべてのエネルギーを賄える社会をめざすことが望ましい。

世界のエネルギー動向の特徴

上述のような再生可能エネルギー中心のエネルギー生産への転換の重要性については、1990年刊行の『地球環境論』から一貫して主張してきたが、20世紀中はその方向への歩みは遅々としていた。しかし、最近の世界では再生可能エネルギー普及が急速に進展しつつあり、再生可能エネルギー中心の世界を実現できる可能性が高まっている。

まず、最近の世界のエネルギー動向の特徴をまとめておこう。

①世界の総エネルギー中の再生可能エネルギー比率が増加し続けている。

②とくに発電量中の再エネ比率が著しく増加しているが、原発は停滞し、発電量中の比率は低下している。

③先進国だけでなく、途上国での再エネ普及が急増し、全エネルギー中の再生可能エネルギー比率は先進国より高い。

④再生可能エネルギー発電のコストが低下し、従来電源と同程度あるいはより安価になりつつある。近い将来、最も安価な電源になる。

⑤再エネ100％（RE100）などの高い普及目標を掲げる国、自治体、地域、企業が急増している。

⑥市民・地域主体による再生可能エネルギー普及方式が世界的に拡大しつつある。

気候危機への対応が迫られるなか、今後、上記のような動向はますます強まると考えられ、世界全体が再生可能エネルギー中心の社会に変化していくのは間違いない状況になってきた。以下では、上記の特徴の現状について解説し、さらに拡大、強化していくうえで必要な課題について述べる。

再生可能エネルギー発電の急増とコスト低下

2018年の世界の最終エネルギー消費のうち再生可能エネルギーは17.9％を占め、原子力の2.2％をはるかに上回った。再生可能エネルギー発電量と原子力発電量の推移を図8-4に示す。両者の発電量は2003年頃まではほぼ同程度であったが、その後は再生可能エネルギーの伸びが著しく、2019年には原発の2.5倍になった。総発電量のうちの再生可能エネルギー比率は1990年の19.2%、2000年の19.4%から2019年には27.3%に増加し、とくに水力発電以外の再生可能エネルギー比率は1.0%、3.5%から11.1%へと2000年以降に大幅に増加した。

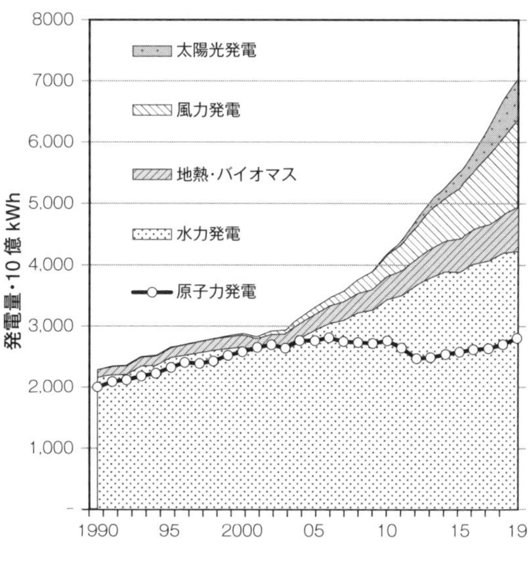

図8-4　世界の再生可能エネルギー発電量と原子力発電量の推移

種類別に見ると、2019年には太陽光発電が2000年の639倍と著しく増加し、次いで風力発電が49倍、バイオマスと地熱の合計が3.6倍、水力発電が1.6倍であった。再生可能エネルギー全体では2.4倍となり、全エネルギーの1.7倍を上回った。なお、原子力発電は1.1倍であった。

また、2019年の世界のエネルギーに対する投資額のうち、75%が再生可能エネルギーを対象にしている。さらに、世界で1年間に新設された発電設備中の再生可能エネルギーの容量での割合は、21世紀初め頃は20%前後であったが、その後は増加傾向が続き2019年には75%に達した。同年、EUでは新設発電設備の再生可能エネルギー比率が93%を占め、再生可能エネルギー以外には、天然ガス発電が少し新設されただけであった。これらの傾向をふまえれば、今後、世界的に再生可能エネルギー中心の電力生産社会に向かっていくことは間違いない。

発展途上国での再生可能エネルギー普及が急増していることも最近の特徴である。京都議定書で温室効果ガスの削減義務を負った先進国グループとそれ以外の途上国グループの再生可能エネルギー発電量を比較すると、以前は先進国が上回っていたが、2011年に逆転し、その後は途上国が先進国との差を広げ続けている。国別に見ても、2019年までの再生可能エネルギー発電の累積導入量の1位は中国でアメリカを上回り、3〜4位のブラジルとインドがドイツ（5位）を上回っている。再生可能エネルギーの種類別に導入量の上位国をピックアップしても、水力発電では1〜2位に中国とブラジル、風力発電では1、4位に中国、インド、太陽光発電は1位中国、太陽熱発電は3〜5位にモロッコ、南アフリカ、中国、バイオマス発電では1、3〜4位に中国、ブラジル、インド、地熱発電では2〜4位にインドネシア、フィリピン、トルコが入っている。

さらに注目すべきことは、普及が進んだ結果、再生可能エネルギー発電コストが低下し、従来の化石燃料火力発電や原発と比較して、同等あるいは安価になってきたことである。以前から水力発電や地熱発電は従来型発電並のコストであったが、設置場所が限定されていた。その他の再生可能エネルギー発電はより広範囲で利用可能であるが、以前は高コストであった。しかし、普及政策の採用や技術開発が進み、コストも低下してきている。陸上風力発電や野立て太陽光発電の世界の平均コストは、従来型電力より安価な状況になり、洋上風力発電や太陽熱発電も従来電力のコスト範囲に入ってきている。しかも、今後はさらに低下が見込まれ、市場原理下でも再生可能エネルギー発電が有利な状況になる可能性が高くなっており、これも再生可能エネルギー中心社会の実現を加速させていくことは間違いない。

実際に、再生可能エネルギーですべてを賄う目標や計画を発表する国、自治体、企業などが増えている。デンマークは、2011年の「私たちの未来エネルギー計画」で2050年までにすべてのエネルギーを再生可能エネルギーで賄う目標を世界で最初に掲げた。その後、パリ協定が採択されたCOP21の際に、再生可能エネルギー100％（RE100）を宣言する多数の国や自治体が現れ、2019年には53ヵ国に達した。また、世界の大企業288社（日本50社; 2021年2月）でも、自社で使用する全電力を再生可能エネルギーで賄うとする「RE100宣言」を発表している。

このように、全世界が再生可能エネルギー中心社会に向かって前進している背景には、再生可能エネルギー電力の固定価格買取制度の有効性が実証され、世界の多数の国が採用したことや、「国際再生可能エネルギー機関（IRENA）」がドイツ、デンマーク、スペインの呼びかけで2009年に設立され、世界の大部分の国が加盟し、政策や資金などにおいて再生可能エネルギー普及に向けたサポート体制がとられたこと、さらにパリ協定ですべての国が温室効果ガス削減を推進しはじめたことなどがある。また、2015年に設立された「国際太陽同盟」や「世界地熱同盟」にも多数の国が加盟し、「アフリカ再生可能エネルギーイニシアチブ」などが積極的に活動を展開していることも大きい。

その結果、2019年に世界の再生可能エネルギー発電の設備容量は25.3億kWに達し、原発の4.1億kWの6.2倍にもなっている。最大は水力発電で13.1億kW、風力発電は6.2億kW、太陽光発電は5.8億kW、バイオマス発電は1.2億kW、地熱発電は1,390万kWになった。

熱利用、輸送用燃料分野における再生可能エネルギーの普及

電力以外の熱利用や輸送用燃料の分野でも、再生可能エネルギーの比率が向上しつつあるが、熱利用と輸送用燃料中の近代的再生可能エネルギー（伝統的な再生可能エネルギーを除く）比率は、それぞれ10%と3%で電力よりもかなり低い。ただし、多くの途上国の熱利用では、まだ厨房や暖房などに薪炭や動物糞などの伝統的再生可能エネルギーを利用しているので、それを加えると世界の熱利用の27%程度を再生可能エネルギーが占め、ほぼ電力と同程度の比率になる。また、輸送用の石油系ガソリンやディーゼル燃料の代替品としてバイオエタノールやバイオディーゼル燃料を活用する取り組みは、ブラジルや欧米で進められてきたが、世界規模に広がっているわけではない。

これは、熱利用や輸送用燃料の再生可能エネルギー普及政策が、電力分野ほど広がってはいないのが主因である。しかし、熱利用では主力資源のバイオマスに加えて、最近は太陽熱や地中熱、さらに環境熱をヒートポンプで活用する方法も増えはじめている。家庭の64%に地域暖房を供給するデンマークでは、主力のバイオマス・コジェネレーション設備からの熱供給に加えて、多数の太陽熱温水器の熱水を貯蔵して冬に利用したり、3,000mの高温地下水を循環利用したりしている。また、建築物の断熱性を高め、暖房用エネルギーを削減することも欧州各国では推進されている。

今後は、再エネ電力で熱や輸送用エネルギーをカバーする方式で、再エネ比率を向上させることも重要になる。実際に、太陽光・風力発電が普及した国や地域では、暖房用の熱を豊かな電力で供給したり、電気自動車（EV）の普及を推進したりする動きが高まっている。筆者が調査した風力発電で需要を上回る電力を生産するドイツ北部地域では、暖房熱もその電力で供給するシステム

を稼動させている。EVは2019年の世界の自動車販売シェアで2.6%であるが、中国では2035年までにすべての自動車をEVに転換する方針を打ち出し、欧州や日本でもEV優遇政策が採られており、今後は急増していくであろう。さらに今後は、変動電源である太陽光発電や風力発電の余剰電力で水を電気分解して得られるグリーン水素を熱や輸送用に利用する動きも強まっていくだろう。

各国における再生可能エネルギー比率の向上

これまで述べてきたように、再生可能エネルギーは急速に普及しつつある。発展途上国は、総エネルギー中の再生可能エネルギー比率が先進国よりも高い。2018年の再生可能エネルギー比率は、OECD加盟国平均が10.4％であったのに対し、アフリカは47.4％、ラテンアメリカは33.2％、アジアは22.2％であった。これは、これまでの薪炭、動物糞、農作物の茎や葉などの伝統的な燃料使用から、最近は新たな再生可能エネルギーが急速に普及しているからである。エネルギー消費のうち再生可能エネルギーの比率が50%以上の国は

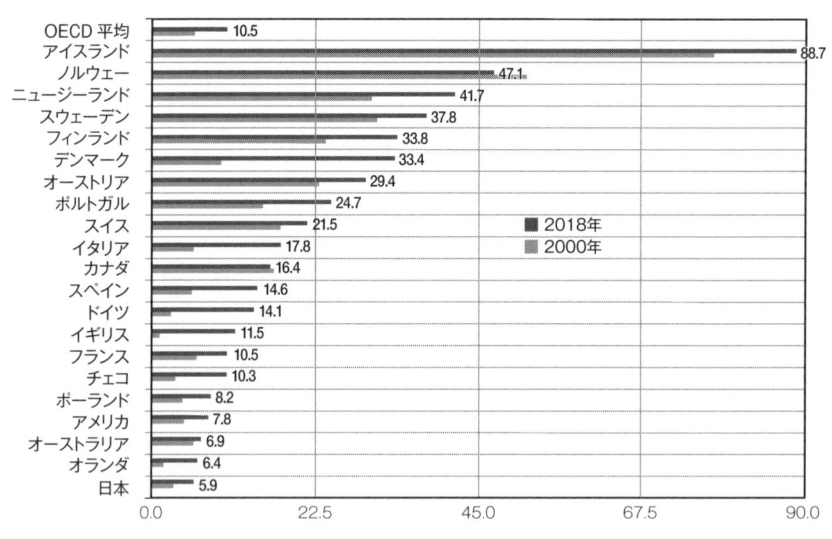

図8-5　OECD加盟各国の一次エネルギー中の再生可能エネルギー比率(2000年と2018年)

注：数値は2018年の%
出典：年IEA (2019)のデータに基づき作図

2017年に26ヵ国あったが、アイスランド以外の25ヵ国は途上国であった。

一方、先進国は、化石燃料や原子力中心の構造から新たな再生可能エネルギー中心の構造へと転換しつつある。その状況を知るために、OECD加盟の主要国の2000年と2018年のエネルギー消費中の再生可能エネルギー比率を図8-5に示した。2018年には、大規模水力が主力で毎年の雨量の影響を受けるノルウェーとカナダ以外のすべての国で2000年を上回っている。また、2000年時点ではオランダ、ドイツ、イギリスは日本より低かったが、2018年にはすべての国が日本を上回った。なかでもドイツやデンマークの増加は著しく、2018年には、ドイツは2000年の5.2倍に、デンマークは3.5倍になっている（図8-5）。

再生可能エネルギーの普及促進——市民参加と政策・制度

すでに述べたように、再生可能エネルギー普及では市民や地域主体の参加が重要な意味をもつ。ドイツやデンマークでは、適切な政策の採用とともに、市民の積極的な普及への参加により、最近の急速な再生可能エネルギー普及が進んでいる。

デンマークは世界で最初に風力発電を導入し、世界最高比率の電力の約半分を風力で供給し、熱利用においても主として再生可能エネルギー資源を利用する地域暖房を約3分の2の家庭に普及させている。ドイツは、世界で最初の固定価格買取制度（FIT）を2000年に施行後、飛躍的に再生可能エネルギー電力を普及させ、40%以上を供給している。両国では再生可能エネルギー関連技術や産業が高度に発展し、それらが核になってGDPも伸び続けている。その両国の再生可能エネルギー設備の最大の所有者が地域住民・市民なのである。

デンマークでは風力発電機の約75%が住民たちの共同所有や個人所有で、全国の1割ほどの家庭が所有している。デンマークの再生可能エネルギー法では、陸上でも洋上でも風力発電所を建設する場合、その主体が企業などであっても20%以上は地域住民の所有にしなければならないと定めている。地域住民の参加が、自然や生活に悪影響をもたらさない適切なやり方で、普及をスムーズに進めるうえで不可欠と捉えているのである。その結果、電力の半分以上を風力発電で供給する世界で最初の国となっている。

またデンマークでは、熱電併給（コジェネレーション）施設などから住宅やビルディングに熱水を供給する地域暖房が発達しており、麦わら、木質資源、家畜の糞尿からのバイオガスなどのバイオマス燃料を中心にしながら、最近は太陽熱、地中熱、環境熱なども利用している。熱を供給する地域暖房企業は、住民や自治体によって運営されている。地域暖房は安価で安全なこともあり、家庭の３分の２が加入し、エネルギー効率が高いために国全体のエネルギー消費の削減やCO_2削減にも寄与している。

ドイツでも、デンマークと同様に市民主導で再生可能エネルギー普及が進んでいる。図8-6に、クラウス・ノヴィー研究所による2004～10年に導入された再生可能エネルギー発電設備の所有者別の容量の推移を示したが、最大の所有者が市民であり、農民も加えると約半分を占めている。また、中小企業、その他の電力供給会社、木材業などの地域製造業の大半が地域主体であり、市民・地域主導が３分の２を占める。500kW未満の小規模発電では約３分の２が市民・農民所有、大半が地域主導であることも明らかになっている。2013年に発表されたリューネブルグ大学の調査でも、2012年導入の再生可能エネルギー発電設備について、大規模水力以外の風力、太陽光、バイオマス発電では半分程度、水力発電を含む全設備の46%が市民所有であった。

筆者が現地調査した具体的事例を紹介しておこう。ドイツ北端のシュレスヴィッヒ・ホルシュタイン州の北西端にある北海に面したノルトフリースラ

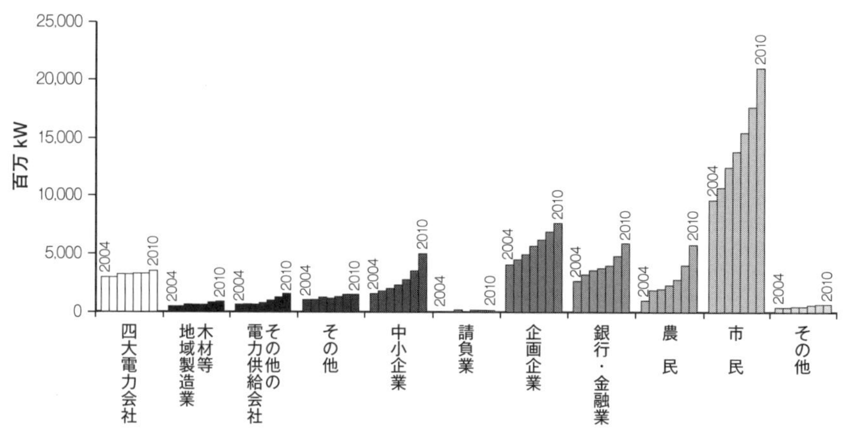

図8-6　ドイツの所有者別の再生可能エネルギー発電設備容量(2004～10年)

ント郡では、住民たちが設立した市民会社や協同組合、農民個人が所有する方式の普及が進み、電力消費の５倍の電力を風力、太陽光、バイオガス発電などで供給していた。その結果、普及地域では売電収入や税収で自治体や住民が豊かになり、過疎化や高齢化から脱却でき、新たな職場や雇用が増えるなど、地域主体が地域資源を活用する自立的発展が起きている。また、郡都のフーズム市は自治体の事業（シュタットト・ヴェルケ）として電力販売も行い、再エネ100％の電力を供給している。

ドイツ中部や南部の多くの地域や都市でも市民地域主導の再生可能エネルギー普及の取り組みが数多く展開されている。たとえば、バイエルン州などの南部の森林が多い地域では、木質ガス化コジェネレーション（熱電併給）なども数多く導入されている。アーヘン市では市民主導で風力、水力、太陽光発電普及を飛躍的に拡大し、再生可能エネルギー100％（RE100）を達成している。フライブルク市では、サッカー場スタンド屋根にサポーターも含む市民出資のメガソーラー建設など、住宅や商業施設、遊休地などのいたる所に太陽光発電を設置し、生ごみを原料に製造したメタンガスで熱電併給を行い、市内を流れる川では市民小水力発電が稼働している。また、シェーナウでは村民たちが電力会社を設立し、再生可能エネルギーを普及しながら、RE100電力を販売して多数の顧客を獲得している。現在、ドイツ全土の半分以上で、RE100などの再エネ普及による地域づくりが行われている。

このようなデンマークやドイツの先進事例を見習って、欧米各国や途上国にも市民や地域住民による再生可能エネルギー普及が広がっている。コミュニティ・ソーラーのような呼称で、地域住民参加型の太陽光発電所、風力発電所、小水力発電所などが各国の各地に生まれている。アメリカではほとんどの州にコミュニティ風力発電所があり、集合住宅の住民たちが野立ての太陽光発電所を共同で建設し、家庭の電力分を所有する事例も数多く存在する。イギリスも同様で、最初にコミュニティ太陽光発電所を設置し、筆者も訪問したルイス市など、全国各地にコミュニティ風力・太陽光発電所が誕生している。日本でも、FITがない1990年代から太陽光や風力の市民共同発電所が作られ、FIT導入後も増え続け、1,000基をはるかに超えている。

また、途上国でも住民参加による再生可能エネルギーの導入が見られる。インドは、国際太陽同盟の盟主として太陽光発電の普及が急速に進展しているが、同時に農村部を中心に日常生活で利用するエネルギーとして、住民所有によるバイオガス設備、ソーラークッカー、ソーラーランタンなどの普及拡大が著しい。未電化村の電化などの農村地域の電力生産も太陽光発電や木質ガス化発電などが活用され、農村の生活向上などに寄与している。筆者が3度訪問したタミルナド州のオダントライ村は、わら葺き住居に住む貧村であったが、RE100で自立的に発展したモデル地域となっている。中国では、農村部を中心にバイオガス施設や太陽熱設備を住民所有により日常生活で利用したり、内蒙古の草原で牧民たちが小型風力発電や太陽光発電を所有して独立電源として普及したりしている。

このように、世界中に市民や地域主体による再生可能エネルギー普及が広がっており、この方式が今後の再生可能エネルギー普及を推進するうえで重要な役割を果たすことは間違いない。

再生可能エネルギーの普及促進における課題

今後、再生可能エネルギー関連技術の新たな発展により、さらなる普及拡大が進むと思われる。とくに太陽光発電や風力発電は、すでに最も安価な発電手段となりつつあるが、今後、太陽光発電は革新的な技術開発が進展する可能性が大きい。柔軟でどこにでも設置可能なフィルム型や超高効率の太陽電池の開発が進んでおり、安価に製造できるようになれば、広範囲に導入できるので、誰でも生産者になる条件が生まれる。太陽光はあらゆる場所で利用できるだけに、新技術の開発は再生可能エネルギー比率を向上させるうえで重要な役割を果たす。

太陽光発電や風力発電のような変動電源を拡大していくうえで、系統連係網の強化と蓄電産業の発展が不可欠である。日本は、最近まで旧大手電力会社がそれぞれのエリアで独占的に送配電してきた結果、エリア間の送配電容量が小さい状態にあり、その結果、電力の需給調整が困難であるとか、災害による停電などの事態に他エリアからの電力供給ができないといった問題が起きている。今日では道路整備よりも系統連携網の整備が必要になっており、国を挙げて取り組むべき課題である。

同時に、変動電源の拡大による上記の課題に備えて、電力の貯蔵機能の向上を図る必要がある。日本国内の揚水発電所の設備容量は2,700万kWもあるので、まずこれを有効活用することができる。さらに高性能で安価なバッテリーが開発されれば、変動電源の大幅拡大に対応できる。家庭用蓄電池や電気自動車のバッテリーに住宅の太陽光発電の余剰電力を貯蔵して、夜間に使用する方式で変動電力を無駄なく利用できる。筆者の自宅では、電気自動車とパワーステーションを組み合わせ、その効果を実証している。リチウムイオン電池を開発した旭化成の吉野彰氏が2019年のノーベル化学賞を贈られたように、日本はこの分野の技術水準が高く、さらなる性能向上やコスト低下を可能にする産業発展を期待したい。また、もう一つの貯蔵技術として、水素の活用も重要である。変動電源の余剰電力を活用して水の電気分解により水素を製造しておき、その水素で燃料電池などを用いて発電することが可能である。さらに、人工光合成による太陽光を利用する水素製造技術の発達も期待したい

最後に、RE100社会を構築するうえでバイオマス発電の拡大の重要性を指摘しておく。世界で今後の気温上昇を1.5℃未満に抑制するための温室効果ガス削減を推進しても、その目標を達成できない場合がありうる。また、目標達成できたとしても、実際に1.5℃未満にならない可能性もある。そうなった場合、大気中のCO_2を減らす手段としてCCS（CO_2回収・貯留技術）付きバイオマス発電が必要になるのである。CCSは石炭火力発電などから発生するCO_2を放出しないために開発された技術であるが、これをバイオマス発電設備で使用すれば、燃料のバイオマスが成長中に吸収したCO_2量を削減できる。また、従来の火力発電がなくなったRE100社会では、バイオマス発電は電力の需給バランスを調整する手段にもなる。日本でも豊富な森林資源を活用した高効率の木質ガス化熱電併給（コジェネレーション）などの普及に注力することが重要である（あとで詳述）。

エネルギー効率改善と省エネルギー

エネルギーの効率的利用や省エネによるエネルギー資源消費の削減は、再生可能エネルギーへの転換とともに重要である。これまでのエネルギー生産・消費システムでは、非常に大量のエネルギーが利用されないまま捨てられ、散逸してきた。こうしてエネルギー資源が無駄に浪費され、それによって環境破壊原因も拡大する。

そこで、無駄なエネルギー消費を減らし、一次エネルギー（エネルギー資源）から二次エネルギー（電力や燃料など）への変換効率や二次エネルギーの利用効率を高める必要がある。また、断熱技術や保温構造を高度にすることによって、エネルギーの散逸を防ぐこともエネルギー資源の削減につながる。

一次エネルギーから二次エネルギーへの変換では、とくに発電効率が問題になる。現在の火力発電の発電効率は効率が良いとされるガス複合発電（コンバインドサイクル発電）でも 60 ％程度、それ以下は 45 ％程度以下で、55 ％以上が廃熱として捨てられている。しかし、電力だけでなく熱も利用する熱電併給（コジェネレーション）にすれば、総合エネルギー効率を 70 ～ 90 ％に高めることができる。なかでも燃料電池を用いた熱電併給の総合効率は 80 ～ 90 ％に達している。日本の場合、現在の火力発電所で生産されている電力をすべて熱電併給に転換すれば、日本の二酸化炭素の排出量を 17 ％も削減できる。デンマークのように、通常の火力発電は禁止して、熱電併給を普及する抜本的な政策をとるべきであろう。熱電併給は、地産地消が望ましい小規模分散型のエネルギー生産手段であり、地域主体が自ら所有するのに適している。

バイオマスを利用する場合も、小規模での熱電併給を中心に普及するのが望ましい。日本の場合、豊富な森林資源のエネルギー利用が重要課題であるが、木質燃料の直接燃焼による大規模蒸気タービン発電の場合は発電効率が低いが、ガスエンジンでの小規模な木質ガス化熱電併給にすれば総合効率で 70 ～ 80 ％になる。ドイツなどの欧州各国や日本の固定価格買取制度では、電力買取価格が小規模発電のほうが大規模発電より高く設定され、木質ガス化熱電併給を導入できる条件がある。デンマークなどでは、多様な有機物の発酵で得られるバイオガス（メタン）を天然ガスの代替燃料として利用する熱電併給も実施されており、日本も含むほかの諸国でも普及させていくことが望ましい。

次に二次エネルギーを利用する最終エネルギー消費の段階で、省エネや効率改善を進める必要がある。いわゆる節電、節水、節ガス、燃料節約などの生活のなかでの省エネは、やはり市民や企業などの主体的な取り組みなしには推進できない。また、家電製品や自動車などの高効率製品を選択することによる消費段階での効率改善も同様であり、市民や企業などの意識的な取り組みとそれを促す政策が必要である。

さらに、社会全体としてエネルギーを効率的に利用する仕組みや制度を整備していかねばならない。そのために、社会的に無駄なエネルギーを減らし、エネルギーの効率的利用を促進する制度が必要である。たとえば、コンビニエンスストアやパチンコ店などの照明、ライトアップ、自動販売機などに対する規制、エネルギー消費の少ない家電製品、ガス器具、住宅、交通手段などの選択を促す措置、地域冷暖房システムの積極的導入政策などである。日本には約

500万台の自動販売機があり、１台当たり年間500～1,000kWh、全体では25～50億kWhの電力を消費している。総量規制を実施して自販機を半減すれば、40～70万kWの火力発電所１基を減らすことができる。

4　持続可能な生産消費活動――物的生産消費活動

▓物的資源利用の削減と循環型化

持続可能な物的生産消費活動における資源利用の原則は、資源消費を最少限にすることである。

物的資源の消費を減らす方法として、いわゆる３Ｒと呼ばれるリデュース（削減）、リユース（再使用）、リサイクル（再利用）があるが、これらは同列ではなく優先順位がある。最優先すべきは、どんな物も大切に長期間使用し、無駄な資源利用をリデュース（削減）することである。次いで、使い捨て的使用ではなく、同じ用途で何度も使うリユース（再使用）を優先する。それらが不可能な場合に元の原料に戻したあと、別の製品につくりかえるリサイクル（再生利用）をするという順番が大切である。また、再生利用では、できるだけ価値の高いものに再生するようにすべきである。さらに、３Ｒ処理ができない燃焼性廃棄物については、熱エネルギーとしての利用（サーマルリサイクル）を行うことが望ましい。このような優先順位に基づく処理によって、資源やエネルギーの消費量、CO_2排出量を削減することができる。

さらに、これらの実施方法の原則として、1972年にOECDが出した「汚染者負担の原則（PPP）」がある。これは、汚染をもたらした者が、汚染された環境を回復するための費用を負担すべきであるという考え方である。さらに廃棄物処理においては、製品や原料物質について熟知している生産者の責任が不明確な方法では、適切な廃棄物処理は難しい。このため2001年にOECDは、生産者は生産・使用段階だけにとどまらず、使用済み製品の処理・処分の段階まで責任を負うという「拡大生産者責任（EPR）」を提唱している。これは、生産者が自らの製品について、リユース、リサイクル、焼却エネルギー利用など、廃棄後の適切な処理の費用も負担しなければならないという考え方である。したがって、生産者は廃棄物の回収などの責任を負うこととなり、環境配慮型製品の生産を行うよう求められることになる。もちろん、消費者である市民などが使用済み製品の回収や分別などに積極的に協力することも重要である。

欧州諸国の資源消費・廃棄物削減の取り組み

汚染者負担の原則に基づく資源削減制度は、デンマークによって世界で初めて導入された。1975年に「ビール及び清涼飲料容器に関する法令」を制定し、使い捨て缶の禁止とほかの使い捨て容器への課税を実施したのである。1991年以降は、リターナブルなガラス瓶や規格化された2種のPETボトルは非課税とされている。これは使い捨て禁止（リデュース）とリユース可能なガラス瓶やPETボトルを推奨したものである（日本ではPETボトルをリサイクルしているが、ヨーロッパではリユースが中心)。この制度は当時、産業界や他国から批判や抵抗があったが、その後の世界の資源消費削減の取り組みの契機となった。

次いで、フィンランドが1979年に炭酸飲料容器への課税制度を実施し、のちにアルコール飲料も含むすべての飲料容器に拡大された。ただし、一定額以上のデポジット制度を実施し、それによって容器回収率が目標以上になった企業を免税することでリユースやリサイクルの比率向上をめざした。スウェーデンも1982年に輸入アルミニウム缶に課税し、デポジット制の返却システムに加入した業者は非課税とする制度を実施した。このように北欧諸国では、1970年代から80年代初めにかけて、税制をうまく活用した飲料容器の削減が進められた。

物的生産消費の循環型化を推進する制度

上記のような取り組みを受けて、拡大生産者責任を採用した先駆的な事例として、1986年に制定されたドイツの「廃棄物回避法（廃棄物の回避および管理に関する法律)」がある。この法律では「廃棄物の回避、再使用・再利用を促す」ことを目標に、「環境に好ましい再使用・再利用またはその他の処理を確実にするために、製造業者・供給業者または代行する第三者が回収を行うこと、回収は適当な受領制度およびデポジット制度で確実に行うこと」として、廃棄物については生産者（企業）が回収・再使用・再利用などの責任を有することを明確にしたのである。また、この法律に基づいて、容器・包装の製造業者にそれらの廃棄物の回収・再利用を義務づけた「包装・容器廃棄物の回避に関する政令」が1991年に公布された。

こうして家庭ごみのなかの紙ごみや生ごみなどについては自治体が回収し、包装・容器類については排出者である企業が回収、循環利用を行うというデュアル・システム（二重回収システム）を実施することになった。拡大生産者責任を導入し、罰則も設けられ、容器包装材を企業が回収、再使用・再生処理義務を負うこととなった。1990年には１万5,000社が加盟、出資して容器包装廃棄物の回収・分別と資源再生を実行するDSD社（デュアルシステム・ドイッチュランド社）が設立され、販売包装の90％を処理する体制が構築された。加盟企業の容器包装には緑のマーク（グリューネプンクト）が付けられ、消費者はその容器包装を、自治体が回収する一般廃棄物用とは異なる専用コンテナに入れ、それをDSD社が回収し、リサイクルするのである。

DSD社への加盟企業は、使用する包装材料の量と質によって負担金を支払わねばならない。2010年の包装容器の重量１トン当たりの材料別負担金は、ガラスが１ユーロ、天然素材が２ユーロ、紙・段ボールが３ユーロ、ブリキ５ユーロ、アルミ10ユーロ、飲料用紙パック10ユーロ、複合材料13ユーロ、プラスチック17ユーロとなっている。リサイクルのしやすいガラスや環境負荷の小さい再生可能資源（天然素材）などの負担を低くし、リサイクル費が高く環境負荷の大きいプラスチックや複合材料の負担を高くする仕組みになっているのである。負担を軽くするために、企業は容器包装材料の量的削減と、環境負荷の少ない材料を利用する方向への質的転換を図ることになるのである。

世界初の試みであったため、DSD社が設立され、取り組みが始まる当初は、負担金を払わないタダ乗り企業が現れるなど若干の混乱があったが、その後、「循環経済・廃棄物法（循環型経済の促進及び廃棄物の環境に適合した処理に関する法律）」も1994年に制定（1996年施工）され、廃棄物の少ない資源循環型生産消費体系を確立していく方針が明確されたこともあり、順調に運営され、着実に成果を挙げている。

筆者は1996年にDSD社を訪問調査したが、当時の広報責任者のビアリー氏は非常に順調に進展していると明言し、その後は毎年、年報を送ってくれた。そこに公表されているデータからも、①包装材使用量の減少、②回収率、リサイクル率の向上、③包装材料の転換、④エネルギー消費削減、⑤CO_2排出量削減、⑥市民の環境意識の向上など、大きな成果を得ている。たとえば、1993年と2010年では、容器包装使用量は765万トンから212万トンへと激減、回収率は57％から104％へ（100％以上になるのは容器包装以外の材料も回収されているため）、リサイクル率は91％から97％へと増加した。2010年にはエネルギー量にして4900兆ジュールを節約し、CO_2排出量にして130万トン分を回避できている（DSD, 2011）。

現在では、拡大生産者責任原則を取り入れた容器包装廃棄物処理制度は、欧州諸国とカナダの32ヵ国で導入されている。

また欧州諸国では、EU指令に基づいて、廃家電製品や廃自動車についても拡大生産者責任制度を導入している。たとえば、1995年に施行されたドイツの「自動車リサイクル規制令」では、メーカーは販売店と同数以上の廃車回収施設を設置し、最終ユーザーから無料で引き取り、原材料を再利用する責任を有する。2000年までに鉄鋼100％、プラスチック95％、タイヤ50％、ガラス50％、その他30％を再利用する目標を掲げて実行してきた。家電製品についても、ドイツ、オランダ、ベルギーなどでは、ほとんどすべての製品を対象に、生産者に回収、再利用義務を負わせる制度があり、回収、再利用の比率を高めている。世界各国が欧州諸国の経験から学び、物的資源の循環型化を推進していくことが重要である。

日本の物的資源利用の現状と課題

日本の物的資源利用の現状はどうであろうか。図8-7に2014年度の日本における物質フローを示したが、日本社会に投入された総物質量15億9,000万トンのうち、社会に蓄積、輸出、エネルギー・食糧消費などを除いた5億

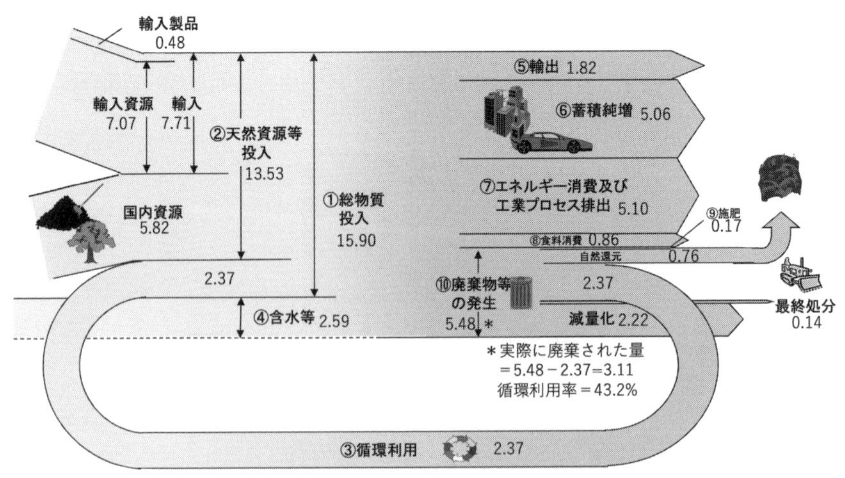

図8-7　日本の物質フロー（2017年度）

注：単位は億トン。
出典：環境省『令和2年版 環境白書』（2020）のデータに

4,800 万トン（34.5 %）が廃棄物となり、そのうち循環利用されている量が２億 3,700 万トンである。廃棄されたうち、循環利用された比率は 43.2％であった。

第四次循環基本計画では、2025 年度までにいくつかの指標について目標を設定している。入口側の循環利用率（＝循環利用量／（循環利用量＋天然資源等投入量）と出口側の循環利用率（＝循環利用量／廃棄物等発生量）については、2017 年度はそれぞれ 14.9％と 43.2 ％であるが、最近は低下傾向にあり、それぞれの目標の 18％と 47％を達成するためには取り組みの強化が必要である。一方、天然資源投入量は、1990 年の 21 億 8,100 万トン、2000 年の 19 億 2,500 万トンから 2017 年は 13 億 5,300 万トンへと着実に減少している。

また、廃棄物のうち２億 3,800 万トンが焼却による「減量化」がなされているが、その際に発生する熱の利用が十分になされていないことも問題である。ドイツは廃棄物の焼却比率は日本より低い（埋め立てが多い）が、大部分で熱電併給が行われており、エネルギー効率も高い。デンマークやオランダなどの欧州諸国でも廃棄物利用による熱電併給が行われている。

最近の廃棄物の動向について、一般廃棄物と産業廃棄物に分けて見てみよう。

一般廃棄物は 21 世紀に入ってから減少傾向を示しており、総排出量は 2000 年の 5,483 万トンから 2010 年は 4,536 万トン、2018 年は 4,272 万トンに減少し、１人１日当たりのごみ排出量も 1,185 g から 976 g、918 g へと減少している。しかし、資源化率は 2000 年の 16.7 ％から 2010 年に 18.3 ％へと増加したが、2018 年に 18.0 ％に減少した。また、日本のごみ焼却施設は世界最多の 1082 もあるが、余熱利用しているのは 754 施設（69.7％）、そのうち発電しているのが 376 施設（34.8％）にとどまっており、349 施設（32.2％）は焼却のみとなっている（2018 年）。IEA 報告書によれば、2018 年の日本の都市ごみ発電量は 34.4 億 kWh であるが、ドイツの場合、廃棄物の循環利用率が高く焼却量は少ないものの、発電量が 123.2 億 kWh、熱供給量が 223.5 億 kWh もある。今後、日本の焼却施設も原則としてコジェネレーション（熱電併給）設備にすべきである。

一方、産業廃棄物は、2000 年の４億 600 万トンから 2007 年の４億 1,900 万トン、2018 年に３億 7,577 万トンへと明確な減少傾向にあるとはいえない。2018 年には再生利用量が１億 9,703 万トン（52.4％）、焼却減量化量が１億 6,943 万トン（45.1％）、最終処分量が 931 万トン（2.5％）であった。いまだに不法投棄や不適正処理の事例があり、排出事業者や産業廃棄物処理事業者（許可業者）の適切な対応が求められる。また、廃棄物のうち半分弱が循環利用されずに、ただ廃棄（最終処分もしくは焼却）されてしまっているのはいかにももったいない。資源別に見ると、金属系は大部分、非金属鉱物系も３分の２が循環利用されているが、化石資源系やイオマス系の燃焼性廃棄物は減量化（焼却処理）率が高く、循環利用率が低い現状にある。プラスチック海洋汚染などを防止するためにも、早急に改善計画を立てねばならない。

廃棄物の削減や再利用は、欧州諸国に比して遅れている。日本でも「廃棄物の処理及び清掃に関する法律（廃棄物処理法）」（1970年制定、以後４度改正）で処理方法が定められている。その基本は「事業者は、事業活動にともなって生じた廃棄物を、自らの責任において適正に処理しなければならない」「事業者は、その産業廃棄物を自ら処理しなければならない」と、産業廃棄物については排出者責任の原則に基づいている。しかし、悪質な産業廃棄物業者による不法投棄や不適切な処理が頻発したため、罰則強化や管理強化、マニフェスト制度の導入などの改正を行ってきた。それでもまだ多くの問題が発生しており、「拡大生産者責任」に基づく対策を打つ必要がある。

物質の循環型化については、1995年に「容器包装リサイクル法」が制定され、97年にはガラス瓶とPETボトル、2000年には紙・段ボール・プラスチック類も加えて、再利用（再商品化）義務が課された。しかし、自治体が分別回収し、生産者（企業）は再利用のみの責任範囲とされた。これでは、分別回収の費用は国民負担で賄うことになり、生産者側に容器包装削減のインセンティブが働かない。実際に施行後も容器包装の利用量の削減は進まず、レジ袋の有料化だけでなく、使い捨て容器使用の規制強化が必要である。

2000年５月に制定された「循環型社会形成推進基本法」では、循環型社会の形成をめざす大きな枠組みや基本原則を定め、使用済み製品や廃棄物などを循環資源と位置づけて、処理の優先順位を①発生抑制、②再使用、③再生利用、④適正処分、と明確化した。また「拡大生産者責任」を踏まえた措置（製品などの引き取り・循環的な利用の実施、製品などに関する事前評価）、再生品の使用の促進などの原則もあげた。

しかし、その後に制定された個別のリサイクル法などには、この原則が完全には反映されなかった。2001年４月施行された家電リサイクル法では、テレビ・冷蔵庫・洗濯機・エアコンの４品目のみの製品についてメーカーは廃棄家電製品を引き取り、再利用する義務を負うとされたが、再利用の処理費は消費者が全部または一部を廃棄の際に負担（2,500～5,000円程度）することになっている。これでは拡大生産者責任制度とはいえない。現状ではリサイクル目標は達成されているが、費用負担逃れのための不法投棄が存在している。対象品目も少ない点も問題であり、すべての家電製品を対象にすべきである。

2006年に施行された自動車リサイクル法では、メーカーと輸入業者に解体破砕くず、カーエアコンのフロン、エアバッグの再資源化や適正処理を義務づけ、リサイクル費用を新車販売時に購入者が前払いすることになっている。この場合は、家電リサイクル法のような不法投棄は出にくいが、消費者が費用負担をすることになっており、拡大生産者責任の原則を踏まえたものになっていない。すべての廃棄物処理に拡大生産者責任を明確に位置づけることが重要である。

再生不能資源から再生可能資源利用への転換

工業用原料を再生不能資源から再生可能資源へ可能な限り転換することは、資源枯渇の防止と環境保全の両面から必要である。現在も工業用原料は主として地下資源に依存しているが、地下資源は有限であるうえ、もともと地表面に存在しなかった物質は生態系に有害なものもあり、環境負荷を与えがちである。とくに石油は、プラスチックス、繊維、ゴムなどの合成高分子材料をはじめとする人工合成有機化合物の主原料であるが、これらの化合物は海洋汚染などの原因物質となっている。また、石油の可採年数は約50年であり、石炭や天然ガスも有限なので、ほかの原料では製造できない物に限って、大切に使わねばならない

人類は、もともと生物由来の物質をさまざまな用途に利用してきた。材料としては、木材、紙、天然繊維（木綿、麻、絹、羊毛、羽毛など）、天然皮革、天然ゴムなどであるが、これらは使用後に環境中に廃棄しても生分解され、長期間、残留しにくいために汚染を引き起こすことはない。医薬品にはさまざまな生薬（しょうやく）が広く利用されているし、抗生物質もカビなどの微生物によって産出される。蚊取り線香に使う除虫菊のように、殺虫剤や除草剤などの目的に利用できる物質もあることが知られている。洗剤や染料などにも生物由来の製品を利用してきた。今後も生体物質がもつ機能を研究し、それを活かす製品を新たに開発していけるはずである。

最近、注目されている代表的な事例を紹介しておこう。固体材料として、天然高分子化合物であるセルロースを加工して得られる、直径が数nmから100nmのナノセルロース（繊維状のセルロースナノファイバーと結晶のセルロースナノクリスタル）の研究開発が各国で進んでいる。植物中のセルロース分子を分離、精製したものがこの材料である。結晶化しやすく、軽量で高強度、高弾性率などの利点があり、比重は鋼鉄の５分の１で強度は５倍もある。薄膜状に加工でき、熱による伸縮も小さい。セルロースの融点は260～270℃であるが、酸化されやすいため、耐熱性は200℃程度とされている。したがって高温での利用には適さないが、さまざまな用途での実用化が進められている。セルロースは木材をはじめ、すべての植物に含まれる物質で、資源は豊富であるうえに、廃棄しても無害で生分解されるので環境への負荷はない。製造コストが低下するにつれ、人工合成高分子化合物の代替品としての利用を含め、優れた特性を生かして応用範囲が広がるだろう（Huan J., 2019; 京都大学生存圏研究所生物機能材料分野, 2020; 産業技術総合研究所中国センター機能化学研究部門, 2020）。

また、タンパク質もセルロースと並ぶ代表的な天然高分子化合物である。その一つであるクモの糸を構成するタンパク質は、柔軟性が高く、軽量かつ高強度（鋼鉄の４倍）で、300℃以上の耐熱性、優れた伸縮性（ナイロン以上）などの特性があることが知られている。遺伝子工学を活用してバクテリアに生産させる方法もアメリカのクレイグ社によって開発され、ベトナムで防弾素材用に生産されはじめているが、今後の技術発展によって応用範囲が広がる可能性がある（Kraig Biocraft Laboratory, 2020）。

さらに今後は、石油化学工業に代わる、生物資源を利用する化学工業を構築する可能性もある。バイオマスの発酵によって得られるメタンやエタノールを原料とする有機合成化学、大量に排出されるCO_2から有機化合物をつくる人工光合成化学、メタン、一酸化炭素、CO_2などの炭素を分子中に一つしか含まない簡単な原料から種々の有機化合物を合成するC1化学などを発展させ、それらを基礎とする工業体系が確立されると、応用範囲は無限に広がるだろう。

5　生産の民主的コントロールによる持続可能な社会の実現

エネルギー生産の民主的コントロール

地球環境を保全するには、省エネやエネルギー効率改善を推進すると同時に、

CO_2を排出しないエネルギー源利用の拡大が不可欠である。これらを実行して行くうえで市民や自治体などの地域主体が重要な役割を演じる。

市民や自治体などは、環境保全的な消費者「グリーン・コンシューマー」として省エネやエネルギー効率改善、再生可能エネルギー電力の選択購入などの環境保全に配慮する行動をとることで、社会におけるエネルギー生産のあり方に大きな影響を与えることができる。節電・節ガス・節水などによる省エネを実行するとともに、エネルギー効率の高い家電製品や自動車、国内産の農産物などを選択購入することもエネルギーとCO_2の削減につながる。交通手段として、自転車や公共交通機関を優先的に利用することもそうである。また、電力全面自由化により、家庭や自治体などは、再生可能エネルギー電力比率の高い電力会社と契約することができる。実際に、吹田市は公営施設の電力を再エネ比率の高い電力会社と契約し、市民にもそういう契約を推奨している。

上述したように、市民や自治体などの地域主体は再エネ生産者に適した存在であり、その主役を演じることができる。再生可能エネルギー資源は地域資源であり、その生産を地域主体が担えば、地域に利益が還元され、産業や雇用も生まれて、地域社会に自立的発展をもたらす。しかも、環境保全に有効なエネルギーであるため、市民のなかには積極的に取り組みたいと考える人も多い。市民が主役になることで適切な普及方法がとられ、社会全体にも好影響をもたらす。市民は単なる消費者ではなく、再生可能エネルギー中心の社会では、環境保全的な生産者「グリーン・プロデューサー」になれる。

さらに、市民、自治体、地域生協などが地域電力会社を設立し、再生可能エネルギー電力を販売する「グリーン・サプライヤー」になることもできる。電力自由化後、そのような地域電力会社が数多く設立され、現在も増え続けている。ドイツでも、シュタット・ヴェルケ（自治体事業）として電力、熱、ガスなどを供給するエネルギー事業が増えており、その多くが再生可能エネルギーを優先的に供給している。電力分野では、シュタット・ヴェルケのシェアが60％以上になっているが、市民がそういう事業を望み、支持しているのである。

これらのことは、エネルギー生産における生産関係の根本的転換を意味する。企業中心のエネルギー生産から市民主導のエネルギー生産への転換である。市民は、利潤優先ではなく環境保全性や安全性などを重視する。こうして、市民の意向が反映される生産、エネルギー生産の民主的コントロールが強まり、再生可能エネルギーが選択されることになる。

これまでも、世界各国で市民による再生可能エネルギー普及が進められてきた。日本でも、多くの市民が経済的利益を期待できない条件下でも数十万戸もの住宅に太陽光発電を設置し、全国に1,000以上の市民共同発電所が10万人以上の人々の参加によってつくられてきた。筆者らは全国の仲間とともに、これまでに11回の「市民・地域共同発電所全国フォーラム」を開催し、全国からの創意工夫を凝らした取り組みの実践を学びあい、日本のエネルギー政策の転換を求めてきた。市民や自治体が廃食油を回収してバイオディーゼル燃料を製造・利用する菜の花プロジェクトなども全国に広がり、毎年「菜の花サミット」が開催されてきた。さらに「自然エネルギー市民の会」など、多数の再生可能エネルギー普及をめざすNPOが活動を展開している。一方で、全国の多くの原発立地予定地域では、住民たちの反対運動で原発建設を撤回させてきた。これらの事実は、市民が環境保全性や安全性を可能にする持続可能なエネルギー社会をめざしていることを証明している。

適切な再生可能エネルギー普及制度を実現すれば、日本を含め世界各国で、市民参加による飛躍的な普及が可能となり、環境保全的で安全なエネルギー社会を生み出せるはずである。

物的生産への住民関与と民主的コントロール

物的生産が一方通行型から資源循環型へと移行していくわけであるが、その際、拡大生産者責任制の導入の重要性について述べた。しかし、生産者としての企業だけでなく、環境保全に配慮する消費者「グリーン・コンシューマー」としての市民も、物的生産分野での生産活動、産業活動を環境保全的な方向に転換させて行く重要な役割を演じることになる。

従来の生産で実施されてきた資源採取・生産・消費・廃棄の一方通行型生産から廃棄という過程はなくなり、自然から社会に取り込んだ資源はくり返し利用される循環型生産へ移行すると、市民が関与してきた消費過程は使用過程に変化し、その後の再資源化、そしてふたたび生産過程へと戻る資源循環型生産に変化する。一方通行型生産は企業の利潤獲得には好都合な方式で、生産過程と消費過程は意識的に分断され、市民が購入した家電製品などは部品が壊れても製品ごと廃棄され、買い換えるのが当たり前であった。ところが循環型生産では、市民が関わる使用過程は生産と再資源化を結びつける結節点となる。その結果、生産への市民の関与度が高まり、物的生産においても市民的コントロールが働きやすくなる。循環型生産は、市民による使用済み製品の回収や分別の協力なしには機能しない。また、市民の環境保全に基づく購買行動が、企業の製品生産のあり方に大きな影響を与える。

その際、市民の環境意識の向上が不可欠である。とりわけ子供たちの環境教育を充実させることが重要であり、地球環境問題に対する理解を深め、自らの未来をよくするために考え、判断し、行動する市民が増えるようにしなければならない。スウェーデンの少女、グレタ・トゥーンベリさんの行動を契機に広がりつつある世界各国の若者の活動は、持続可能な未来を切り拓く力になることを期待したい。日本でも気候危機の克服をめざして立ち上がる若者が増え、Fridays For Future Japanも発足し、学生を中心に全国各地に活動が広がりつつある。

持続可能な社会への発展

持続可能な社会は、地球環境保全のための市民主導の再生可能エネルギー普及、省エネ活動や物的生産の循環型化などを通じて生産の民主的コントロールを推進することによって実現されていくであろう。地球温暖化や資源枯渇は人類にとって好ましいことではないが、それはよりよい社会を実現する契機になるのである。その際、社会の主権者としての自覚に基づく市民の主体的な対応がきわめて重要な役割を果たすことはいうまでもない。

持続可能な社会は、地球自然のバランスを破壊しない生産関係を備えた環境保全型社会である。しかしそれ以外にも、現代社会にはない多くの特徴を備えた社会でもある。

まず、持続可能な社会は高度な民主主義社会である。資本主義社会の発展のなかで生まれた民主主義は、その社会の矛盾として生じた地球環境危機を克服しようとする活動を通じてより成熟する。そして成熟した民主主義がさらに環境保全活動を促進するという相互作用が展開され、持続可能な社会が生み出されるものと思われる。持続可能な社会での生産は、市民意識に支えられた社会によって、そのあり方がコントロールされる。そうなると、生産活動は利潤獲得最優先ではなく、環境保全や安全、健康などを最優先するように変化し、企業はNPO的存在に変質していくことになるだろう。

また、持続可能な社会は、より平和な世界を創る社会でもあると考えられる。資源を大切にし、再生可能エネルギー中心の社会になれば、これまでの戦争の大部分を占めた国家間の資源紛争も少なくなる。地域の、したがって国産の再生可能エネルギー資源でエネルギーを自給できるようになれば、資源紛争の必要性はなくなる。また地球温暖化が進行するなかで、軍事的国家安全保障よりも環境保全的人間安全保障の重要性が認識されはじめるであろう（和田、2009）。さらにCO_2の大幅削減を実現するには膨大な資金が必要であり、社会のなかで人間生活に不要な活動の洗い出しが必要になるだろう。そのなかで、CO_2排出源でもあり膨大な経費を使用する兵器生産や軍備は削減、廃絶されることになり、戦争のない平和な社会がもたらされるであろう。

もちろん、世界各国の指導者のなかに自国第一主義のような人物が登場する可能性は否定できないので、戦争による破滅的破壊を防ぐうえで、「核兵器禁止条約」が発効したことは非常に意義深い。唯一の被爆国であり、平和憲法をもつ日本が条約に批准し、世界の核廃絶の実現に向けて尽力することを政府に求めたい。

持続可能な社会はより健全な人間関係からなる社会でもある。物やエネルギー、そして地球上の生物や自然を大切にすることは、人を大切にすることにつながることは想像できるが、「生産の民主的コントロール」を実現する生産関係は、搾取や貧困をなくす力を発揮する。筆者が近年調査しているインドの再生可能エネルギー普及の取り組みでは、農村地域を中心に地域住民参加により普及を推進しているが、未電化村の電化などの生活向上、労働条件改善、健康・安全面の向上、衛生状態改善、教育向上、女性の過重労働軽減や地位向上などの社会的好影響が見られる。

2015年9月の国連サミットにて、2030年までに持続可能でよりよい世界をめざす国際目標としてSDGsが定められた。SDGsは次の17の目標から構成されており、上述の内容とほぼ一致する。①貧困を解消する、②飢餓をなくす、③健康的な生活を確保し、福祉を促進する、④公正な質の高い教育を提供する、⑤ジェンダー平等を達成する、⑥安全な水と衛生を確保する、⑦クリーンなエネルギーへのアクセスを確保する、⑧持続可能な経済成長と働きがいのある雇用を促進する、⑨持続可能な産業化と技術革新を図る、⑩国内と各国間の不平等を是正する、⑪持続可能な都市と人間居住を実現する、⑫持続可能な生産消費形態を確保する、⑬気候変動を軽減する緊急対策を講じる、⑭海洋と海洋資源を保全する、⑮陸域生態系の保護し、生物多様性を保全する、⑯平和で公正な社会へ司法へのアクセスを提供する、⑰持続可能な開発の実施手段を強化し、グローバルパートナーシップを活性化する。

これらの17の目標のそれぞれに平均10くらい、合計169のターゲットがあり、さらに232の指標が定められ、その指標の達成状況を毎年、各国が報告し、レビューすることになっている。このように、21世紀は地球環境危機を克服するとともに、持続可能な社会を実現する時代にしていかなければならない。

［参考文献］

BP, "Statistical Review of World Energy 2020" (2020)

Boyle, G., Renewable Energy, Oxford U.P. (1996)

DSD, "Annual Report 2011", 2011; http://www.gruener-punkt.de/

——, "Packaging Recycling Worldwide" (1995)

——, "Annual Report" (各年度版)

Huan, J., "Nanocellulose: From Fundamentals to Advanced Materials", Wiley-VCH (2019)

IEA, "Renewables Information 2019" (2019)

IRENA,"Renewable Energy Statistics 2020" (2020)

——,"Renewables Power Generation Costs in 2019" (2020)

Kraig Biocraft Laboratory, "Spider Silk" (2020); https://www.kraiglabs.com/spider-silk/

Nilson, K. 'World-wide Trends in Solid Waste Incineration', "Alliance for Beverage Cartons and the Environment", London (1991)

REN21 (Renewable Energy Policy Network for The 21ST Century), "Renewables 2011 Global Status Report" (2011); http://www.ren21.net/Portals/97/documents/GSR/REN21_GSR2011.pdf

World Energy Assesment (WEA), "Energy and the Challenge of Sustainability" Chapter 5; http://www.undp.org/energy/activities/wea/drafts-frame.html

United Nations,"The 17s Goals"; https://sdgs.un.org/goals

エンゲルス／田辺振太郎訳『自然弁証法』岩波書店、1957年

外務省「Japan SDGs Action Platform」; https://www.mofa.go.jp/mofaj/gaiko/oda/sdgs/index.html

環境省『環境・循環型社会・生物多様性白書』各年度版

——「第二次循環型社会形成推進基本計画の進捗状況の第２回点検結果」2008年

——『令和２年版 環境白書』2020年; http://www.env.go.jp/policy/hakusyo/r02/pdf/2_3.pdf

環境省環境再生・資源循環局 廃棄物適正処理推進課「日本の廃棄物処理 平成30年度版」2020; http://www.env.go.jp/recycle/waste_tech/ippan/h30/data/disposal.pdf

環境と開発に関する世界委員会／大来佐武郎監修『地球の未来を守るために』福武書店、1987年

関西唯物論研究協会『環境問題を哲学する』文理閣、1994年

在日ドイツ商工会議所「ドイツ電気・電子機器廃棄物規制令の現状」1994年

——「ドイツ包装廃棄物規制令・その後の動向　第３版」1994年京都大学生存圏研究所生物機能材料分野、"セルロースナノファイバー"、2020年; http://www.rish.kyoto-u.ac.jp/labm/cnf

産業技術総合研究所中国センター機能化学研究部門、"ナノセルロースとは"、2020年; https://unit.aist.go.jp/ischem/ischem-clm/nanocellulose/nanocellulose.html

渋谷寿夫、林智、志岐常正編『人間生存の危機』法律文化社、1984年

日本エネルギー経済研究所『エネルギー経済統計要覧2011』省エネルギーセンター、2011年

田中勝『リサイクル・世界の先進都市から』リサイクル文化社、1993年

永田勝也「産業廃棄物の処理とリサイクル」『省エネルギー』44巻7号、1992年
日本科学者会議公害環境問題研究委員会編『環境展望1999～2000』実教出版、1999年
――編『環境展望Vol. 2』実教出版、2002年
――編『環境展望Vol. 3』実教出版、2004年
――編『環境展望Vol. 4』実教出版、2005年
――編『環境展望Vol. 5』実教出版、2007年
林智、矢野直、青山正利、和田武『地球温暖化防止のためのエネルギー戦略』実教出版、1997年
半谷高久監修／大竹千代子編『日本環境図譜』共立出版、1978年
――『(続) 日本環境図譜』共立出版、1982年
メドウズ、D・H、メドウズ、D・L、ラーンダズ、J、ベアランズ三世、W・W／大来佐武郎監訳『ローマ・クラブ・レポート 成長の限界』ダイヤモンド社、1972年
和田武『地球環境論――自然と人間の新しい関係』創元社、1990年
――「地球環境問題の現段階」『唯物論と現代』8号、1992年
――『新地球環境論――持続可能な未来をめざして』創元社、1997年
和田武、小堀洋美『現代地球環境論』創元社、2011年
和田武「環境保全活動の進展と産業構造の展開」『環境情報科学』29巻1号、2000年
――「生産手段の住民所有によるグリーン電力の普及」『太陽エネルギー』26巻3号、2000年
――「自然エネルギー電力生産手段の住民所有――デンマークとドイツの風力発電を中心に」『唯物論研究年誌――所有をめぐる〈私〉と〈公共〉』7号、青木書店、2002年
――「21世紀の社会発展論――地球温暖化防止による持続可能な社会への発展」『大阪保険医雑誌』496号、2008年
――『飛躍するドイツの再生可能エネルギー』世界思想社、2008年
――『環境と平和』あけび書房、2009年
――「再生可能エネルギー普及の現状と日本の促進対策」『人間と環境』35巻3号、2009年
――『拡大する世界の再生可能エネルギー』世界思想社、2011年
――『脱原発・再生可能エネルギー中心の社会へ』あけび書房、2011年
――「ドイツで進む再生可能エネルギー普及」『経済』190号、2011年
――『現代地球環境論～持続可能な社会をめざして』創元社、2011年
――『再生可能エネルギー100％時代の到来』あけび書房、2016年
――「世界の再生可能エネルギー最新動向と日本の課題」『環境技術』環境技術学会、47第5号、2018年